普通高等教育"十二五"规划教材

工程流体力学

黄斌维 杨 斌 主编

朱正平 主审

化学工业出版社

·北京·

本书内容包括流体的基本物理性质、流体静力学、流体运动学基础、流体动力学基础、相似理论和量纲分析、管路中流动阻力和水头损失、管路的水力计算及分析、孔口出流和缝隙流动、可压缩流体的一元流动、平面流、绕流、两相流等。叙述力求重点突出、深入浅出，通俗易懂。

　　本书可供油气储运专业、化机等专业的高等院校、高职高专学生使用，也可供从事相关专业的所有工作人员使用。

图书在版编目（CIP）数据

工程流体力学/黄斌维，杨斌主编．—北京：化学工业出版社，2013.11（2021.3重印）

普通高等教育"十二五"规划教材

ISBN 978-7-122-18559-4

Ⅰ.①工⋯　Ⅱ.①黄⋯②杨⋯　Ⅲ.①工程力学-流体力学-高等学校-教材　Ⅳ.①TB126

中国版本图书馆 CIP 数据核字（2013）第 232390 号

责任编辑：高　钰	文字编辑：项　潋
责任校对：宋　玮	装帧设计：刘丽华

出版发行：化学工业出版社（北京市东城区青年湖南街 13 号　邮政编码 100011）
印　　装：北京虎彩文化传播有限公司
787mm×1092mm　1/16　印张 16¼　字数 410 千字　2021 年 3 月北京第 1 版第 3 次印刷

购书咨询：010-64518888　　　　售后服务：010-64518899
网　　址：http://www.cip.com.cn

定　　价：48.00 元　　　　　　　　　　　　　　版权所有　违者必究

前　言

　　工程流体力学是石油工程、石油天然气储运工程、石油机械工程、化工设备维修技术等专业的基础课。全书主要包括绪论、流体的基本物理性质、流体静力学、流体运动学基础、流体动力学基础、相似理论和量纲分析、管路中流动阻力和水头损失、管路的水力计算及分析、孔口出流和缝隙流动、可压缩流体的一元流动等内容，可为学习专业课和毕业后从事石油开采、储存、运输和管理打下基础。

　　本教材主要具有以下特色：

　　① 本教材在编写过程中立足于少学时、宽口径、重技能的教学要求，侧重于应用技术，由浅入深、循序渐进、突出重点，以掌握基本概念、强化应用、扩大知识面为教学重点，以注重能力培养为宗旨，尽量通过典型例题使学生能够对理论知识融会贯通，达到解决工程实际问题的能力。对于基本理论和基本概念的阐述，力求理论正确、概念清晰，同时又注重可读性和实用性。

　　② 通过教学活动培养学生的工程意识、经济意识和环保意识。

　　③ 每个单元都配备了思考题和习题，本书结尾又设置了三套模拟试题。通过这些练习引导学生积极思考，培养学生灵活应用理论知识的能力。

　　④ 本教材以实用为目的，以必需、够用为度，既适合工程应用，又不失与理论衔接。本书是高等院校、高职高专油气储运专业使用教材，也可作为化工设备维修专业或其他相关专业使用教材以及相关工程技术人员的参考用书。

　　本书第十章为高职选修内容。

　　本书编写的具体分工为：黄斌维编写第一章、第二章（第三节～第七节）、第三章和第四章；杨斌编写第五章、第八章、第九章、第十章、附录；杨文洁编写第六章、第七章、模拟试题及答案；王进庄编写绪论、第二章（第一节、第二节）。全书统稿工作由黄斌维完成。

　　全书由黄斌维、杨斌主编，兰州城市学院朱正平教授主审。朱教授对本书的初稿进行了详细的审阅，提出了很多宝贵的修改意见。本书在编写过程中贾如磊、徐晓刚、潘鑫鑫、蒋斌、胡小弟等协助做了许多文字编排、图件绘制等工作。在此，对朱教授及全体审稿人员、相关编者及所有对本书的出版给予支持和帮助的同志表示衷心的感谢。

　　由于编者的水平有限，本书在内容选择和编写上难免有不妥之处，敬请各位老师和读者批评指正。

编者

2013 年 10 月

目　录

绪　　论

一、工程流体力学研究的对象和方法

工程流体力学是研究在外力作用下流体的平衡和运动时的基本规律，流体与固体间相互作用的力学特点，用以分析解决工程设计和使用中的实际问题的一门学科。

工程流体力学属于力学的一个分支，其研究内容包括流体静力学、流体运动学和流体动力学三部分。工程流体力学的基本任务在于建立描述流体运动的基本方程，确定流体经过各种通道及绕流不同物体时速度、压力的分布规律，探求能量转换及各种能量损失的计算方法，解决流体与其接触的固体壁面之间的相互作用问题。

工程流体力学的研究对象是流体。流体按压缩性的大小分气体和液体。气体极易压缩，即称为可压缩流体；液体几乎不可压缩，即称为不可压缩流体。按变形特点又把流体分为牛顿流体和非牛顿流体。牛顿流体指受力后极易变形，且切应力与变形率成正比的流体；凡不同于牛顿流体的都称为非牛顿流体。根据流体是否具有弹性分为纯黏性流体和黏弹性流体，实际流体都是具有黏性的，若流体同时还具有弹性，则称为黏弹性流体，否则称为纯黏性流体。

在流体力学学科体系中，根据研究对象不同，流体力学可分为液体力学和气体力学两大分支。根据研究方法不同，流体力学可分理论流体力学、工程流体力学和水力学三个分支。理论流体力学主要运用数学方法进行理论研究，力求准确性和严密性。水力学主要运用物理和实验的方法进行实用研究。而工程流体力学则趋向于理论和实用互相结合的研究方法，侧重于解决工程实际中出现的问题，针对工程实际涉及的流体力学问题建立相应的理论基础，而不追求数学上的严密性。当然由于流体运动的复杂性，在一定程度上，这两种方法都需借助于实验研究，得出经验或半经验公式，从而建立流体在平衡及运动时的基本规律。

流体力学的研究方法包括理论方法和实验方法。理论方法就是找出流动问题的主要因素，并提出适当的假设，建立理论模型，再运用数学方法求解流场，揭示流动规律。实验方法就是对所研究的流动问题，选择适当的无量纲参数，建立相应的实验模型，在实验中观察流动现象，测量流体的流动参数并加以分析和处理，然后从中得到流动规律。

二、流体力学的发展简史

流体力学作为一门完整的学科，其发展起来是人类持续不断地与大自然进行斗争的结果。人们最早对流体知识的认识是在治理江河、农田灌溉、供水及航海等实践中开始的。在这些与自然作斗争的实践中，各国人民逐渐积累了大量有关流体运动规律的定性认识，并不断加以总结、提高和应用。古时中国有大禹治水疏通江河的传说。秦朝李冰父子带领劳动人民修建的都江堰，至今还在发挥着作用。隋代大运河工程，至今为人称颂。还有古罗马人建成了大规模的供水管道系统等。

在西方也和我国类似。公元前 250 年希腊学者阿基米德写的"论浮体"一文，他对静止时的液体力学性质作了第一次科学总结。建立了包括物理浮力定律和浮体稳定性在内的液体平衡理论，奠定了流体静力学的基础。此后千余年间，长期处于封建统治时期，科学停滞不前，流体力学没有重大发展。直到了 17 世纪，才陆续出现了一些水力原理的基本论著。如托里切利（1643 年）提出孔口泄流定律，帕斯卡（1650 年）提出压强传递定律，牛顿（1686 年）提出液体内摩擦定律等，为简单水力现象提供理论依据。之后，法国皮托发明了测量流速的皮托管；法国达朗贝尔证实了阻力同物体运动速度之间的平方关系；瑞士的欧拉采用了连续介质的概念，建立了欧拉方程；瑞士的伯努利从经典力学的能量守恒出发，得到了流体稳定流动下的伯努利方程。18 世纪英国大规模产业革命，生产力大幅度上升，流体力学也伴随其他学科有了较大进展。欧拉方程、伯努利方程和运动微分方程的建立为流体力学奠定了理论基础。

在 19 世纪这些理论又得到进一步发展，1822 年，法国纳维建立了黏性流体的基本运动方程；1845 年，英国斯托克斯又以更合理的基础导出了这个方程，这组方程就是沿用至今的纳维-斯托克斯方程。在纳维、斯托克斯等人的努力下，形成黏性流体力学理论和旋涡理论。德国普朗特学派逐步将纳维-斯托克斯方程作了简化，从推理、数学论证和实验测量等各个角度，建立了边界层理论，能实际计算简单情形下，边界层内流动状态和流体同固体间的黏性力。同时普朗克又提出了许多新概念，并广泛地应用到飞机和汽轮机的设计中去。这一理论既明确了理想流体的适用范围，又能计算物体运动时遇到的摩擦阻力。同时在实验方面，雷诺、谢才、达西等人发现了两种流态并进行了水力摩阻的研究。

20 世纪航空事业的发展，促进了空气动力学的研究，儒柯夫斯基、普朗特、卡门等人作出了重大贡献，附面层理论也在此时逐渐形成。非牛顿流体力学也在近二三十年由于各种新工业的需要有了很大的发展。近代流体力学更进一步划出许多分支，如磁流体力学、化学流体力学、生物流体力学等。随着科学的飞速发展，电子计算机的广泛应用，流体力学的研究领域将不断扩大。

20 世纪 40 年代，关于炸药或天然气等介质中发生的爆轰波又形成了新的理论，为研究原子弹、炸药等起爆后，激波在空气或水中的传播，发展了爆炸波理论。从 20 世纪 50 年代起，电子计算机不断完善，使原来用分析方法难以进行研究的课题，可以用数值计算方法来进行，出现了计算流体力学这一新的分支学科。在 20 世纪 60 年代，根据结构力学和固体力学的需要，出现了计算弹性力学问题的有限元法。经过十多年的发展，有限元分析这项新的计算方法又开始在流体力学中应用。

从 20 世纪 60 年代起，流体力学开始了流体力学和其他学科的互相交叉渗透，形成新的交叉学科或边缘学科，如物理-化学流体动力学、磁流体力学等；原来基本上只是定性描述的问题，逐步得到定量的研究。

三、工程流体力学的应用

工程流体力学技术基础性很强，应用广泛，几乎渗透到人们的生产和生活的各个领域：供热通风与空调工程的热供应，空气调节，除尘降温等都涉及空气及制冷介质的流动；在建筑领域中，给排水管道，采暖通风管道的设计等都必须使用流体力学的知识；在石油工业中，钻井、油井中油气的采出，地面上油气分离和集输，炼油设备，成品油的加工过程；原油、天然气的储存和运输经常涉及流体力学的许多方面，例如分析流体在管道内流动的规律，确定管道内压力、阻力、流速和流量的关系；管径的设计，管线、储罐强度的校核，管线的布设，泵、风机的大小和类型的选择；泵、风机安装位置的确定，汽蚀、水击现象的预防，油品和天然气的计量等；此外，航空与航海、冶金、水利、粮食加工、气象等部门，都涉及流体力学方面的知识。为了解决所有这些问题，相关专业的学生和科学工作者，必须具有流体力学的基础知识，以便在工业建设和管理中更好地发挥作用。

四、本课程基本要求

通过工程流体力学课程的学习，需要掌握完整的理论基础，包括：掌握流体力学的基本概念，流体力学总流分析方法，流体运动能量转化和水头损失的规律；学生应达到对一般流动问题的分析和讨论能力，包括：水力荷载的计算，管道过流能力的计算，水头损失的分析和计算；掌握测量水位、压强、流速、流量的常规方法等。

第一章

流体的基本物理性质

第一节　流体的基本概念

一、流体的概念

流体是指具有流动性的物质，即能够流动的物质，包括液体和气体，如水和空气。流动性是指在微小剪切力的作用下，流体将产生连续剪切变形的特性。

自然界物质存在的主要形态有固态、液态和气态。其对应的物质分别为固体、液体和气体。固体中的分子排列有序，分子间距小，分子间引力较大，结构致密，因此固体有固定的形状，有一定的体积和刚度。相对于固体来说，流体分子间距较大，分子间引力较小，分子运动剧烈，结构松散，所以流体不能保持一定的形状，且具有很大的流动性。

从力学性质来看，固体具有抵抗拉力、压力和剪切力的能力，所以在一定外力作用下，固体能产生相应的变形来抵抗外力。如果这种变形是弹性变形，在作用力消除后能够恢复原来的形状；如果是塑性变形，在作用力消除后只能部分地恢复原来的形状。而流体则不同，其仅能抵抗压力，不能抵抗拉力，且静止的流体不能抵抗剪切力。当流体受到微小剪切力的作用时，其将产生连续不断的变形即流动。

液体分子间距与其分子直径几乎相等。当液体受到压力时，由于分子间距缩小，分子间斥力增大以抵抗外力。因此液体分子间距很难缩小，具有一定的体积，又由于分子引力作用，液体表面面积有自身收缩到最小的特性，所以液体在上部形成自由分界面。相对于液体来说，气体分子间距很大，吸引力很小，分子间距容易缩小，分子可以自由流动。所以气体既没有固定的形状，也没有一定的体积。

从以上分析可以看出，流体和固体的区别在于它们对外力抵抗的能力不同。固体既能承受压力，又能承受拉力与剪切力。静止的流体，只能承受压力。流体与固体的最显著区别就是流体具有流动性，没有固定形状。液体和气体的区别在于气体易于压缩，而液体难于压缩；液体有一定的体积，并取决于容器的形状，存在一个自由液面，气体能充满任意形状的容器，无一定的体积，不存在自由液面。液体和气体的共同点是两者均具有流动性（液体的流动性小于气体），即在任何微小剪切力作用下都会发生连续变形，故二者统称为流体。

二、连续介质假设

流体是由大量的分子组成的物质，分子做随机的、杂乱无章的热运动，分子间有空隙。

从微观上来讲，流体分子分散地、不连续地分布于流体所占有的空间，但流体力学没有必要研究微观的分子运动，而只是研究宏观流体在外力作用下所引起的机械运动。因此在流体力学中引入连续介质假设。

连续介质假设是把流体看成无数多的、极小的、可以看成点的流体微团连续不断紧密无隙的组成物质。这种可看成点的流体微团称为流体质点，即认为流体质点是微观上充分大、宏观上充分小的分子微团，其完全充满所占空间，没有空隙存在。连续介质假设的物理意义，就是摆脱了复杂的分子运动，将一个微观的问题转化为宏观问题来处理，从而可利用数学分析中连续函数这个有利的工具来解决流体平衡和运动的问题。实践证明，连续介质假设是合理可行的，但应当注意其假设仅适用研究问题的特征尺寸必须远远大于质点的特征尺寸的条件。从微观上来说就是流体微团体积必须很小，且必须包含足够多的分子的条件下连续介质假设才成立。例如，研究对象是稀薄气体，这一假设不再适用。

对初学者来讲，流体质点和流体微团是非常容易混淆的两个概念。流体质点从几何上讲，宏观上看仅是一个点，无尺度、无表面积、无体积，从微观上流体质点中又包含很多流体分子。从物理上讲，具有流体的各物理属性。流体微团虽很微小，但它有尺度、有表面积、有体积，可作为一阶、二阶、三阶微量处理。流体微团中包含很多个流体质点，也包含很多很多个流体分子。由上述定义可知，流体是大量流体微团的集合，流体微团又是大量流体质点的集合。

第二节　流体的物理性质

1. 惯性

惯性是指物体反抗外力作用而维持其固有的运动状态的性质，以质量来量度，质量越大，惯性也越大，运动状态越难改变。根据达朗贝尔原理，其惯性力的表达式为

$$F_g = -ma \tag{1-1}$$

惯性力是流体做加速运动时，根据达朗贝尔原理虚加于流体质点上的力，其大小是质量与加速度的乘积，"—"号表示惯性力的方向与加速度的方向相反。

2. 流体的密度

单位体积的流体所具有的质量称为密度，用字母 ρ 来表示。均质流体是指体积内各点密度完全相同的流体，各点密度不完全相同的流体称为非均质流体。对于均质流体，其密度为

$$\rho = \frac{m}{V} \tag{1-2}$$

式中　m——流体的质量，kg；

　　　V——质量为 m 的流体所占有的体积，m³。

对于非均质流体，在某点的周围取微小的体积 ΔV，在该体积内流体的质量为 Δm，则该点的流体密度可表示为

$$\rho = \lim_{\Delta V \to 0} \frac{\Delta m}{\Delta V} = \frac{\mathrm{d}m}{\mathrm{d}V} \tag{1-3}$$

液体的密度基本上不随压力变化（极高压力除外），但随温度略有改变；气体的密度随温度、压力改变；低压气体的密度（极低压力除外）可按理想气体状态方程计算，高压气体

的密度可用实际气体的状态方程计算。流体的密度通常可以从相关的工程手册中查取，常见流体的密度见表 1-1。

表 1-1　常见流体的密度

液　体	温度/℃	密度/kg·m⁻³	液　体	温度/℃	密度/kg·m⁻³
蒸馏水	4	1000	润滑油	15	900～930
海水	4	1020	重油	15	890～940
重质原油	15	920～930	沥青	15	930～950
中质原油	15	850～900	甘油	0	1260
轻质原油	15	860～880	水银	0	13600
煤油	15	790～820	酒精	15	789
航空煤油	15	780	空气	0	1.29
普通汽油	15	700～750	氧	0	1.429
航空汽油	15	650	一氧化碳	0	1.25
轻柴油	15	830	二氧化碳	0	1.976

（1）液体的密度

压力对液体的密度影响很小，一般可以忽略，因此常称液体为不可压缩流体，温度对液体密度有一定的影响，对大多数液体来说，温度升高，其密度下降。如纯水的密度在 4℃ 时为 $1000kg/m^3$，而在 100℃ 时则为 $958.4kg/m^3$，因此，在检索液体密度数据时，要注明该液体所指的温度。

① 纯液体的密度 ρ　纯液体的密度指单位体积液体所具有的质量。通常可以从物理化学手册或化学工程手册查取。

② 液体混合物的密度 ρ_m　液体混合物的密度通常由实验测定，如比重法、韦氏天平法及波美度比重计法等，前两者用于精密测量，多用于实验室，后者用于快速测量，在工业上广泛使用。

对于液体混合物，当混合前后的体积变化不大时，工程计算中其密度可用下式计算，即

$$\frac{1}{\rho_m} = \frac{x_1}{\rho_1} + \frac{x_2}{\rho_2} + \cdots + \frac{x_n}{\rho_n} \tag{1-4}$$

式中　　ρ_m——液体混合物的密度，kg/m^3；

ρ_1，$\rho_2 \cdots \rho_n$——构成液体混合物中各组分的密度，kg/m^3；

x_1，$x_2 \cdots x_n$——混合物中各组分的质量分数。

【例 1-1】 已知 20℃ 时水、甘油的密度分别为 $998kg/m^3$，$1260kg/m^3$，求质量分数为 50% 的甘油水溶液的密度。

解：
$$\frac{1}{\rho_m} = \frac{x_1}{\rho_1} + \frac{x_2}{\rho_2} = \frac{0.5}{998} + \frac{0.5}{1260}$$

得 $\rho_m = 1114kg/m^3$。

（2）气体的密度

气体是可压缩流体，其密度随压力和温度而变化，因此气体的密度必须标明其状态。从手册中查到的气体密度往往是某一指定条件下的数值，使用时要将查得的密度值换算成操作条件下的密度。

① 纯气体的密度 ρ　在工程计算中，当气体的温度不太低、压力不太高时，气体的密度可按理想气体状态方程式计算，即

$$\rho = \frac{pM}{RT} \tag{1-5}$$

式中　ρ——气体在压力 p、温度 T 时的密度，kg/m^3；

　　　p——气体压力，kPa；

　　　M——气体摩尔质量，$kg/kmol$；

　　　R——通用气体常数，$R=8.314kJ/(kmol \cdot K)$；

　　　T——气体温度，K。

②　气体混合物的密度 ρ_m　气体混合物的密度 ρ_m 的计算式与纯气体的密度计算式类似，只不过将气体摩尔质量 M 改为气体平均摩尔质量 M_m，即

$$M_m = M_1 y_1 + M_2 y_2 + \cdots + M_n y_n \tag{1-6}$$

式中　M_1，$M_2 \cdots M_n$——构成气体混合物的各组分的摩尔质量，$kg/kmol$；

　　　y_1，$y_2 \cdots y_n$——混合物中各组分的摩尔分数。

（3）重度

重力特性是指在地球引力作用下流体所受到力的特性，常用重度来表示。重度是指单位体积内流体所具有的重量，有时候也称为容重或重率，以 γ 表示，单位为 N/m^3。对于均质流体，在流体内部各点所受的重力相同，则

$$\gamma = \frac{G}{V} \tag{1-7}$$

式中　G——流体的重量，N；

　　　V——重量为 G 的流体所占有的体积，m^3。

对于非均质流体，任一点的重度为

$$\gamma = \lim_{\Delta V \to 0} \frac{\Delta G}{\Delta V} = \frac{dG}{dV} \tag{1-8}$$

式中　γ——流体的重度；

　　　ΔG——微小体积流体的重量；

　　　ΔV——流体所占有的微小体积。

物体的重力 G 等于质量 m 与重力加速度 g 的乘积，即

$$G = mg$$

重度与密度的常用关系为

$$\gamma = \frac{G}{V} = \frac{mg}{V} = \rho g \tag{1-9}$$

式中　g——重力加速度，随所处的位置高度而变化，在工程计算中，一般取 $g=9.8m/s^2$。

（4）比体积（比容）

在工程应用中，还经常引用到比体积这个概念，流体的比体积是单位质量流体所占有的体积，以 v 表示，即

$$v = \frac{1}{\rho} \tag{1-10}$$

比体积单位为 m^3/kg。

（5）相对密度

液体的相对密度是指液体密度与标准大气压下 4℃纯水（4℃纯水的密度最大，且为 $1000kg/m^3$）密度的比值。相对密度是个比值，是一个无量纲的纯数，一般用 d 来表示，即

$$d = \frac{\rho_{流}}{\rho_{水}} \tag{1-11}$$

而气体的相对密度是指气体的密度与同样温度和压力下干燥空气密度的比值，在标准大气压下，290K 干燥空气的密度为 $\rho_a = 1.2\text{kg/m}^3$。

3. 流体的压缩性

流体的压缩性是指在一定温度下，流体的体积随着压力的增大而缩小的性质称为流体的压缩性，受到压缩时体积缩小的程度用体积压缩系数 β 表示，即

$$\beta = -\frac{\Delta V/V}{\Delta p} \tag{1-12}$$

式中　ΔV——体积变化量，m^3；

　　　　V——原有体积，m^3；

　　　　Δp——压力变化量，Pa；

　　　　β——体积压缩系数，Pa^{-1}。

体积压缩系数的物理意义：在温度不变的条件下，表示压力每增加一个单位，单位流体体积变化量。"一"号表示体积压缩系数为正值，因为压力的变化与体积的变化方向相反，为了使 β 为正值，所以等号右边加一负号。

式(1-12)表明，在相同压力条件下，体积压缩系数 β 值小的流体，体积变化率小，β 值越小表明流体越难以压缩；而 β 值大的流体，越容易压缩。因此 β 标志着可压缩性的大小。

流体的体积压缩系数的倒数称为体积弹性模量，用 E 来表示，单位为 Pa，即

$$E = -\frac{1}{\beta} = -\frac{V}{\Delta V}\Delta p \tag{1-13}$$

通常情况下，用体积弹性模量 E 来表示流体可压缩性的大小，E 越大，则表示流体越难以压缩；E 越小，则表示流体越容易压缩，即可压缩性大。

水的体积压缩系数见表 1-2。

表 1-2　水的体积压缩系数　　　　　　　　　10^{-9}Pa^{-1}

温度/℃	压力/10^5Pa				
	4.90	9.80	19.60	39.20	78.40
0	0.541	0.538	0.532	0.524	0.515
5	0.529	0.524	0.518	0.508	0.493
10	0.524	0.518	0.508	0.498	0.481
15	0.518	0.510	0.526	0.488	0.469
20	0.515	0.505	0.495	0.481	0.461

【例 1-2】　设泵壳内油的容积为 $V = 200\text{mL}$，从几何尺寸上算得活塞行程所能排挤出的油的体积应为 $\Delta V = 31.8\text{mL}$，挤压前油的压强为 21MPa，挤压终了时油的压强为 32MPa，油的体积弹性模量 $E = 2.1 \times 10^3 \text{MPa}$，泵的外壳可以认为是刚性的。求泵的容积效率。

解：设泵内油液压强由 21MPa 升到 32MPa 时，油液体积被压缩了 ΔV。

由体积弹性模量定义式

$$E = -\frac{1}{\beta} = -\frac{V}{\Delta V}\Delta p$$

$$\Delta V = -\frac{V}{E}\Delta p = -\frac{200 \times (32-21)}{2.1 \times 10^3} = -1.0476 \ (\text{mL})$$

实际上泵所能排挤出去的油液的体积

$$\Delta V_2 = \Delta V_1 - \Delta V = 31.8 - 1.0476 = 30.75 \text{（mL）}$$

由泵容积效率的定义得

$$\eta = \frac{\Delta V_2}{\Delta V_1} \times 100\% = \frac{30.75}{31.8} \times 100\% = 96.7\%$$

4. 流体的膨胀性

和其他物体一样，流体也具有热膨胀冷收缩的性质。流体的膨胀性是指在压力不变的条件下，流体体积随温度的升高而增大的性质。膨胀性大小用体积膨胀系数 α 来表示，单位 K^{-1} 或 $℃^{-1}$，即

$$\alpha = \frac{\Delta V / V}{\Delta T} \tag{1-14}$$

式中　ΔV——体积变化量，m^3；

　　　V——原有体积，m^3；

　　　ΔT——温度的变化量，K 或 ℃；

　　　α——体积膨胀系数，K^{-1} 或 $℃^{-1}$。

物理意义：在一定压力下，当流体温度升高 1℃ 或 1K 时，单位体积流体的体积相对变化量。水的体积膨胀系数见表1-3。

表 1-3　水的体积膨胀系数　　　　　　　　　　　　℃⁻¹

压力/10⁵Pa	温度/℃				
	0～10	10～20	40～50	60～70	90～100
0.98	0.14×10^{-4}	1.50×10^{-4}	4.22×10^{-4}	5.56×10^{-4}	7.19×10^{-4}
98	0.43×10^{-4}	1.65×10^{-4}	4.26×10^{-4}	5.48×10^{-4}	7.04×10^{-4}
500	0.149×10^{-4}	2.36×10^{-4}	4.29×10^{-4}	5.23×10^{-4}	6.61×10^{-4}

从式(1-14)、表1-3可以看出，水的体积变化量很小。因此，在工程应用中，一般不考虑液体的膨胀性。

5. 可压缩性流体和不可压缩性流体

在一定温度下，流体的体积随着压力的变化而变化的流体，称为可压缩性流体，反之称为不可压缩性流体。对于不可压缩流体，体积保持不变，根据式(1-2)得

$$\rho = 常数$$

即不可压缩流体的密度为常数。

从表1-2可以看出，在原有压力的基础上再加上约20atm❶的情况下，才使水的体积改变1%左右。在一般工程中，压力不可能达到这么高，可见水的压缩性是很小的。工程中常用的其他工作液体，如液压油、机械油等的体积弹性模量很大，在一般工程计算中，往往可以忽略其可压缩性的影响，所以，通常将以水为代表的液体当作不可压缩流体来处理。

气体的可压缩性比液体大得多，在研究气体的时候，温度和压强对其体积和密度的影响不能忽略。它的体积变化由状态方程来决定，即

$$pv = RT \tag{1-15}$$

或

$$p = \rho RT$$

---

❶ 1atm=101325Pa。

式中　p——气体的绝对压力，Pa；

　　　　v——气体的比体积，m^3/kg；

　　　　R——气体的状态参数，$m \cdot N/(kg \cdot K)$；

　　　　T——热力学温度，K。

任何流体都具有可压缩的基本属性，但就其压缩率的大小来看，相差还是比较大的。即使是同一种液体，可压缩性的考虑与否也不能一概而论。在实际工程计算中，如果把液体看成为不可压缩流体，这样能够简化理论分析和计算工作，并且能够保证足够的精确度。但在某些特殊场合，如在研究水中爆炸和水击等压力变化较大的现象时，只有考虑液体的可压缩性才能得出合理的结论。再如，一般情况下，液压纯油的体积弹性模量约为2100MPa，水的大概取2200MPa，可见压缩性很小。但在液压油中混有不溶解的气体时，则体积弹性模量大幅度下降。

综合以上分析，研究一个具体流体问题时，是否考虑压缩性的影响不取决于流体是气体还是液体，而是由具体条件来定。通常情况下，把气体看成可压缩流体，但在流速低（取小于50m/s）的情况下，也可作为不可压缩流体来处理。例如，在1atm下，当空气的流速为68m/s时，压缩性带来的相对误差很小，约为1%，这样的近似误差在工程上是允许的。

6. 流体的黏性

黏性是流体具有的一个重要性质，凡是实际流体都具有黏性。从日常生活中可以发现，油和水同属于液体，在状态上没有什么区别。但不难发现油比水流的更慢一些；用热水清洗油碗比冷水更易洗干净；在常温下，沥青是固态，随着温度的升高，状态发生改变，由固态变为液态，并且随着温度的升高流动性增强；在原油卸车时，为了增加原油的流动性，在槽车上设置加热装置；在管道输送流体时，为了增加流体的流动性而设置伴热管，甚至设置热力泵。这些现象说明，流体在运动中反映出一种性质，其对流体的运动起阻碍作用，并且这一性质与流体的种类有关，还与温度有关。这种性质就是流体的黏性。

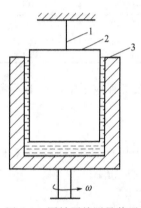

图 1-1　同轴圆筒测量装置
1—纽带；2—内筒；3—外筒

（1）黏性内摩擦力产生的圆筒实验

如图 1-1 所示，在固定纽带下端悬挂一个内圆筒，其外面放置一个能绕铅直轴旋转的外圆筒容器。在内、外圆筒体的小缝隙间充以某种液体（水或油）。当外筒开始旋转时，可以发现内圆筒随之产生同方向的扭转。当外筒转速达到定值 ω 时，内圆筒将平衡在一定的扭转角度上，一旦外筒停止转动，内圆筒也将随之恢复到原来的位置。这个实验说明了在附着于内筒和旋转外筒上的流体之间，存在着一种阻碍对方运动趋势的内摩擦力。

（2）黏性的概念及内摩擦力产生的原因

如图 1-2 所示，A、B 为宽度和长度都足够大的平行平板，间距为 y，两平板间充满着某种液体。下板 A 固定不动（$v=0$），上板 B 在拉力 F 的作用下以速度 v_0 向右运动，由于液体与板之间存在着附着力，因此黏附在动板下面的流体以速度 v_0 随上板一同向右运动，越往下速度越小，直到附着在定板 A 上的流体层速度为零。

AB 两板间的流体做平行于平板的流动，可以看成是许许多多无限薄层的流体做平行运动。实验表明，当流体处于运动状态时，在相邻流体层之间发生相对运动，上层运动较快的

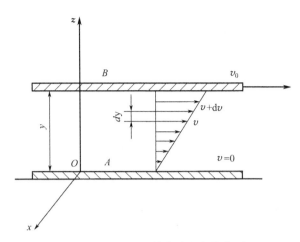

图 1-2 牛顿内摩擦定律速度分布图

流体层对下层流体产生一剪切力，拖曳下层流体运动；而下层流体也必然给上层流体的运动产生一个反作用力，阻碍上层流体的运动。因此，当流体处于运动状态时，在相邻流体层间存在一对大小相等、方向相反的作用力，其分别作用在两个流体层的接触面上。这一对力是在流体内部产生的，所以也叫内摩擦力或黏性阻力。

综合上述，当流体层间发生相对运动时，流体内部就会产生内摩擦力（黏性阻力）阻碍流体相对运动的这一性质，称为流体的黏性。流体的性质不同，所具有的黏性也不同，因此油和水具有不同的流动速度。流体只有在流动的时候，才会表现出黏性，静止的流体不呈现黏性。黏性的作用表现为阻碍流体内部的相对滑动，从而阻碍流体的流动。这种阻碍作用只能延缓相对滑动的过程，而不能消除这种现象。由于黏性的存在，流体在运动中克服内摩擦力做功，造成机械能量损失。

黏性内摩擦力的产生主要有两个原因，一个是分子间的吸引力产生阻力，另一个是分子不规则运动的动量交换产生阻力。对气体来讲，气体分子间距离很大，分子间的吸引力很小，而分子间的不规则运动非常剧烈，所以气体黏性的产生，主要是分子不规则运动的动量交换引起的；对于液体由于分子间距小，在低速流动时，不规则运动弱，因此黏性力的产生主要取决于分子间的吸引力。但在逐渐转为高速流动时，流体不规则运动逐渐增强，黏性力将逐渐变为由不规则运动的动量交换引起。

（3）牛顿内摩擦定律

如图 1-2 所示，A、B 为宽度和长度都足够大的平行平板，当平板间距为 y 和速度 v_0 不是很大时，A、B 两板间的流体会产生图示的线性速度分布。实验研究表明，运动平板所受到的阻力与其运动速度、面积成正比，与两平板的间距成反比，即

$$F = \mu \frac{v_0}{y} A \tag{1-16}$$

式中　F——平板受到的黏性力，N；

　　　v_0——平板的运动速度，m/s；

　　　y——平板的间距，m；

　　　A——平板与流体的接触面积，m^2；

　　　μ——黏滞系数或动力黏度，其值与流体的性质、温度有关，Pa·s。

牛顿（Newton）经过大量的试验研究，于 1686 年提出了确定流体黏性力的"牛顿内摩擦定律"，其内容如下：如图 1-2 所示，取无限薄的流体层进行研究，坐标为 y 处流速为 v，坐标为 $y+dy$ 处流速为 $v+dv$，显然在厚度为 dy 的薄层中速度梯度为 $\frac{dv}{dy}$。液层间内摩擦力 T 的大小与液体性质有关，并与速度梯度 $\frac{dv}{dy}$ 和接触面积 A 成正比，而与接触面上压力无关，即

$$T = \pm \mu A \frac{dv}{dy} \tag{1-17}$$

符合这样内摩擦定律的流体称为牛顿型流体，否则称为非牛顿型流体。

作用在单位面积上的内摩擦力（黏性力）称为黏性切应力，以 τ 表示，单位为 N/m² 或 Pa。由式(1-15)可以得到流体层间的黏性切应力为

$$\tau = \pm \mu \frac{dv}{dy} \tag{1-18}$$

式中 $\frac{dv}{dy}$——速度梯度（单位距离上的速度差），s⁻¹。

正、负号的物理意义是为了使 T、τ 永远为正值，当 $\frac{dv}{dy} > 0$ 时取正号；当 $\frac{dv}{dy} < 0$ 时取负号。

在考虑流体的内摩擦力时，必须注意以下几个问题。

① 切应力 τ 是成对出现的，快层作用于慢层上的是动力，其方向与运动方向一致；慢层作用于快层上的是阻力，其方向与运动方向相反。

② 当速度梯度 dv/dy＝0 时，$F=\tau=0$，即当流体处于静止状态时，流体没有内摩擦力或黏性切应力。因此，在微小剪切力作用下，流体就会表现出极大流动性。但要注意，流体没有内摩擦力，并不是说静止流体没有黏性。黏性作为流体的物理属性，总是存在的，仅仅只是当流体处于静止时黏性没有表现出来。

③ 流体的黏性切应力与压力的关系不大，而取决于速度梯度的大小；固体间的摩擦力与固体间的压力成正比，而与其间的相对速度无关。

④ 牛顿内摩擦定律只适用于层流流动，不适用于紊流流动，紊流流动中除了黏性切应力之外还存在更为复杂的紊流附加应力。

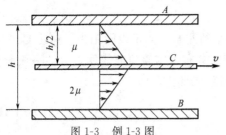

图 1-3　例 1-3 图

【例 1-3】 如图 1-3 所示，在相距 0.06m 的两个固定平行平板 AB 中间放置另一块薄板 C，在薄板 C 的上下分别放有不同黏度的油，并且一种油的黏度是另一种油的黏度的 2 倍。当薄板以匀速 $v=0.3$m/s 被拖动时，每平方米受力为 $T=29$N，求两种油的黏度各是多少？

解：设薄板 C 上层油的黏度为 μ_1，则下层为 $\mu_2 = 2\mu_1$，薄板与油的接触面积为 A，由于两板之间的距离很小，所以 A、B 两板间的流体会产生图示的线性速度分布。

根据牛顿内摩擦定律可知，上部流体对板的阻碍力为

$$F_1 = \mu_1 \frac{v_0}{y} A = 2\mu_1 \frac{v}{h} A$$

其作用方向与运动方向相反。

下部流体对薄板的作用力为

$$F_2 = \mu_2 \frac{v_0}{y} A = 4\mu_1 \frac{v}{h} A$$

其作用方向仍与运动方向相反。

由于薄板做匀速运动，受力处于平衡状态，所以

$$F = F_1 + F_2$$

即

$$F = 2\mu_1 \frac{v}{h} A + 4\mu_1 \frac{v}{h} A = 6\mu_1 \frac{v}{h} A$$

解得薄板上层油的黏度为

$$\mu_1 = \frac{Fh}{6Av} = \frac{29 \times 0.06}{6 \times 0.3} = 0.97 \ (\text{Pa} \cdot \text{s})$$

薄板下层油的黏度为

$$\mu_2 = 2\mu_1 = 2 \times 0.97 = 1.94 \ (\text{Pa} \cdot \text{s})$$

【例 1-4】 如图 1-4 所示油缸尺寸为 $d = 12\text{cm}$，$l = 14\text{cm}$，间隙 $\delta = 0.02\text{cm}$，所充油的动力黏度 $\mu = 65 \times 10^{-3} \text{Pa} \cdot \text{s}$。试求当活塞以速度 $v = 0.5\text{m/s}$ 运动时所需拉力 F 为多少？

解： 由牛顿内摩擦定律知

$$F = \mu \frac{v_0}{y} A = \mu \frac{v}{\delta} A$$

式中
$$A = 2\pi rl = \pi dl$$

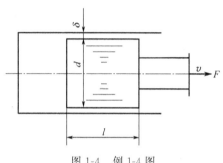

图 1-4 例 1-4 图

由此可得
$$F = \frac{\pi \mu dlv}{\delta} \approx 8.57 \ (\text{N})$$

【例 1-5】 如图 1-5 所示，旋转圆筒黏度计，外筒固定，内筒由同步电动机带动旋转，内外筒间充入实验液体。已知内筒半径 $r_1 = 1.93\text{cm}$，外筒半径 $r_2 = 2\text{cm}$，即两圆筒的径向间隙 $\delta_1 = 0.7\text{mm}$，底面间隙 $\delta_2 = 1.5\text{mm}$，内筒高 $h = 7\text{cm}$，实验测得内筒转速 $n = 50\text{r/min}$，转轴上扭矩 $M = 1.38 \times 10^{-2} \text{N} \cdot \text{m}$。试求该实验液体的黏度。

解： 充入内外筒间隙中的实验液体，在内筒带动下做圆周运动。因间隙 δ_1、δ_2 很小，间隙中液体速度成线性分布，径向间隙中速度梯度 $\frac{\mathrm{d}v}{\mathrm{d}y} = \frac{\omega r_1}{\delta_1}$，内筒切应力 τ_1 为

$$\tau_1 = \mu \frac{\mathrm{d}v}{\mathrm{d}y} = \mu \frac{\omega r_1}{\delta_1}$$

其中内筒旋转角速度 $\omega = \frac{2\pi n}{60}$。

在内圆筒侧面切应力产生的扭矩为

$$M_1 = \tau_1 A r_1 = \tau_1 2\pi r_1 h r_1 = \frac{\pi^2 \mu n r_1^3 h}{15\delta_1}$$

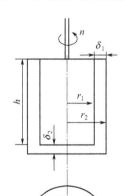

图 1-5 例 1-5 图　内圆筒底部的切应力为

$$\tau_2 = \mu \frac{\mathrm{d}v}{\mathrm{d}y} = \mu \frac{\omega r}{\delta_2}$$

式中，r 为变量，$\mathrm{d}r$ 微元上摩擦阻力为

$$\mathrm{d}T_2 = \tau_2 \mathrm{d}A = \mu \frac{v}{\delta_2} \mathrm{d}A = \mu \frac{\omega r}{\delta_2} \mathrm{d}A = \mu \frac{1}{\delta_2} \frac{2\pi nr}{60} \times 2\pi r \mathrm{d}r = \frac{\mu\pi^2 r^2 n \mathrm{d}r}{15\delta_2}$$

内圆筒底面微元 $\mathrm{d}r$ 上所受黏性摩擦阻力矩为

$$\mathrm{d}M_2 = \mathrm{d}T \cdot r = \frac{\mu\pi^2 r^3 n \mathrm{d}r}{15\delta_2}$$

则由 τ_2 产生的扭矩 M_2 为

$$M_2 = \int_0^{r_1} \mathrm{d}M_2 = \mu\pi^2 \frac{n}{15\delta_2} \int_0^{r_1} r^3 \mathrm{d}r = \frac{\mu\pi^2 n r_1^4}{60\delta_2}$$

总扭矩
$$M = M_1 + M_2 = \frac{\mu\pi^2 n r_1^3 h}{15\delta_1} + \frac{\mu\pi^2 n r_1^4}{60\delta_2} = \frac{\mu\pi^2 n r_1^3 (4\delta_2 h + r_1 \delta_1)}{60\delta_1\delta_2}$$

由此可得被测液体的动力黏度

$$\mu = \frac{60M\delta_1\delta_2}{\pi^2 n r_1^3 (4\delta_2 h + r_1\delta_1)} = 8.58 \times 10^{-3} \quad (\text{Pa} \cdot \text{s})$$

（4）黏度及其表示方法

流体的黏性通常以黏度来度量，黏度常用的表示方法有以下三种。

① 动力黏度　动力黏度也称为绝对黏度，以符号 μ 表示，由式(1-15)得动力黏度表示单位速度梯度下流体内摩擦力的大小，它直接反映流体黏性的大小。在 SI 制中，μ 的单位为 $\text{N} \cdot \text{s}/\text{m}^2$ 或 $\text{Pa} \cdot \text{s}$。在 CGS 制中，动力黏度 μ 单位还有泊（P）或厘泊（cP），它们的换算关系为

$$1\text{Pa} \cdot \text{s} = 10\text{P} = 1000\text{cP}$$

μ 称为动力黏度是因为在其量纲中存在动力学因素。

② 运动黏度　在理论分析和工程计算中，动力黏度 μ 与流体密度 ρ 的比值称为运动黏度，以符号 ν 表示，即

$$\nu = \frac{\mu}{\rho} \tag{1-19}$$

在 SI 制中，ν 的单位为 m^2/s。在 CGS 制中，运动黏度的单位还有 cm^2/s，称为斯，记为 St。其百分之一称为厘斯，记为 cSt。

运动黏度没有明确的物理意义，不能像动力黏度那样直接表示黏性切应力的大小。它的引入只是因为在工程计算和理论分析中常出现 μ 与流体密度 ρ 的比值。在实际工程应用中，运动黏度也可以给出比较形象的黏度概念。我国现行的机械油牌号数所表示的就是以厘斯为单位的黏度值。确切地说，就是机械油在 50℃ 时运动黏度的平均值。例如，20# 机械油表示该种油在 50℃ 时其运动黏度大致为 20cSt。

③ 恩氏黏度　恩氏黏度是一种相对黏度，以符号 °E 表示，它仅适用于液体。恩氏黏度值是被测液体与水的黏度的比较值，其值用恩式黏度计测量。测定方法是，将 200mL 的待测液体装入恩氏黏度计中，测定它在某一温度下通过容器底部直径为 2.8mm 的标准小孔流出的时间为 t_1（s），再将 200mL 的蒸馏水加入同一恩氏黏度计中，在 20℃ 温度时测出其流尽所需时间 t_2（s，平均值约为 51s），时间 t_1 和 t_2 的比值就是该液体在该温度下的恩氏黏度，即

$$°E=\frac{t_1}{t_2} \tag{1-20}$$

恩氏黏度无量纲，在实际应用中，当°E＞2时，其和运动黏度有如下的换算经验公式

$$\nu=\left(7.31°E-\frac{6.31}{°E}\right)\times10^{-6}\quad(m^2/s) \tag{1-21}$$

在工程实际应用中，°E与ν的换算关系可以在相关手册中直接查得。

【例 1-6】 已知在20℃的温度下，某液体的动力黏度$\mu=0.004Pa\cdot s$，其相对密度$d=0.86$，求该液体的运动黏度ν。

解： 该液体的密度

$$\rho=0.86\times1000=860\quad(kg/m^3)$$

根据运动黏度与动力黏度的关系，求得该液体的运动黏度为

$$\nu=\frac{\mu}{\rho}=\frac{0.004}{860}=4.65\times10^{-6}\quad(m^2/s)$$

【例 1-7】 若某油液的密度$\rho=850kg/m^3$，用恩氏黏度计测量其黏度。将200cm³的待测液体装入恩氏黏度计中，测定它在某一温度下通过容器底部直径为2.8mm的标准小孔流出的时间为408s，求该油液的动力黏度μ。

解： 由于20℃时纯水自恩氏黏度计滴落时间约为$t_2=51s$，得某一温度时该油液的恩氏黏度为

$$°E=\frac{t_1}{t_2}=\frac{408}{51}=8$$

其运动黏度由恩氏黏度与运动黏度的换算关系式(1-21)可得

$$\nu=\left(7.31\times8-\frac{6.31}{8}\right)\times10^{-6}=57.69\times10^{-6}\quad(m^2/s)$$

$$\mu=\rho\nu=850\times57.69\times10^{-6}=49.036\times10^{-3}\quad(Pa\cdot s)$$

（5）流体黏性的影响因素

流体黏性的大小，首先取决于流体本身的性质，如气体的黏性小于液体，而润滑油、原油、液压油的黏性大于水。其次，同一种流体因其所处环境不同，即在不同的温度和压强下，流体的黏性也会有所不同。实验证明，压力和温度对流体的黏度有所影响。

① 压强对流体黏性的影响　由于压强变化对分子热运动影响不大，即压强变化对分子动量交换影响甚微，所以气体的黏度随压强变化很小。而压强的变化将使分子间距发生改变，即压强变化对分子内聚力有所影响，所以压强对液体的黏性还是有影响的。但在压强低于100atm时，其变化对液体黏度的影响很小，通常可忽略。例如，在20℃时，当压强由1atm增至100atm时，变压器油的动力黏度大约增加7.6%；而当压强增至3400atm时，其动力黏度将增大6500倍。

② 温度对流体黏性的影响　温度对黏度的影响比较显著，对液体而言，由于液体分子的间距较小，液体的黏性主要取决于分子间的吸引力。当温度升高时，液体分子间距增大，吸引力减小，液体的黏度将减小。对气体而言，当温度升高时，分子的不规则运动加剧，使动量交换更加频繁，因此，气体的黏度将随之增大。可见，当温度变化时，气体和液体的黏度变化规律是不同的。因此，在铸造生产中，为提高金属液的充型能力，采取的一个主要措施就是适当提高浇铸温度，以减小铁液黏性，增加其流动性。在管道输送黏度较大的原油时，采用加热的方式减小原油的黏度，增加其流动性，提高原油输送的效率。流体的黏性可

采用实验的方法测出。图 1-6 是机械油的黏温关系图；表 1-4 和表 1-5 给出了在 1atm 下，水和空气在不同温度时的动力黏度和运动黏度，供实际计算时参考。

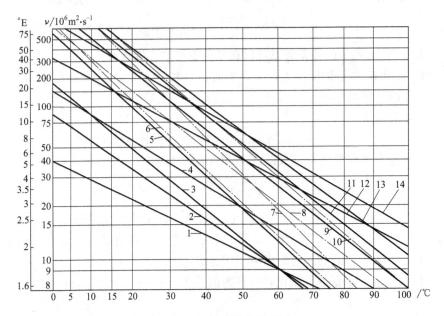

图 1-6 机械油黏温关系图

1—10#航空液压油；2—10#机械油；3—10#低凝液压油；4—20#低凝液压油；5—20#机械油；
6—22#汽轮机油；7—30#汽轮机油；8—30#机械油；9—40#机械油；10—46#汽轮机油；
11—50#机械油；12—40#低凝液压油；13—70#机械油；14—70#低凝液压油

表 1-4 水的黏温变化值

温度 /℃	动力黏度 $\mu/10^3 Pa \cdot s$	运动黏度 $\nu/10^6 m^2 \cdot s^{-1}$	温度/℃	动力黏度 $\mu/10^3 Pa \cdot s$	运动黏度 $\nu/10^6 m^2 \cdot s^{-1}$
0	1.792	1.792	50	0.549	0.556
10	1.308	1.308	60	0.469	0.477
20	1.005	1.007	70	0.406	0.415
30	0.801	0.804	80	0.357	0.367
40	0.656	0.661	90	0.317	0.328
45	0.597	0.603	100	0.284	0.296

表 1-5 空气的黏温变化值

温度 /℃	动力黏度 $\mu/10^3 Pa \cdot s$	运动黏度 $\nu/10^6 m^2 \cdot s^{-1}$	温度/℃	动力黏度 $\mu/10^3 Pa \cdot s$	运动黏度 $\nu/10^6 m^2 \cdot s^{-1}$
0	1.72	13.7	90	2.16	22.9
10	1.78	14.7	100	2.18	23.6
20	1.83	15.7	120	2.28	26.2
30	1.87	16.6	140	2.36	28.5
40	1.92	17.6	160	2.42	30.6
50	1.96	18.6	180	2.51	33.2
60	2.01	19.6	200	2.59	35.8
70	2.04	20.5	250	2.80	42.8
80	2.10	21.7	300	2.98	49.9

（6）实际流体和理想流体

由前面分析可知，自然界中的所有流体都存在黏性，黏度不为 0 的流体称为实际流体，或者黏性流体。而黏性本身是一个十分复杂的问题，影响因素是多方面的。在研究流体运动规律时，如果考虑流体的黏性，则会使研究过程变得极为复杂，甚至无法进行。在实际工程和某些理论研究中，内摩擦力作用影响不大，可以忽略，这样使复杂问题简单化。所以在流体力学的研究中，引入理想流体的概念，即将忽略了黏性或假定没有黏性的流体，称为理想流体。理想流体是一种假想的实际上不存在的物理模型。

理想流体概念引入的实际意义：在解决流体力学问题时，对黏性力不起主要作用或者影响不明显的流体，不再考虑黏性对流体运动的影响。把黏性流动简化为无黏性流动，找出流动规律后再考虑实际流体的黏性作用。通过实验对已取得的理论结果进行修正，从而得出与实际流体情况相符的运动规律。这种规律是可行的，既抓住了主要矛盾，也使问题得到了简化。

（7）牛顿流体和非牛顿流体

在流体力学的研究中，遵从牛顿内摩擦定律的流体，即切应力与速度梯度成线性关系的流体称为牛顿流体，自然界中的水、酒精、甘油、空气等都属于牛顿流体。如图 1-7 所示，用通过原点的直线（坐标轴除外）表示的流体是牛顿流体（图中曲线 A），直线的斜率即为流体的动力黏度。不符合牛顿内摩擦定律的流体，称为非牛顿流体。非牛顿流体的种类很多，通常有宾汉姆流体、假塑性流体、胀流型流体等。宾汉姆流体（图中曲线 B），如浓稠的烃类润滑脂、某些沥青、牙膏等。这种流体需要有一定的外力作用才能开始流动，当外力超过初始应力之后，其切应力才与速度梯度成正比。假塑性流体（图中曲线 C），如高分子溶液、纸浆、泥浆等。这种流体

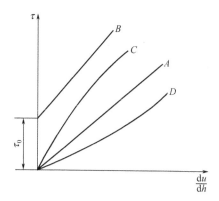

图 1-7　牛顿流体与非牛顿流体曲线

在受很小外力作用下即可以流动，但速度梯度对切应力的影响是非线性的，也可以说，随速度梯度的增加，切应力的增加率逐渐下降。胀流型流体的流变曲线为通过坐标原点且凹向切应力轴的曲线（图中曲线 D），如油漆、乳化液等。这种流体一受力就有流动，但切应力与速度梯度不成正比，随着速度梯度的增大，切应力增加速率越来越大。

牛顿内摩擦定律适用于牛顿流体，也仅适用于层流流动。本书所研究的仅限于牛顿流体，非牛顿流体可参看流变学的内容，本书不作讨论。

第三节　作用在流体上的力

力是改变流体运动状态的原因。因此，在研究流体运动规律之前，首先分析作用在流体上的力。作用在流体上的力，通常按照作用方式可分为质量力和表面力。

一、质量力

质量力是作用在每一个流体质点上的力，其大小与流体质量成正比。对于均质流体，质量力与流体的体积成正比，所以质量力又称为体积力。质量力属于非接触力，常见的质量力

有重力、惯性力、电场力及磁场力等。重力和惯性力与质量有直接关系，而电场力和磁场力与流体质量没有直接关系，但在流体力学中仍统称为质量力。

在流体力学中，常采用单位质量力作为分析流体质量力的基础。单位质量力是单位质量的流体所受的质量力，用符号 f 表示，即

$$f=\frac{F}{m} \tag{1-22}$$

式中　F——质量力，N。

设质量力 F 在各坐标轴上的分力分别为 F_x、F_y、F_z，则单位质量力在各个坐标轴上的分力 f_x、f_y、f_z 为

$$f_x=\frac{F_x}{m} \qquad f_y=\frac{F_y}{m} \qquad f_z=\frac{F_z}{m}$$

【例 1-8】 一个盛质量为 $m\,kg$ 水的封闭容器，问：

(1) 封闭容器在地面上静止放置时，水所受单位质量力为多少？

(2) 封闭容器从空中自由下落时，其单位质量力又为多少？

解：(1) 如果取铅直向上的方向为 z 轴的正方向，则当封闭容器在地面上静止放置时，水所受的质量力只受重力。

所以，在各坐标轴上质量力的分力分别为 $F_x=0$、$F_y=0$、$F_z=-G$。根据单位质量力的定义有

$$f_x=\frac{F_x}{m}=0; \quad f_y=\frac{F_y}{m}=0; \quad f_z=\frac{F_z}{m}=\frac{-G}{m}=\frac{-mg}{m}=-g$$

(2) 封闭容器从空中自由下落时，在铅直方向，水所受的质量力除重力之外，还有惯性力。

所以，在各坐标轴上质量力的分力分别为 $F_x=0$、$F_y=0$、$F_z=F_g-G$。根据式(1-1) 惯性力为

$$F_g=-ma=-m(-g)=mg$$

根据单位质量力的定义有

$$f_x=\frac{F_x}{m}=0; \quad f_y=\frac{F_y}{m}=0$$

$$f_z=\frac{F_z}{m}=\frac{F_g-G}{m}=\frac{mg-mg}{m}=0$$

二、表面力

表面力是指作用在流体表面上的力，并与作用面的面积成正比。表面力通常是指所研究流体以外的流体或物体作用在分界面上的力，属于接触力，如大气压力、内摩擦力等。根据作用面的不同，表面力可以分为外力和内力。外力是指作用在流体外表面上的力，内力是指作用在流体内部任意两接触面上的力；根据作用方向，表面力又分为法向力和切向力，法向力垂直于作用表面，而切向力平行于作用表面。

如何判断外力和内力，明确这一点也是十分重要的。在流体内部任一对接触表面上，彼此间相互作用的表面力是大小相等、方向相反、相互抵消的。所以，把流体作为一个系统进行研究时，表面力可视为内力，其对流体的平衡和运动不产生影响。在流体力学中，常从流体内部隔离出一部分流体作为研究对象，这时周围流体作用在隔离体表面上的力就是外力。

流体力学中，常用应力来表示表面力在作用面积上的强度。应力是指单位面积上的表面力。根据作用方向不同，常将应力分为法向应力和切向应力。如图 1-8 所示，在所取分离体表面上，取包围某点 A 的微元面积 ΔA。作用于 ΔA 上的表面力为 ΔF，其垂直于作用表面的法向分量为 ΔF_n，平行于作用表面的切向力分量为 ΔF_τ。当 ΔA 向 A 点收缩趋近于零时，单位面积受到的表面力 p_A 可表示为

$$p_A = \lim_{\Delta A \to 0} \frac{\Delta F}{\Delta A} \tag{1-23}$$

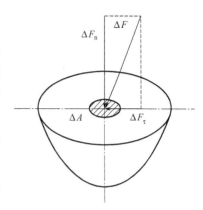

图 1-8　作用在流体上的力

一般情况下，p_A 不与法线方向重合，因此，可将 p_A 分解为垂直于作用表面的法向应力 σ 和平行于作用表面的切向应力 τ，法向应力就是物理学中的压强，在流体力学中称为压力，即

$$\sigma_A = \lim_{\Delta A \to 0} \frac{\Delta F_n}{\Delta A} \tag{1-24}$$

$$\tau_A = \lim_{\Delta A \to 0} \frac{\Delta F_\tau}{\Delta A} \tag{1-25}$$

其实，表面张力也属于表面力，它是作用在流体自由表面沿作用面法线方向的拉力。

第四节　表面张力和毛细现象

一、表面张力

在自然界中，我们可以看到很多表面张力的现象和对表面张力的运用。例如，在日常生活中，存在露珠总是尽可能呈球形，水滴悬挂在水龙头出口处，水银在平滑表面上成球形滚动等现象。这些现象表明液体自由表面有尽量缩小其表面积的趋势，引起这种收缩趋势的力称为表面张力。

液体有内聚力和对固体壁面的附着力，这都是液体分子引力的作用结果。内聚力有使液体尽量缩小其表面积的趋势，其作用结果使液体表面好像是一张均匀受力的弹性薄膜。由此可见，表面张力是由内聚力引起的。在液体与大气相接触的自由面上，由于液体分子的内聚力大于气体分子的内聚力，使自由表面上的液体分子有向液体内部收缩的趋势，这使沿自由表面任一界线上存在相互作用的拉力，使自由表面处于拉伸状态。液体表面单位长度上这种拉力就称为表面张力，用表面张力系数 σ 来表示，单位为 N/m。但要注意，由于气体不存在自由表面，所以不存在表面张力。表面张力是液体特有的性质。

液体表面张力系数的性质表现在以下几个方面。

① 液体不同，表面张力系数不同。例如，密度小的，容易蒸发的液体表面张力系数小，如液氢和液氦；已熔化的金属表面张力系数则很大。

② 表面张力系数随温度的升高而减小，到达临界温度时，液体与气体不分，表面张力趋近于零。因为当温度升高时，液体分子间距增大，内聚力减小，表面张力减小。

③ 表面张力与液体自由表面所接触的气体有关，当接触的气体不同时，表面张力也不同。

④ 表面张力系数还与杂质有关，加入杂质可促使液体表面张力系数增大或减小。一般说来醇、酸、醛、酮等有机物质大都是表面活性物质，比水的表面张力系数小得多。例如，在钢液结晶时，加入少量的硼，就是为了促使液态金属加快结晶速度。

⑤ 压力对液体表面张力的影响不大。

表面张力是很小的，在工程应用中一般可以忽略不计。但当流体自由表面的边界尺寸非常小，如在研究很细的玻璃管、很窄的缝隙等问题时，表面张力就成为不可忽略的影响因素。所以在用很细的玻璃管制成的水力仪表中，必须考虑表面张力的影响。

液体表面张力系数的大小，可以通过实验测量方法确定。在 1atm 下，水和空气接触的表面张力系数 σ 随温度的变化值如表 1-6 所示。表 1-7 给出了几种常见的液体在标准大气压下，在 20℃ 与空气接触时的表面张力系数。

表 1-6　水的表面张力系数 σ

温度/℃	10	20	30	40	60	80	100
$\sigma/\mathrm{N}\cdot\mathrm{m}^{-1}$	0.0756	0.0742	0.0728	0.0696	0.0662	0.0626	0.0589

表 1-7　几种常见液体的表面张力系数 σ

名称	煤油	四氯化碳	苯	原油	润滑油	甘油	水银
$\sigma/\mathrm{N}\cdot\mathrm{m}^{-1}$	0.025	0.026	0.029	0.03	0.036	0.063	0.51

二、毛细现象

表面张力除产生在液体和气体相接触的自由表面外，在液体与固体相接触的表面上，也会产生附着力。

将两根直径很小且两端开口的玻璃管插在浸润液体水和不浸润液体水银中时，如图 1-6 所示，管中的液位与外面的液位有明显差别，这种由表面张力作用使管内液体出现升高和下降的现象，称为毛细现象。

在自然界和日常生活中有许多毛细现象的例子。植物茎内的导管就是植物体内的极细的毛细管，它能把土壤里的水分吸上来；砖块吸水、毛巾吸汗、粉笔吸墨水都是常见的毛细现象。在这些物体中有许多细小的孔道，起着毛细管的作用。

毛细现象的决定因素有：液体是固体表面的浸润液体和液体表面张力。浸润是指液体与固体接触时，液体在固体表面上表现为扩张还是收缩的性质。对玻璃来讲，水具有润湿性，水银则不具备润湿性。如图 1-9(a) 所示，当玻璃管插入水中时，水与玻璃间的附着力大于水的内聚力，水将沿壁面向外扩张，使液面向上弯曲成凹面。而由于表面张力的作用，液体表面类似一张均匀受力的弹性薄膜，如果液面是弯曲的，表面张力就有使其变平的趋势，因此凹液面对下面的液体施以拉力。二者作用的结果使液体沿着管壁上升，当向上的拉力（表面张力的垂直分量）与管内液柱所受的重力相等时，管内的液体停止上升，达到平衡。如图 1-9(b) 所示，当玻璃管插入水银中时，由于水银的内聚力远大于其与玻璃的附着力，其结果与上述相反，水银表面向下弯曲成凸面。凸液面对下面的液体施以压力，水银柱下降。

毛细现象中液柱的上升和下降的高度可由图 1-10 求得。设玻璃管的内径为 d，液体的密度为 ρ，液面与管壁的接触角为 θ，表面张力系数为 σ，由表面张力垂直分量与液柱重力向等，即

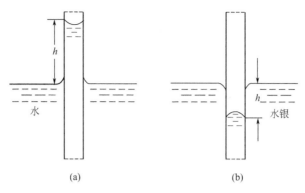

图 1-9　毛细现象

$$\rho g \pi \left(\frac{d}{2}\right)^2 h = \pi d \sigma \cos\theta$$

得

$$h = \frac{4\sigma\cos\theta}{\rho g d} \tag{1-26}$$

式中的接触角取决于气、液种类以及管壁材料等因素。在 20℃ 时，水银和玻璃的接触角为 139°，而水和玻璃的接触角为 8°～9°。

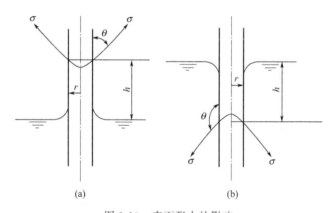

图 1-10　表面张力的影响

由此可见，除了流体与管材的理化性质决定毛细现象之外，毛细管的直径也是一个重要的因素。例如，在工程中常用的测压管，当测压管的直径小于 10mm 时，毛细现象往往造成较大的误差，只有当直径大于 10mm 时，误差才可以忽略不计。

思考题

1-1　什么是流体？固体与流体的根本区别是什么？

1-2　试从液体和气体分子结构说明液体与气体的主要差别有哪些？

1-3　什么是连续介质假设？研究流体时引入连续介质概念的目的、意义何在？

1-4　为什么作用在流体上的惯性力与加速度方向相反？

1-5　比体积与密度之间有何联系？有何区别？

1-6　什么是流体的压缩性和膨胀性？如何度量？它们对液体的密度有何影响？

1-7 流体运动的内摩擦力与固体运动的摩擦力有什么区别？

1-8 什么是流体的黏性？如何度量黏性的大小？它对流体的运动有什么作用？

1-9 影响流体黏性的因素有哪些？液体黏度与气体黏度随温度的变化有何不同，为什么？

1-10 动力黏度与运动黏度有何区别和联系？

1-11 什么是理想流体？其与实际流体有何区别？引入理想流体概念有什么意义？

1-12 作用在流体上的力怎样分类？如何表示？什么情况下黏性切应力为 0？

1-13 什么情况下作用在流体上的单位质量力分量为 $f_x=0$，$f_y=0$，$f_z=0$？

习 题

1-1 已知 500L 的某种液体，在天平上称得其质量为 679kg，求其密度和相对密度。

1-2 已知由恩氏黏度计测得石油的黏度 °E=5.5，若石油的密度 $\rho=850\mathrm{kg/m^3}$，试求其运动黏度。

1-3 体积为 $5\mathrm{m^3}$ 的水，在温度不变的条件下，当压强从 $9.8\times10^4\mathrm{Pa}$ 增加到 $4.9\times10^5\mathrm{Pa}$ 时，体积减少 1L。求水的压缩系数和弹性系数。

1-4 温度为 20℃、流量为 $60\mathrm{m^3/h}$ 的水流入加热器，如果水的体积膨胀系数 $\alpha=5.5\times10^{-4}\mathrm{K^{-1}}$，问加热到 80℃ 后从加热器中流出时的体积流量变为多少？

1-5 图 1-11 示为一油箱的纵截面，其尺寸为长 $a=0.6\mathrm{m}$，宽 $b=0.4\mathrm{m}$，高 $H=0.5\mathrm{m}$，油嘴直径 $d=0.05\mathrm{m}$，高 $h=0.08\mathrm{m}$，油装到齐油箱的上壁。求：

(1) 如果只考虑油液的体积膨胀系数 $\alpha=6.5\times10^{-4}\mathrm{K^{-1}}$ 时，油液从 $t_1=-20℃$ 上升到 $t_2=20℃$ 时，油箱中有多少体积的油溢出？

(2) 如果还考虑油箱的线胀系数 $\alpha_l=1.2\times10^{-5}\mathrm{K^{-1}}$，这时溢出多少油？

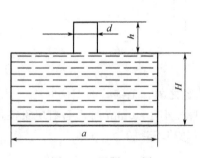

图 1-11 习题 1-5 图

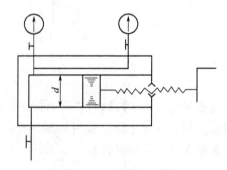

图 1-12 习题 1-6 图

1-6 图 1-12 所示为一压力表校正装置。装置内充满油液，油的体积压缩系数 $\beta=5\times10^{-10}\mathrm{Pa^{-1}}$，装置内压强由手轮丝杠和活塞造成。已知活塞直径 $d=10\mathrm{mm}$，旋进螺距 $t=2\mathrm{mm}$。无压力时装置内油液体积为 200mL，若要形成 $2\times10^7\mathrm{Pa}$ 的压强，手轮需摇多少转？（不计壳体变形）

1-7 用 200L 汽油桶装密度为 $0.7\times10^3\mathrm{kg/m^3}$ 的汽油。罐装时液面上压强为 $9.8\times10^4\mathrm{Pa}$。封闭后温度升高了 20℃，此时汽油的蒸汽压力为 $1.76\times10^4\mathrm{Pa}$。若汽油的体积膨胀系数为 $6\times10^{-4}\mathrm{K^{-1}}$，弹性系数为 $1.37\times10^7\mathrm{Pa}$。试计算由于压力和温度变化所增加的体积？

1-8 水的 $\rho=1000\text{kg/m}^3$，$\mu=0.599\times10^{-3}\text{Pa}\cdot\text{s/m}^3$，求它的运动黏度 ν？

1-9 当空气温度从 0℃ 增加至 20℃，运动黏度 ν 值增加 15%，密度 ρ 减少 10%，问此时动力黏度 μ 值增加多少？

1-10 图 1-13 所示为一水平方向运动的木板，其运动速度为 $v=1\text{m/s}$。平板浮在油面上，油层厚度 $\delta=10\text{mm}$，油的动力黏度 $\mu=0.9807\text{Pa}\cdot\text{s}$，求作用在平板上单位面积上的阻力。

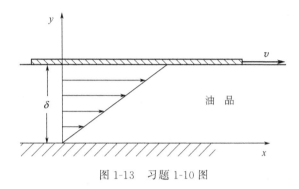

图 1-13 习题 1-10 图

1-11 质量为 5kg，尺寸为 400mm×450mm 的一块平板，沿着涂有润滑油的斜面等速向下运动，如图 1-14 所示。已知运动速度为 $v=1\text{m/s}$，$\delta=1\text{mm}$。求润滑油的动力黏度。

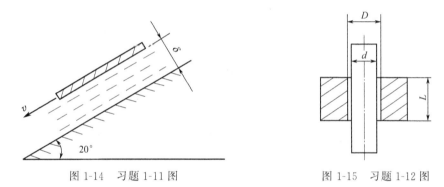

图 1-14 习题 1-11 图   图 1-15 习题 1-12 图

1-12 如图 1-15 所示，金属套在重力作用下沿垂直轴下滑。轴与套间充满 $\nu=3\times10^{-5}\text{m}^2/\text{s}$，$\rho=850\text{kg/m}^3$ 的油液，套的内径 $D=102\text{mm}$，轴的外径 $d=100\text{mm}$，套长 $L=250\text{mm}$，套的质量 10.2kg。试求套筒自由下滑时的最大速度（不计空气阻力）。

第二章

流体静力学

流体静力学主要研究静止流体平衡的力学规律及其在工程中的应用，也就是说研究流体静压力的分布规律及其在工程技术上的应用。

自然界中并没有完全静止的物体。流体静力学中所说的静止是指流体宏观质点之间没有相对运动的状态。因此，流体的静止状态包含两种情况：一种是绝对静止，即流体整体对于地球没有相对运动；另一种是相对静止，即流体整体对地球有相对运动，但流体质点之间及流体与其接触的壁面之间没有相对运动的状态。

流体处于静止状态时，流体宏观质点之间没有相对运动，流体中不存在内摩擦力，即不存在切应力，因而在静止流体中不呈现黏性，只有法向力，也就是说只有静压力。因此，本章中心问题是分析流体在静止状态下静压力的分布规律，以及静止流体对其受力壁面的作用。

由于静止流体中不呈现其黏性，因此，流体静力学所讨论的力学规律不仅适用于理想流体，也适用于实际流体。

第一节 流体静压力及其特性

一、流体静压力

在静止流体中，流体与流体以及流体与固体的接触面上，有相互作用的表面力，如图 2-1 所示。在静止流体中，不存在切应力。因此，流体中的表面力就是沿受力面法线方向的法向力或正压力。流体单位面积上所受到的垂直于该表面的法向力称为流体静压力，简称压力，用符号 p 表示，其单位为 Pa（N/m^2），称为帕斯卡，简称帕，即

$$p = \lim_{\Delta A \to 0} \frac{\Delta P}{\Delta A} \tag{2-1}$$

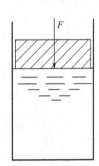
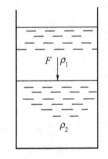

图 2-1 流体静压力

式中，ΔP 表示作用在微元面积 ΔA 上的法向力，则当面积缩小为一点时，平均压力 $\frac{\Delta P}{\Delta A}$ 的极限值就是该点的静压力。作用在某一面积上的静压力的合力称为总压力，用符号 P 表示，其单位为 N。

常用的压力单位有：帕（Pa）、巴（bar）、标准大气压（atm）、毫米水柱（mmH$_2$O）、

毫米汞柱（mmHg），实际上，在工程应用中常用的静压力单位是 kPa（10^3 Pa）或 MPa（10^6 Pa），压力单位的换算关系见表 2-1。

表 2-1　常用的压力单位及其换算关系

Pa	bar	kgf/cm^2	atm	mmH$_2$O	mmHg	lbf/in^2（psi）
1	1×10^{-5}	1.02×10^{-5}	0.99×10^{-5}	0.102	0.0075	14.5×10^{-5}
1×10^5	1	1.02	0.9869	10197	750.1	14.5
98.07×10^3	0.9807	1	0.9678	1×10^4	735.56	14.2
1.01325×10^5	1.013	1.0332	1	1.0332×10^4	760	14.697
9.807	9.807×10^{-5}	0.0001	0.9678×10^{-4}	1	0.0736	1.423×10^{-3}
133.32	1.333×10^{-3}	0.136×10^{-2}	0.00132	13.6	1	0.01934
6894.8	0.06895	0.703	0.068	703	51.71	1

二、流体静压力的特性

① 流体静压力的方向永远沿作用面的内法线方向，即垂直地指向作用面。

证明：一方面，对于静止的流体来说，流体质点间没有相对运动，即没有切向力，只有法向力，静压力只能沿法线方向。反之，如果流体静压力方向不垂直于作用面，则必然存在切向应力，如图 2-2 所示。根据流体流动性的定义，流体就不会静止，这与流体静止相矛盾，所以静压力只能沿法线方向。另一方面，流体内聚力很小，几乎不能承受拉力，只能承受压力。因此，流体静压力唯一可能的方向就是内法线方向。

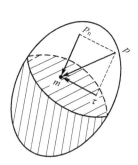

图 2-2　静止流体中的单元体

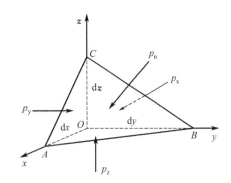

图 2-3　静压力特性（2）的分析图

由这一特性可知，在流体与固体的接触面上静压力也将垂直于接触面，见图 2-5。

② 静止流体中任何一点上的静压力在各个方向上均相等，与作用面在空间的方位无关。

证明：如图 2-3 所示，在静止流体中任取出直角边长各为 dx，dy，dz 的微元正四面体 $OABC$，取四面体内的静止流体为研究对象。建立如图所示的直角坐标系，作用在 $\triangle BOC$、$\triangle OAC$、$\triangle AOB$ 及 $\triangle ABC$ 四个平面上的流体静压力分别以 p_x、p_y、p_z 和 p_n 表示，用 P_x、P_y、P_z 和 P_n 依次表示作用在这四个面上的总压力。由于 dx，dy，dz 的大小是任意取的，所以 $\triangle ABC$ 的外法线方向也是任意的。作用在各个面上的流体总压力等于各对应面上的静压力与其作用面面积的乘积，即

$$P_x = \frac{1}{2} p_x \, dx \, dz$$

$$P_y = \frac{1}{2} p_y \, dx \, dz$$

$$P_z = \frac{1}{2} p_z \mathrm{d}x \mathrm{d}y$$

$$P_n = \frac{1}{2} p_n S_{\triangle ABC}$$

设作用在单位质量流体上的质量力在 x、y 和 z 轴方向上的分量分别为 f_x、f_y、f_z，该微小四面体的体积为 $\frac{1}{6} \mathrm{d}x \mathrm{d}y \mathrm{d}z$，流体的密度为 ρ，则质量力 F 在各坐标轴方向上的分量为

$$F_x = \frac{1}{6} \rho f_x \mathrm{d}x \mathrm{d}y \mathrm{d}z$$

$$F_y = \frac{1}{6} \rho f_y \mathrm{d}x \mathrm{d}y \mathrm{d}z$$

$$F_z = \frac{1}{6} \rho f_z \mathrm{d}x \mathrm{d}y \mathrm{d}z$$

根据平衡条件，流体处于静止状态时，作用在流体上的合外力在各个方向的分量都应为零。以 x 方向为例，在 x 轴方向上的力平衡方程式为

$$\sum F_x = 0$$

即
$$P_x - P_n \cos(n, x) + F_x = 0$$

式中 $\cos(n, x)$ 表示斜面法线方向 n 与 x 轴夹角的余弦，将上面各式代入后得

$$\frac{1}{2} p_x \mathrm{d}y \mathrm{d}z - p_n S_{\triangle ABC} \cos(n, x) + \frac{1}{6} \rho f_x \mathrm{d}x \mathrm{d}y \mathrm{d}z = 0$$

因为 $S_{\triangle ABC} \cos(n, x)$ 为 $\triangle ABC$ 的面积在 yz 平面上的投影面积，因此

$$S_{\triangle ABC} \cos(n, x) = \frac{1}{2} \mathrm{d}y \mathrm{d}z$$

于是上式变为

$$\frac{1}{2} p_x \mathrm{d}y \mathrm{d}z - \frac{1}{2} p_n \mathrm{d}y \mathrm{d}z + \frac{1}{6} \rho f_x \mathrm{d}x \mathrm{d}y \mathrm{d}z = 0$$

当微元正四面体 $OABC$ 缩小到 O 点，即 $\mathrm{d}x$、$\mathrm{d}y$、$\mathrm{d}z$ 趋近于 0 时，上式中的质量力和前两项表面力相比为高阶无穷小微量，可以忽略不计，即

$$p_x = p_n$$

同理，由 $\sum F_y = 0$，$\sum F_z = 0$，可证得

$$p_y = p_n$$
$$p_z = p_n$$

所以
$$p_x = p_y = p_z = p_n \tag{2-2}$$

由于方向 n 代表任意方向，所以由式(2-2)可得出结论：从各个方向作用于一点的流体静压力大小相等，即作用在一点上的流体静压力大小与作用面在空间的方位无关。在流体静力学中，p 代表一点处的流体静压力，永远为正值。因此，在流体静力学中，对于一点的压力可以直接写成 p 而不必考虑其作用方向，但空间不同点上的静压力则可以是不一样的，即流体静压力应是空间点坐标的函数，即

$$p = p(x, y, z)$$

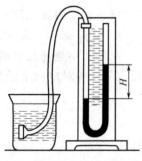

图 2-4　流体内部的静压力

从试验结果也能证明静止流体的这个特性。如图 2-4 所示，U 形测压管的一端接有一根橡皮管，在橡皮管的另一端接上装

有一个蒙上橡皮薄膜的金属盒。U 形测压管中的液柱高度差 H 代表了橡皮膜上所受静压力的大小。试验中可发现，只要保持金属盒中心在水下的深度不变，无论怎样改变盒口方向，测压管上反映出的液柱高度差 H 都不会改变。此实验说明，静止流体中任何一点上的静压力在各个方向上均相等。

以上特性不仅适用于流体内部，而且也适用于流体与固体接触的表面。无论器壁的形状位置如何，流体的静压力对器壁的作用不仅垂直于作用面，而且其方向总是指向作用面的，如图 2-5 所示。

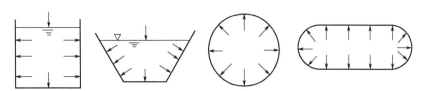

图 2-5　各种容器内流体静压力垂直于作用面

第二节　流体平衡微分方程

从前面分析静止流体中流体微元的受力可知，作用在流体上的力有表面力和质量力。现在讨论在平衡状态下这些力应满足的关系，建立平衡条件下的流体平衡微分方程式，然后通过积分便可得到各种不同情况下流体静压力的分布规律。

一、流体平衡微分方程式的建立

在静止流体中任取出如图 2-6 所示的棱长为 dx、dy、dz，并以 A 为中心的微元正六面体，取其内静止的流体为研究对象。建立如图所示的直角坐标系。

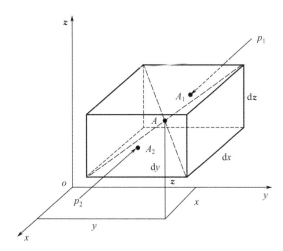

图 2-6　微元正六面体受力分析

1. 作用微元正六面体各表面的表面力

取微元正六面体内的静止的流体为研究对象，则微元体以外的流体作用于微元体上的表面力都与作用面相垂直。设六面体中心点 $A(x, y, z)$ 的压力为 p，根据连续介质假设条件，静压力的分布是空间坐标的连续函数，即 $p = p(x, y, z)$。

现在分析作用在这个微元六面体内流体上的力在 x 方向上的分量。根据压力 p 在 A 点附近的变化，沿 x 方向相垂直的前后两个面上的中心位置 A_1、A_2，其压力分别为 p_1、p_2。A_1、A_2 的坐标分别为 $\left(x-\dfrac{1}{2}\mathrm{d}x,\ y,\ z\right)$ 及 $\left(x+\dfrac{1}{2}\mathrm{d}x,\ y,\ z\right)$。已知 $p=p(x,\ y,\ z)$，应用泰勒级数可求得 A_1 点上的压力，即

$$p_1=p\left(x-\frac{1}{2}\mathrm{d}x,y,z\right)=p(x,y,z)+\frac{\partial p}{\partial x}\left(-\frac{1}{2}\mathrm{d}x\right)+\frac{1}{2}\frac{\partial^2 p}{\partial x^2}\left(-\frac{1}{2}\mathrm{d}x\right)^2+\cdots+\frac{1}{n!}\frac{\partial^n p}{\partial x^n}\left(-\frac{1}{2}\mathrm{d}x\right)^n$$

略去二阶以上微小项，得 A_1 点的静压力表达式为

$$p_1=p-\frac{1}{2}\frac{\partial p}{\partial x}\mathrm{d}x$$

同理可得

$$p_2=p+\frac{1}{2}\frac{\partial p}{\partial x}\mathrm{d}x$$

式中，$\dfrac{\partial p}{\partial x}$ 为压力 p 在 x 方向上的变化率，称为压力梯度，$\dfrac{1}{2}\dfrac{\partial p}{\partial x}\mathrm{d}x$ 为由 x 方向位置变化而引起的压力差，因为所取的是微元正六面体，所以作用在 A_1 和 A_2 点所在面上的总压力可表示为

$$P_{A1}=\left(p-\frac{1}{2}\frac{\partial p}{\partial x}\mathrm{d}x\right)\mathrm{d}y\mathrm{d}z$$

$$P_{A2}=\left(p+\frac{1}{2}\frac{\partial p}{\partial x}\mathrm{d}x\right)\mathrm{d}y\mathrm{d}z$$

同理，可求出作用在这个微元六面体内流体上的力在 y、z 方向上的分量。

2. 作用于微元正六面体的质量力

设 F_x、F_y、F_z 依次为单位质量流体所受到的质量力 F 在 x、y、z 三个坐标方向的分量，流体的密度为 ρ，则作用于微元正六面体上的质量力在 x、y、z 三个坐标方向的分力为

$$F_x=f_x\rho\mathrm{d}x\mathrm{d}y\mathrm{d}z$$
$$F_y=f_y\rho\mathrm{d}x\mathrm{d}y\mathrm{d}z$$
$$F_z=f_z\rho\mathrm{d}x\mathrm{d}y\mathrm{d}z$$

根据流体的平衡条件，作用在微元正六面体内流体上的各力在各个方向的作用力之和均应为零，即沿 x 轴方向，$\sum F=0$，有

$$\left(p-\frac{1}{2}\frac{\partial p}{\partial x}\mathrm{d}x\right)\mathrm{d}y\mathrm{d}z-\left(p+\frac{1}{2}\frac{\partial p}{\partial x}\mathrm{d}x\right)\mathrm{d}y\mathrm{d}z+f_x\rho\mathrm{d}x\mathrm{d}y\mathrm{d}z=0$$

用 $\rho\mathrm{d}x\mathrm{d}y\mathrm{d}z$ 除上式，化简得

同理，在 y、z 方向，可得

$$\left.\begin{aligned}f_x-\frac{1}{\rho}\frac{\partial p}{\partial x}&=0\\[4pt]f_y-\frac{1}{\rho}\frac{\partial p}{\partial y}&=0\\[4pt]f_z-\frac{1}{\rho}\frac{\partial p}{\partial z}&=0\end{aligned}\right\}\qquad(2\text{-}3)$$

这就是静止流体平衡微分方程式，它是欧拉于 1755 年首先得出的，所以又称为欧拉平衡方程式。根据这个方程可以解决流体静力学中许多基本问题，它在流体静力学中具有重要地位。

在推导欧拉平衡方程式时，考虑质量力总和是空间任意方向的，推导中也没有考虑整个空间密度 ρ 是否变化及如何变化，因此，欧拉平衡方程式的适用条件如下。

① 既适用于绝对静止状态，也适用于相对静止状态。

② 既适用于不可压缩流体，也适用于可压缩流体。

欧拉平衡方程式的物理意义：当流体平衡时，作用在单位质量流体上的质量力与压力的合力相平衡。也就是说，沿三个坐标轴，单位质量力的分量（f_x，f_y，f_z）和表面力的分量 $\left(\dfrac{1}{\rho}\dfrac{\partial p}{\partial x}, \dfrac{1}{\rho}\dfrac{\partial p}{\partial y}, \dfrac{1}{\rho}\dfrac{\partial p}{\partial z}\right)$ 是对应相等的。

二、势函数

为了分析在质量力作用下静止流体内压力 p 的分布规律，把式(2-3)中的三个分量式分别乘以 $\mathrm{d}x$、$\mathrm{d}y$、$\mathrm{d}z$，然后相加得

$$\rho(f_x\mathrm{d}x+f_y\mathrm{d}y+f_z\mathrm{d}z)=\frac{\partial p}{\partial x}\mathrm{d}x+\frac{\partial p}{\partial y}\mathrm{d}y+\frac{\partial p}{\partial z}\mathrm{d}z \tag{2-4}$$

因为静压力的分布是空间坐标的连续函数，即 $p=p(x, y, z)$，所以式(2-4)的右边是静止流体中静压力的全微分，即

$$\mathrm{d}p=\frac{\partial p}{\partial x}\mathrm{d}x+\frac{\partial p}{\partial y}\mathrm{d}y+\frac{\partial p}{\partial z}\mathrm{d}z \tag{2-5}$$

代入式(2-4)，得

$$\mathrm{d}p=\rho(f_x\mathrm{d}x+f_y\mathrm{d}y+f_z\mathrm{d}z) \tag{2-6}$$

式(2-6)是欧拉平衡微分方程式的综合形式，也称压力差公式，表示当点的坐标变化（$\mathrm{d}x$，$\mathrm{d}y$，$\mathrm{d}z$）时，流体静压力的变化量。它既适用于绝对静止流体，也适用于相对静止的流体。

由于流体的密度 ρ 是个常数，因而为了保证式(2-6)积分结果的唯一性，其右边括号内三项总和必须是某个坐标函数 $U(x, y, z)$ 的全微分，即

$$\mathrm{d}U=f_x\mathrm{d}x+f_y\mathrm{d}y+f_z\mathrm{d}z \tag{2-7}$$

而

$$\mathrm{d}U=\frac{\partial U}{\partial x}\mathrm{d}x+\frac{\partial U}{\partial y}\mathrm{d}y+\frac{\partial U}{\partial z}\mathrm{d}z$$

所以

$$f_x=\frac{\partial U}{\partial x}, \ f_y=\frac{\partial U}{\partial y}, \ f_z=\frac{\partial U}{\partial z}$$

即

$$\mathrm{d}p=\rho\left(\frac{\partial U}{\partial x}\mathrm{d}x+\frac{\partial U}{\partial y}\mathrm{d}y+\frac{\partial U}{\partial z}\mathrm{d}z\right)=\rho\mathrm{d}U \tag{2-8}$$

满足式(2-8)的函数 $U(x, y, z)$ 称为质量力的势函数，简称为力函数，而具有这样的力函数的质量力称为有势的力。例如，重力、惯性力都是有势的力。由上述分析可知，只有在有势的质量力作用下，不可压缩流体才能处于平衡状态。

质量力的势函数通常可以根据平衡流体所受的单位质量力的分量用积分的方法加以确定。例如，在重力场中的静止流体，如果 z 轴铅垂向上，则单位质量力的分量为 $f_x=0$，$f_y=0$，$f_z=-g$，由式(2-8)得，$\dfrac{\mathrm{d}U}{\mathrm{d}z}=-g$，积分得 $U=-gz+c$。如果 $z=0$ 时，$U=0$，则 $c=0$，那么势函数 $U=-gz$。

三、等压面

在充满平衡流体的空间里，静压力相等的各点所组成的面称为等压面。等压面可以用 $p(x, y, z)=$ 常数来表示，对不同的等压面，其常数值是不同的，而且流体中任意一点只能有一个等压面通过。在等压面上，p 为常数，即 $\mathrm{d}p=0$，由式（2-6）得等压面方程为

$$f_x \mathrm{d}x + f_y \mathrm{d}y + f_z \mathrm{d}z = 0 \tag{2-9}$$

等压面具有以下性质。

① 等压面就是等势面。

因为 $\mathrm{d}p = \rho \mathrm{d}U$，在等压面上 $\mathrm{d}p = 0$，所以 $\mathrm{d}U = 0$。由此可得出结论：等压面即为等势面，等势面就是质量力势函数等于常数的面。

② 在平衡流体中，通过每一质点的等压面必与该点所受的质量力相垂直。

证明：设 $\mathrm{d}l = \mathrm{d}x\mathbf{i} + \mathrm{d}y\mathbf{j} + \mathrm{d}z\mathbf{k} = 0$ 是等压面上的任意微元矢量，作用在单位质量流体上的质量力为 $f = f_x\mathbf{i} + f_y\mathbf{j} + f_z\mathbf{k}$。将 $\mathrm{d}l$ 与 f 做数量积，即

$$f\mathrm{d}l = |f| \cdot |\mathrm{d}l| \cdot \cos(f, \mathrm{d}l) = f_x \mathrm{d}x + f_y \mathrm{d}y + f_z \mathrm{d}z = 0$$

一般情况下

$$|f| \neq 0 \qquad |\mathrm{d}l| \neq 0$$

所以，若上式成立，则必有 $\cos(f, \mathrm{d}l) = 0$，所以质量力 f 必与等压面相垂直。

由等压面的这一特性，可以根据等压面的形状确定质量力的方向，也可以根据质量力的方向来确定等压面的形状。例如，对于只受重力作用的静止流体，因为重力的方向总是垂直向下的，所以其等压面必定是水平面。

③ 两种互不掺混的流体，当它们处于静止状态时，其分界面必定为等压面。

证明：假设在分界面上任意取两点 A 和 B，如果两点之间存在着压力差 $\mathrm{d}p$，势差 $\mathrm{d}U$，因为两点 A 和 B 取在分界面上，所以 $\mathrm{d}p$ 和 $\mathrm{d}U$ 同属于两种液体。设其中一种流体的密度为 ρ_1，另一种流体的密度为 ρ_2，且 $\rho_1 \neq \rho_2$，则

$$\mathrm{d}p = \rho_1 \mathrm{d}U$$
$$\mathrm{d}p = \rho_2 \mathrm{d}U$$

因为 $\rho_1 \neq \rho_2$，且都不为零，所以只有当 $\mathrm{d}p$ 和 $\mathrm{d}U$ 均为零时方程才能成立。由此可见，分界面必为等压面或等势面。

④ 在同种均质、静止、连续的液体中，位于同一深度的水平面是等压面。

如图 2-7 所示，由于容器内液体处于静止状态，对 A 点的静压力必然有

$$p_A = p_1 + \rho_1 g h_1$$
$$p_A = p_2 + \rho_2 g h_2$$

即

$$p_1 + \rho_1 g h_1 = p_2 + \rho_2 g h_2$$

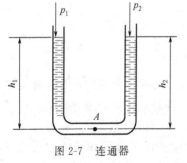

图 2-7　连通器

从以上分析可以看出，如果 $\rho_1 \neq \rho_2$，$h_1 \neq h_2$，就有 $p_1 \neq p_2$。

分析结果说明装有相同连续液体的连通器，在液面高度相等的水平面处，其静压力相等。

⑤ 等压面不能相交。如果两个等压面相交，在相交处液体质点将同时有两个静压力值，这是不可能的。

除此之外，选取等压面时，还需注意以下几点。

① 绝对静止的液体，等压面为水平面。等压面在数量上可以很多，它是 $z=$ 常数的一簇水平面，且不同值的等压面不可能相交。

② 做水平匀速直线运动的容器中的液体的等压面也是水平面；做等加速直线运动时，等压面为斜平面；匀速旋转运动容器中的液体的等压面为抛物面。

③ 等压面选择时，同一、连续液体的等压面可任取，对不同介质的液体取分界面。

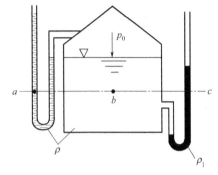

【例 2-1】 如图 2-8 所示的连通器内，装有两种互不掺混的液体，a、b、c 三点在同一水平面上，试判断其压力是否相等。

解： 图 2-8 中 a、b 属于静止的同种液体中的两点，其中间被气体隔开而不连续，所以 a、b 两点压力不相等，两点所在的水平面也不是等压面。同样，

图 2-8　等压面条件

图中 b、c 两点属静止、连续但位于不同液体中，所以，同在一个水平面上的 b、c 两点压力也不相等。两点所在的水平面也不是等压面。从本例分析可知，只要符合静止、同种均质、连续的流体，在同一个水平面上的压力相等，即为等压面。

第三节　重力作用下静止流体的平衡方程

在工程应用中，最常见的流体平衡是指流体相对于地球没有运动的静止状态，也就是质量力只有重力作用下的平衡流体。下面来分析这种流体平衡情况。

如图 2-9 所示，一容器中盛有静止的均质液体，其密度 $\rho=c$。液体所受的质量力只有重力。在图示的坐标系中，从静止流体中任一点 A 处取出一个边长为 $\mathrm{d}x$、$\mathrm{d}y$、$\mathrm{d}z$ 的微元六面体。根据前面分析可知，作用在微元体前面、后面和左右两个侧面上的静压力大小相等，方向相反，在水平方向上对微元体的作用力相互抵消，所以只需考虑微元体在 z 轴方向上力的平衡。

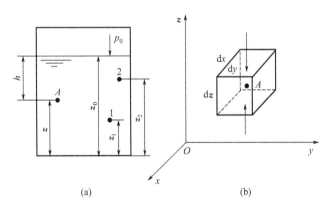

(a)　　　　　　　　　　　　(b)

图 2-9　重力作用下流体的平衡

如果设微元六面体中心 A 点处的静压力为 p，微元六面体上下表面的静压力分别为 p_1、p_2，则下表面与上表面的压力差为 $\mathrm{d}p = p_2 - p_1$。

作用在上、下表面的总压力为 P_1、P_2，即

$$P_1 = \left(p - \frac{\mathrm{d}p}{2}\right)\mathrm{d}x\mathrm{d}y$$

$$P_2 = \left(p + \frac{\mathrm{d}p}{2}\right)\mathrm{d}x\mathrm{d}y$$

微元六面体所受的重力

$$G = \rho g\,\mathrm{d}x\mathrm{d}y\mathrm{d}z$$

由于微元六面体处于静止状态，所以 $\sum F_z = 0$，即

$$\left(p - \frac{\mathrm{d}p}{2}\right)\mathrm{d}x\mathrm{d}y - \left(p + \frac{\mathrm{d}p}{z}\right)\mathrm{d}x\mathrm{d}y - \rho g\,\mathrm{d}x\mathrm{d}y\mathrm{d}z = 0$$

化简得

$$\mathrm{d}p = -\rho g\,\mathrm{d}z \tag{2-10}$$

这就是流体静压力微分方程式，反映了静止流体内部任一点静压力变化规律。式中"−"号表示静压力的方向与所选取的坐标轴 z 轴的方向相反。

因为所选的液体为均质流体，密度为 $\rho = c$，对式（2-10）积分，则有

$$\int \mathrm{d}p = \int -\rho g\,\mathrm{d}z$$

$$p = -\rho g z + c$$

式中 c 为积分常数，两端同除以 ρg，则有

$$z + \frac{p}{\rho g} = c \tag{2-11}$$

在图 2-9 中任取 1、2 两点，如果点 1 的铅垂坐标为 z_1，静压力为 p_1；点 2 的铅垂坐标为 z_2，静压力为 p_2，则上式可写成

或

$$\left.\begin{array}{c} z_1 + \dfrac{p_1}{\rho g} = z_2 + \dfrac{p_2}{\rho g} \\[2mm] p_1 - p_2 = \rho g(z_2 - z_1) \end{array}\right\} \tag{2-12}$$

式（2-12）称为流体静力学基本方程式，表明了重力作用下静压力的分布规律。

1. 流体静力学基本方程的意义

在几何上表示了每个高度的数值，z 表示该点位置到基准面的高度，简称位置水头；$\dfrac{p}{\rho g}$ 表示该点压力折算的液柱高度，简称压力水头；$z + \dfrac{p}{\rho g}$ 表示测压管中的液面到基准面的高度，称为测压管水头。静止流体中测压管水头为常数，这是静力学基本方程的几何意义。在物理方面，$z = \dfrac{mgz}{mg}$，表示单位重量流体所具有的位置势能，简称位能；$\dfrac{p}{\rho g}$ 表示单位重力流体所具有的压力势能，简称比压能；$z + \dfrac{p}{\rho g}$ 表示单位重量流体的总势能，简称总比能。静止流体中总比能为常数。

其物理意义说明液体中任何一点的比压能与位能之和是一常数，即比压能与位能可以相互转化，但其总和保持不变。式（2-12）是能量守恒定律在流体静力学中的具体应用。

2. 流体静力学基本方程式适用条件

（1）重力作用下静止的、连续的、同种均质流体

对于装在不相同的两个容器内的流体（不满足连续性条件）或装在同一容器中不同密度（不满足均质流体条件）的两种流体之间，流体静力学方程式不成立。

（2）高度 z_1、z_2 必须以同一水平面为基准面

如果已知流体内一点的静压力和两点之间的垂直距离，根据式(2-12)，就可以求得另一点的静压力。例如在图 2-9 中，已知液面上的静压力是容器上方气体的压力 p_0，液面距基准面的坐标为 z_0，那么液体内 A 点的静压力为

$$p_A - p_0 = \rho g(z_0 - z)$$

假设　$h = z_0 - z$，则有

$$p_A = p_0 + \rho g h \qquad\qquad (2\text{-}13)$$

对图 2-9 中的任意两点，上式可以表示为

$$p_1 = p_2 + \rho g h$$

式(2-13) 反映了液体在重力作用下静压力的产生及分布规律，是式(2-12) 的另一种表达形式，称流体静力学基本公式，此公式只适用于静止、同种均质、连续流体。如果不能同时满足这三个条件，就不能应用上述规律。

流体静力学基本公式表明：

① 静止流体内部任意点的静压力由液面上的静压力 p_0 与液柱所形成的静压力 $\rho g h$ 两部分组成，相同沉没深度各点处的静压力相等。

② 重力作用下的均质流体内部的静压力，随深度按线性规律变化。因此，在储罐壁板设计时，下边缘的壁板比上边缘壁板厚。

③ 静止流体边界上压力的变化将均匀地传递到流体中的每一点，这就是著名的帕斯卡定律。

【例 2-2】　如图 2-10 所示的连通器内，装有某种液体。小活塞 A_1 的面积为 0.2m^2，大活塞 A_2 的面积为 10m^2，在小活塞上施加 $P_1 = 100\text{kN}$ 的压力，试求在大活塞上产生的力 P_2？

解：略去活塞自重及移动时的摩擦力，根据帕斯卡定律有

$$\frac{P_1}{A_1} = \frac{P_2}{A_2}$$

则有

$$P_2 = \frac{P_1 A_2}{A_1} = \frac{100 \times 10^3 \times 10}{0.2} = 5000 \ (\text{kN})$$

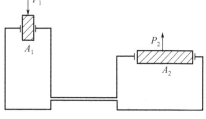

图 2-10　表面压力的传递

【例 2-3】　如图 2-11 所示的容器内，装有密度 $\rho = 800\text{kg/m}^3$ 的液体。已知 1 点的压力 $p_1 = 64\text{kPa}$，2 点的压力 $p_2 = 80\text{kPa}$，求 1 点和 2 点的距离 Δz。

解：根据流体静力学基本方程式有

$$z_1 + \frac{p_1}{\rho g} = z_2 + \frac{p_2}{\rho g}$$

所以 1 点和 2 点的距离 Δz 为

$$\Delta z = z_1 - z_2 = \frac{p_2 - p_1}{\rho g} = \frac{(80 - 64) \times 10^3}{800 \times 10} = 2 \ (\text{m})$$

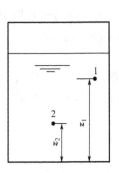

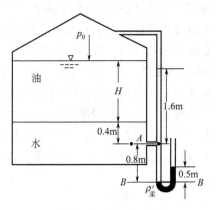

图 2-11 表面压力的传递　　　　　　　　图 2-12 例 2-4 图

【例 2-4】 油罐内装有相对密度为 0.8 的油品，装置如图 2-12 所示的 U 形测压管，测压管中工作液为汞。试求油面的高度 H 及液面压力 p_0。

解： A 点的压力可用自由液面的压力 p_0 及罐内外两个液柱的压力来表示，即

$$p_A = p_0 + \rho_0 g H + 0.4\rho_w g$$
$$p_A = p_0 + 1.6\rho_w g$$

可得

$$H = \frac{1.2\rho_w}{\rho_0} = \frac{1.2 \times 1000}{0.8 \times 1000} = 1.5 \ (\text{m})$$

取 $B—B$ 为等压面，B 点的压力可以表示为

$$p_B = p_0 + (1.6 + 0.8)\rho_w g$$
$$p_B = 0.5\rho_{Hg} g$$

则

$$p_0 = 0.5\rho_{Hg} g - 2.4\rho_w g = 43120 \ (\text{Pa})$$

【例 2-5】 如图 2-13 所示，直径为 $d = 100\text{mm}$、质量为 $m = 5\text{kg}$ 的活塞浸入密度为 $\rho = 800\text{kg/m}^3$ 的液体中处于静止状态。如果活塞浸入深度为 200mm，试求测压管中液体高度 x。

解： 取活塞底部为等压面，由活塞产生的静压力为

$$p = \frac{G}{A} = \frac{4mg}{\pi d^2}$$

侧压管高度在等压面处产生的压力为

$$p = \rho g(h + x)$$

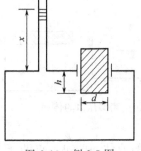

图 2-13 例 2-5 图　　　所以

$$\rho g(h + x) = \frac{4mg}{\pi d^2}$$

$$x = \frac{4mg}{\rho g \pi d^2} - h = \frac{4m}{\rho \pi d^2} - h = \frac{4 \times 5}{800 \times 3.14 \times 0.1^2} - 0.2 = 0.596 \ (\text{m})$$

【例 2-6】 如图 2-14 所示，在水平桌面上放置了几个不同形状的储液容器，当水深及容器底面积 A 都相等时，问各容器底面上的液体总压力是否相等？如果把它们放在磅秤上，称出的重量是否相等？为什么？

解： 根据式（2-13），忽略大气压作用，作用于各容器底部的静压力是相等的，即

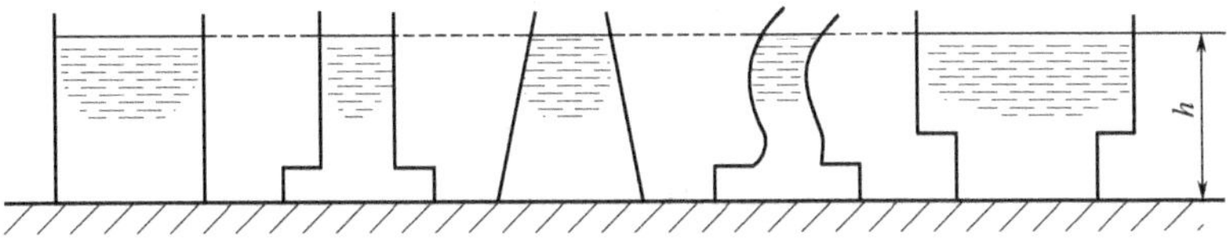

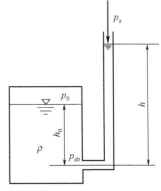

图 2-14 静压奇象

$p=\rho gh$。因每个容器底面积相同，所以每个容器底面上的液体总压力 $P=\rho ghA$ 必然相等。但由于容器的几何形状不一样，因而在高度和容器底面积相等的情况下，每个容器内所装液体重力必然不相等。这样，液体对容器底部的总压力 P 可能大于、小于或等于容器所装液体的重力，这一现象称为"静压奇象"。也就是说，液体作用在容器上的总压力不能和容器所盛液体的重量相混淆。工程上可以利用这一现象对容器底部进行严密性检查。

第四节　流体静压力的表示方法与测量

一、流体静压力的表示方法

地球表面被一层厚达数十千米的空气所包围，这一巨大的空气层叫大气层。由于受地球引力的作用，大气层必然对其接触的物体产生压力，称为大气压力，通常用符号 p_a 表示。工程上有的压力大于当地大气压力，也有小于的情况。例如，在油泵、水泵的出口处气体的压力大于当地大气压，需要选择压力表来测定其压力；而在离心泵吸入管内、风机吸风管内的气体压力小于当地大气压，出现负压，应该选择真空压力表。下面讨论流体静压力的表示方法。在流体力学中，静压力可以用两种方法表示，一种是以物理真空为零点计量的压力称为绝对压力；另一种是以当地大气压力为零点计量的压力称为相对压力。

1. 绝对压力

绝对压力用 p_{ab} 表示，如图 2-15 所示，对容器中液面以下深度为 h_0 的点来讲，其绝对压力可以表示为

$$p_{ab}=p_0+\rho gh_0=p_a+\rho gh$$

绝对压力总是正值。

2. 相对压力

（1）表压力

绝对压力的数值有时大于当地大气压力，有时小于当地大气压力。当绝对压力大于当地大气压力时，相对压力大于零，称为表压，以 p_M 来表示。即

$$p_M=p_{ab}-p_a=\rho gh \qquad (2\text{-}14)$$

表压力的数值可以用压力表来测量，这种仪表本身也受到大气压力的作用，但在大气中它的读数都为零，因此测得

图 2-15 绝对压力

的压力只是实际压力和当地大气压力的差值，这种压力差值就是被测压力与大气压力的相对值，所以称为表压力。

工程技术中需检测的压力设备，由于其壁面两侧大气压力的作用相互抵消，不需计及当地大气压力的影响，所以在大多数压力仪表中都是以大气压为零点计量的，即在开口容器和

不可压缩流体的静压力计算问题中，一般都采用表压力。

（2）真空度

当绝对压力小于当地大气压力时，相对压力为负值，就说它有真空，这个负值就是低于大气压力的数值，称为真空度。所以真空度就是指流体的绝对压力小于大气压力而形成真空的程度。真空压力可以用真空表测量，以 p_V 来表示。即

$$p_V = p_a - p_{ab} \tag{2-15}$$

例如，某容器内流体的绝对压力为 0.4MPa，当地大气压力为 1MPa，则它相应的真空度为

$$p_V = p_a - p_{ab} = 0.6 \ （MPa）$$

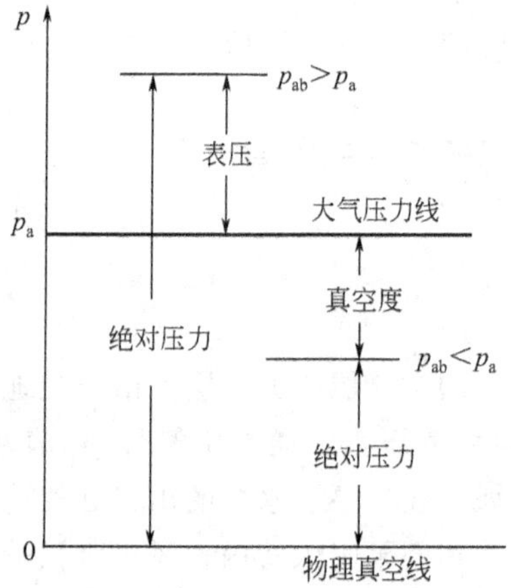

图 2-16　绝对压力与相对压力

3. 大气压力、绝对压力和相对压力之间的关系

大气压力、绝对压力和相对压力之间的关系见图 2-16。从图中可以看出，表压的含义是比当地大气压力大多少，真空的含义是比当地大气压力小多少。综合上述，其关系可归纳如下。

$$绝对压力 = 大气压力 + 表压力$$
$$表压力 = 绝对压力 - 大气压力$$
$$真空度 = 大气压力 - 绝对压力$$

应该注意的是，一般情况下，工程流体力学中所说的压力就是表压，表压也可以采用无脚标的符号 p 来表示；真空度与表压符号相反，在计算过程中，必须将真空度转换成负的表压。

【例 2-7】　求淡水自由液面以下 4m 深处的绝对压力和相对压力（自由液面以上的压力为 1 标准大气压）。

解： 绝对压力

$$p_{ab} = p_a + \rho gh = 1.01325 \times 10^5 + 1.0 \times 10^3 \times 9.8 \times 4 = 1.40525 \times 10^5 \ （Pa）$$

相对压力

$$p_M = p_{ab} - p_a = \rho gh = 1.0 \times 10^3 \times 9.8 \times 4 = 3.92 \times 10^4 \ （Pa）$$

二、流体静压力的测量

在工程应用中，经常需直接测量某点的压力或两点压力差。如为了保证泵的正常运转，在泵的进口和出口分别装上真空表和压力表，以便随时观测压力大小来控制泵的工作。在管道系统液压试验时，装有压力表，以便观测压力达到规定值时来检测管道的强度及严密性。流体压力的测定方法有很多，常见的测量压力的仪表主要有三种：液式测压计、金属测压计（压力表）和电子测压计。金属测压计是利用待测液体的压力使金属弹性元件变形来工作，其量程较大，多用于液压传动中；电子测压计是将弹性元件的变形转换为电量，便于远程测量和动态测量；液式测压计是利用液柱高度与被测液体压力相平衡原理制成的测压仪表，优点是构造简单，精度较高，使用方便。但液式测压计量程小，一般用来测量较低的压力或真空度的实验场所。

1. 液式测压计

（1）简单测压管

这是一种最简单的液式测压力计。它由一根透明的细长测压管构成，测压管下端接被测液体，上端开口通大气，测压管内液面高度为 h，如图 2-17 所示。

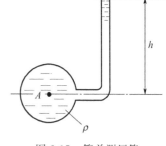

设容器中液体的密度为 ρ，大气压力为 p_a，则

A 点的绝对压力

$$p_{ab} = p_a + \rho g h \qquad (2\text{-}16)$$

A 点的表压力

$$p_M = p_{ab} - p_a = \rho g h \qquad (2\text{-}17)$$

需要注意的是：为减少毛细管作用的误差，测压管内径至少要大于 5mm。

图 2-17　简单测压管

简单测压管只能测量较小的表压力，假如，当表压力为 0.4atm 时，对于水来说，相当于 $4mH_2O$ [1]，即需要 4m 以上的测压管，这显然测量起来非常不方便；另外，这类测压管也不适于测量气体的压力。

（2）U 形水银测压计

U 形水银测压计应用很广，它也是一种简单而方便的测压设备。是利用相对密度较大的水银作为工作液，装在 U 形管中，一端接在容器的测压点上，如图 2-18 所示。根据静力学基本方程，两种液体的交界面 A—A 是等压面。

① 图 2-18(a) 表示压力 p 大于大气压的情况，设在等压面上的绝对压力为 p_A，则

$$p_A = p_{ab} + \rho_1 g h_1$$
$$p_A = p_a + \rho_2 g h_2$$

即

$$p_{ab} + \rho_1 g h_1 = p_a + \rho_2 g h_2$$

测得绝对压力

$$p_{ab} = p_a + \rho_2 g h_2 - \rho_1 g h_1 \qquad (2\text{-}18)$$

测得表压力

$$p_M = p_{ab} - p_a = \rho_2 g h_2 - \rho_1 g h_1 \qquad (2\text{-}19)$$

② 图 2-18(b) 表示压力 p 小于大气压的情况，同理，测得真空度为

$$p_V = \rho_2 g h_2 + \rho_1 g h_1$$

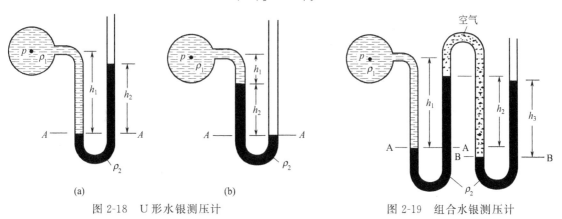

图 2-18　U 形水银测压计　　　　　　　　　图 2-19　组合水银测压计

---

③ 组合水银测压计，如图 2-19 所示。两个 U 形管相连处充以空气，由于气体的密度很小，可以忽略气柱的重量，而认为整个充气空间的压力是相等的。根据静力学基本方程，两种液体的交界面 $A—A$、$B—B$ 是等压面。

在等压面 $A—A$ 上

$$p_A = p_{ab} + \rho_1 g h_1$$
$$p_A = p_{空气} + \rho_2 g h_2$$

在等压面 $B—B$ 上

$$p_B = p_{空气}$$
$$p_B = p_a + \rho_2 g h_3$$

即

$$p_{ab} + \rho_1 g h_1 = p_a + \rho_2 g h_3 + \rho_2 g h_2$$

测得所测点的绝对压力为

$$p_{ab} = p_a + \rho_2 g h_3 + \rho_2 g h_2 - \rho_1 g h_1 \qquad (2\text{-}20)$$

测得所测点的表压力为

$$p_M = p_{ab} - p_a = \rho_2 g h_3 + \rho_2 g h_2 - \rho_1 g h_1 \qquad (2\text{-}21)$$

(3) U 形差压计（比压计）

在很多情况下，需要知道液体中两点的压力差，这时只要将 U 形差压计通大气的一端与另一被测点相接，测量出来的就是两点之间的压力差。U 形差压计和水银测压计原理相同，其装置有以下两种形式。

① 当所测压差较小时，将两根简单的测压管分别接到测压点上，两管上部连通形成倒 U 形，如图 2-20 所示。如果在倒 U 形管的上部充以空气，且忽略空气柱的重量时，则

$$p_1 - \rho_1 g h_1 = p_2 - \rho_2 g h_2$$
$$p_1 - p_2 = \rho_1 g h_1 - \rho_2 g h_2$$

如果是同种均质液体，则有

$$p_1 - p_2 = \rho g (h_1 - h_2)$$

如果两测点在同一水平面上，则

$$p_1 - p_2 = \rho g \Delta h \qquad (2\text{-}22)$$

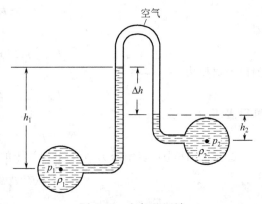

图 2-20 空气差压计

② 当所测压差较大时，将 U 形管内装以水银，U 形管的两端与测点相连，如图 2-21 所示，则

$$p_1 = p_A + \rho g h_1$$
$$p_2 = p_B + \rho g h_2$$

显然 $A—A$、$B—B$ 都是等压面，因此

$$p_A = p_B + \rho_{Hg} g \Delta h$$
$$p_B = p_2 - \rho g h_2$$

代入上述 p_1 的表达式，得

$$p_1 = p_2 + \rho g h_1 + \rho_{Hg} g \Delta h - \rho g h_2$$

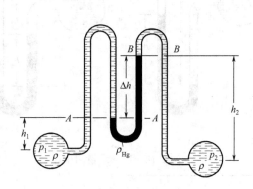

图 2-21 水银差压计

于是

$$p_1 - p_2 = \rho g h_1 + \rho_{Hg} g \Delta h - \rho g h_2$$

即

$$p_1 - p_2 = \rho_{Hg} g \Delta h - \rho g (h_2 - h_1)$$

当两测点在同一水平线上时，$h_2 - h_1 = \Delta h$，于是

$$p_1 - p_2 = (\rho_{Hg} - \rho) g \Delta h \qquad (2\text{-}23)$$

（4）微压计

当被测流体的压力与大气压力相差很小时，为了提高精度，常采用倾斜式微压计，如图 2-22 所示。通过斜管的转动可以改变倾角 α 的大小，微压计可用于测量较小的压力或压力差。

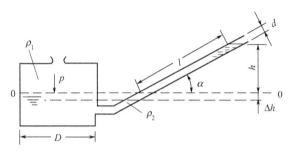

图 2-22　倾斜式微压计

未测压力时，容器和斜管中的液面为 0—0，当微压计上部开孔与被测点相连后，容器中的液面下降 Δh，必然使斜管中液面上升 h 垂直高度，则被测液体的绝对压力为

$$p_{ab} = p_a + \rho_2 g (h + \Delta h)$$

表压力为

$$p_M = \rho_2 g (h + \Delta h)$$

由图可知

$$h = l \sin\alpha$$

根据体积相等原则

$$\pi \left(\frac{D}{2}\right)^2 \Delta h = \pi \left(\frac{d}{2}\right)^2 l$$

解得

$$\Delta h = \left(\frac{d}{D}\right)^2 l$$

于是

$$p_M = \rho_2 g l \left(\sin\alpha + \frac{d^2}{D^2}\right)$$

当 D 远远大于 d 时，$\dfrac{d^2}{D}$ 可忽略，即 Δh 可忽略不计，所以被测点的表压力为

$$p_M = \rho_2 g l \sin\alpha \qquad (2\text{-}24)$$

从以上分析可以看出，压力测定时 α 为定值，只需测得倾斜长度 l 的读数，就可得到被测压力。当 α 足够小时，斜管上 l 值的读数较大，在测量较小的压力时，读数的相对误差较小，使读数更精确而保证测量精度。例如，当倾角的范围保持在 $10°\sim30°$ 时，可使读数比垂

直放置的测压管放大 2～5 倍。另外，为了保证测量精度，微压计在使用时必须保证水平放置。

（5）真空计

真空计是用来测量真空度的仪表。通常有杯式水银真空计和 U 形真空计，如图 2-23 所示。其中杯式水银真空计如图 2-23（a）所示。

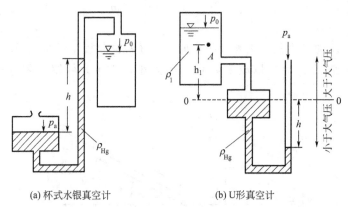

(a) 杯式水银真空计　　　　　(b) U形真空计

图 2-23　水银真空计

根据等压面的性质有

$$p_a = p_0 + \rho_{Hg} gh$$

即容器的绝对压力可表示为

$$p_{ab} = p_0 = p_a - \rho gh \tag{2-25}$$

所以容器的真空度为

$$p_V = p_a - p_{ab} = p_a - p_0 + \rho gh \tag{2-26}$$

同理，图 2-23（b）所示的 U 形真空计容器中 A 点的真空度为

$$p_V = p_a - p_A = \rho_1 gh_1 + \rho_{Hg} gh \tag{2-27}$$

2. 金属测压计（压力表）

在油气储运和化工生产中，总是希望某一设备或某一系统中维持恒定的压力，以控制工艺流程。工程上常用金属测压计，称为压力表。在化工行业所用测压仪表称为化工压力表，又称耐腐压力表，也称不锈钢压力表。其主要具有耐酸、耐碱、抗硫、耐氯等特点，测量具有一定腐蚀的介质的压力和真空度。图 2-24 所示为氨用压力表、真空压力表、隔膜压力表。

工业上常用的压力表有弹簧管式和薄膜式两种。弹簧管式压力表的测量系统由接头与弹簧管组成，由于被测压力的变化使弹簧管自由端产生位移，借连杆带动扇形传动齿轮端部的指针旋转，在刻度盘上指示相应的压力数值。通常为了消除扇形齿轮转轴齿轮间的间隙活动，在转轴齿轮上装置了盘形游丝。薄膜式压力表由弹簧膜与指针传动机构相连，在压力作用下，薄膜变形，带动指针旋转，在刻度盘上指示读数。

压力表测压接口与大气相通时，指针在刻度盘上指示零点的压力数值。工程上，把那种用于测量压力大于当地大气压的仪表叫压力表，而小于当地大气压的仪表叫真空表。工程上也有一种兼测正压和负压的仪表称为压力真空两用表。

需要注意的是，由于不同的地方大气压有所差异，所以，压力表在使用前，必须进行校正。

(a) 氨用压力表

(b) 真空压力表

(c) 隔膜压力表

图 2-24 金属测压计

【例 2-8】 旋风分离器设备的主要功能是尽可能除去输送介质气体中携带的固体颗粒杂质和液滴，达到气固液分离，以保证管道及设备的正常运行。结构如图 2-25 所示，利用水银差压计测定旋风分离器入口与出口的压力差，当压差计中液面高度 $h = 20$mm 时，求其压差 Δp。

解： A—A 面等压面，所以

$$p_A = p_入$$
$$p_A = p_出 + \rho_{Hg} g h$$

旋风分离器入口与出口的压力差为

$$\Delta p = p_入 - p_出 = \rho_{Hg} g h = 13.6 \times 10^3 \times 10 \times 0.02 = 2720 \text{（Pa）}$$

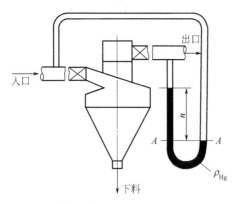

图 2-25 旋风分离器出、入口压力差测定

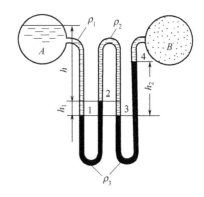

图 2-26 测压装置

【例 2-9】 如图 2-26 所示的水银测压装置中，容器 A 中的水面上的表压为 0.3atm，$h_1 = 20$cm，$h_2 = 30$cm，$h = 60$cm，该测压装置中倒 U 形管上部为酒精（ρ_1、ρ_2 和 ρ_3 分别是水、酒精和水银的密度），试求容器 B 中气体的压力。

解： 根据等压面的性质

$$p_1 = p_M + \rho_1 g(h + h_1) \tag{1}$$
$$p_2 = p_1 - \rho_3 g h_1 \tag{2}$$
$$p_3 = p_2 + \rho_2 g h_1 \tag{3}$$
$$p_4 = p_3 - \rho_3 g h_2 \tag{4}$$

容器 B 中气体的压力 p 可认为等于 p_4，即 $p=p_4$，则把式(1)~式(3)代入式(4)得

$$p=p_M+\rho_1 g(h+h_1)-\rho_3 g(h_1+h_2)+\rho_2 g h_1$$

式中 g 取 9.81，密度查表 1-1，将已知数值代入上式，则有

$$p=1.01\times10^5\times0.3+9.81\times10^3[(0.5+0.2)-13.6(0.2+0.3)+0.8\times0.2]$$
$$=-2.79\times10^4 \text{ (Pa)}$$

p 为负值，说明容器 B 中为真空，其真空度为

$$p_V=-p=2.79\times10^4 \text{ (Pa)}$$

第五节　几种质量力作用下的流体平衡

前面讨论了质量力只有重力的静止流体的平衡规律，本节讨论流体在重力和其他质量力同时作用下流体的相对平衡情况。

一、直线运动容器中流体的相对平衡

1. 平面上匀速直线运动

当容器做匀速直线运动时，如图 2-27(a) 所示。作用于流体上的质量力只有重力，没有加速度存在，即单位质量力分量为 $f_x=0$，$f_y=0$，$f_z=-g$。与在重力场中静止流体的平衡情况完全相同，流体静力学方程式完全适用，即

① 等压面是一簇水平面。

② 液体内任何一点的压力为 $p=p_0+\rho g h$。

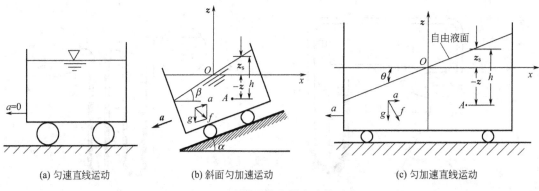

(a) 匀速直线运动　　(b) 斜面匀加速运动　　(c) 匀加速直线运动

图 2-27　直线运动容器中液体平衡

2. 等加速直线运动

如图 2-27(b) 所示，有一盛液体的长方体容器沿与水平面成 α 角的斜坡以等加速度 a 做匀加速向下运动，容器内液体在图示的新的运动状态下达到平衡，液体质点间不存在相对运动。为了讨论方便，建立如图所示的直角坐标系，坐标原点取在容器静止时的自由液面中心位置，坐标轴 x 的方向水平向右，z 轴铅直向上。此时，作用在单位质量流体上的质量力为

$$f_x=a\cos\alpha；\quad f_y=0；\quad f_z=a\sin\alpha-g$$

(1) 等压面方程

将单位质量力的分力代入等压面微分方程式(2-9)得

$$f_x\mathrm{d}x+f_y\mathrm{d}y+f_z\mathrm{d}z=a\cos\alpha\mathrm{d}x+(a\sin\alpha-g)\mathrm{d}z=0$$

积分上式得等压面方程

$$a\cos\alpha x+(a\sin\alpha-g)z=c \qquad (2\text{-}28)$$

等压面方程说明等压面是一簇平行的斜面，不同积分常数代表着不同的等压面，等压面的斜率为

$$\frac{\mathrm{d}z}{\mathrm{d}x}=\frac{a\cos\alpha}{g-a\sin\alpha}$$

由于 a，g 及 α 都是常数，所以倾角 β 是一定值，它说明等压面是一簇与水平面成 β 角的平行斜面。令 $\tan\beta=\dfrac{\mathrm{d}z}{\mathrm{d}x}$，即

$$\tan\beta=\frac{a\cos\alpha}{g-a\sin\alpha}$$

或

$$\beta=\arctan\frac{a\cos\alpha}{g-a\sin\alpha} \qquad (2\text{-}29)$$

自由液面上，在 $x=0$，$z=0$ 处，得积分常数 $c=0$，所以自由液面方程为

$$\left.\begin{aligned}a\cos\alpha x+(a\sin\alpha-g)z_s&=0\\z_s=\frac{a\cos\alpha}{g-a\sin\alpha}x\end{aligned}\right\} \qquad (2\text{-}30)$$

式中　z_s——自由液面上点的纵坐标。

（2）流体静压力分布规律

将单位质量力的分力 f_x、f_y、f_z 代入压力差公式(2-6) 得

$$\mathrm{d}p=\rho(f_x\mathrm{d}x+f_y\mathrm{d}y+f_z\mathrm{d}z)=\rho[a\cos\alpha\mathrm{d}x+(a\sin\alpha-g)\mathrm{d}z]$$

积分得到

$$p=\rho[a\cos\alpha x+(a\sin\alpha-g)z]+c$$

积分常数 c 可由边界条件求得，即在 $x=0$，$z=0$ 处，$p=p_0$，得 $c=p_0$，所以压力分布规律为

$$p=p_0+\rho[a\cos\alpha x+(a\sin\alpha-g)z]$$

简化为

$$p=p_0+\rho(a\sin\alpha-g)\left(\frac{a\cos\alpha}{a\sin\alpha-g}x+z\right) \qquad (2\text{-}31)$$

液体的静压力分布公式说明压力 p 不仅随坐标 z 的变化而变化，而且还随坐标 x 变化而变化。

把式(2-30) 代入式(2-31) 得

$$p=p_0+\rho(g-a\sin\alpha)(z_s-z)$$

分析图 2-27(b) 中 $z_s-z=h$，h 为计算点在自由液面下的铅直深度，即压力分布公式简化为

$$p=p_0+\rho(g-a\sin\alpha)h \qquad (2\text{-}32)$$

分析讨论：① 当 $\alpha=0°$时，容器沿水平面向左做等加速直线运动，此时 $\cos\alpha=1$，$\sin\alpha=0$，等压面方程为

$$ax+gz=c$$

其斜率为

$$\tan\beta=\frac{a}{g} \qquad (2\text{-}33)$$

即等压面是一簇与水平面成 β 角的平行斜面，由式（2-33）可知，等压面的倾角与加速度 α 的大小有关，加速度越大倾角越大。

液体压力分布公式为

$$p=p_0+\rho g\left(\frac{a}{g}x-z\right)=p_0+\rho g(z_s-z)=p_0+\rho gh \tag{2-34}$$

由图 2-27(c) 可知，$h=z_s-z$，h 表示自由液面下的铅直深度。

② 当 $\alpha=90°$ 时，容器垂直向下做等加速运动，此时 $\cos\alpha=0$，$\sin\alpha=1$，$\tan\beta=0$，即等压面为水平面，压力分布公式为

$$p=p_0+\rho(g-a)h \tag{2-35}$$

式中 $h=-z$，是自由液面下的铅直深度，这时会出现失重现象。

③ 当 $\alpha=270°$ 时，容器向上做等加速直线运动，此时 $\cos\alpha=0$，$\sin\alpha=1$，$\tan\beta=0$，等压面是水平面，压力分布公式为

$$p=p_0+\rho(g+a)h \tag{2-36}$$

式中 h 是自由液面下的铅直深度，这时会出现超重现象。

【例 2-10】 容器内盛有液体垂直向下做 $a=4.9035\text{m/s}^2$ 的加速运动，试求此时的自由表面方程和液体的压力分布规律。

解： 自由表面方程由 $z_s=\dfrac{a\cos\alpha}{g-a\sin\alpha}x$ 得出，现有 $\alpha=90°$，解得 $z_s=0$，说明自由表面依然是水平面。

压力分布规律则由式（2-35）得出，即

$$p=p_0+\rho(g-a)h=p_0+\frac{1}{2}\rho gh$$

二、等角速旋转容器中流体的相对平衡

图 2-28 为一个盛有液体的敞口圆柱形容器。容器绕垂直轴 z 以等角速度 ω 旋转，液体在黏性力的作用下，其从器壁到中心位置都随容器绕 z 轴转动。待运动稳定后，各质点都具有相同的角速度，液面形成一个漏斗形的旋转面，此时液体相对于容器处于平衡状态。作用在液体质点上的质量力有重力和惯性力。坐标如图所示，单位质量流体所受到的质量力 f 在各坐标轴上的分量为 $f_x=\omega^2 r\cos\alpha=\omega^2 x$；$f_y=\omega^2 r\sin\alpha=\omega^2 y$；$f_z=-g$。

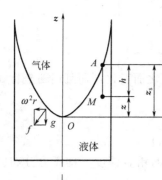
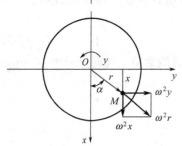

图 2-28 旋转容器中液体平衡

1. 等压面方程

将单位质量力的分力代入等压面微分方程式（2-9）得

$$f_x\mathrm{d}x+f_y\mathrm{d}y+f_z\mathrm{d}z=\omega^2 x\mathrm{d}x+\omega^2 y\mathrm{d}y-g\mathrm{d}z=0 \tag{2-37}$$

积分上式得

$$\left.\begin{array}{l}\dfrac{\omega^2 x^2}{2}+\dfrac{\omega^2 y^2}{2}-gz=c\\[3mm]\dfrac{\omega^2 r^2}{2}-gz=c\end{array}\right\} \tag{2-38}$$

或

式(2-38)是等压面方程式,说明等角速旋转容器中液体的等压面是一簇绕 z 轴的旋转抛物面。在自由表面上,当 $r=0$ 时,$z=0$,可求得积分常数 $c=0$,所以自由液面方程为

$$\left.\begin{array}{c} \dfrac{\omega^2 r^2}{2}-gz_s=0 \\[2mm] z_s=\dfrac{\omega^2 r^2}{2g} \end{array}\right\} \tag{2-39}$$

或

如图 2-28 所示,式中 z_s 为自由液面上点的纵坐标。在容器壁处,即 $r=R$ 时,液体自由液面升到最高点,高出抛物面顶点的铅垂距离为

$$z_{smax}=\dfrac{\omega^2 R^2}{2g}$$

2. 流体静压力分布规律

将单位质量力的分力 f_x、f_y、f_z 代入压力差公式(2-6)得

$$dp=\rho(f_x dx+f_y dy+f_z dz)=\rho\omega^2 x dx+\omega^2 y dy-g dz \tag{2-40}$$

积分得

$$p=\rho\left(\dfrac{\omega^2 x^2}{2}x+\dfrac{\omega^2 y^2}{2}-gz\right)+c=\rho\left(\dfrac{\omega^2 r^2}{2}-gz\right)+c \tag{2-41}$$

根据边界条件,当 $r=0$,$z=0$ 时,$p=p_0$,可求得积分常数 $c=p_0$,于是有

$$p=p_0+\rho g\left(\dfrac{\omega^2 r^2}{2g}-z\right) \tag{2-42}$$

式(2-42)就是等角速旋转容器中液体静压力分布公式。公式说明了在同一高度上,液体静压力沿径向按半径二次方增长。

把式(2-39)代入式(2-42)得

$$p=p_0+\rho g\left(\dfrac{\omega^2 r^2}{2g}-z\right)=p_0+\rho g(z_s-z) \tag{2-43}$$

分析图 2-27 中 $h=z_s-z$,h 为计算点在自由液面下的铅直深度,即压力分布公式可简化为

$$p=p_0+\rho gh$$

容器绕垂直轴做等角速旋转时液体压力分布公式(2-42)说明:

① 液体内各点压力随距液面的深度增加而增大。

② 随距转轴的距离(半径)r 的平方增加而增大。

③ 角速度 ω 越大,则边缘处压力越大。

④ 在同一高度 z 上,其轴心处压力最低,边缘压力最高,反映了惯性力对液体的作用。

综合上述,等加速水平直线运动和等角速旋转容器中液体的静压力计算公式与绝对静止流体中静压力公式(2-13)完全相同,即流体内静压力等于液面上的静压力 p_0 加上液柱所形成的压力 ρgh。需要注意的是:这两种情况有一个共同点,即惯性力均与重力相垂直。如果惯性力不垂直于重力的情况下,压力分布遵循式(2-32)的规定。

【**例 2-11**】 盛满液体的容器顶盖中心处开口通大气,如图 2-29(a)所示。当容器以等角速度 ω 绕垂直轴 z 旋转时,液体在离心力的作用下向外甩,但因受顶盖的限制,液面不能形成抛物面。试分析作用在顶盖上的压力分布规律。

解:由于顶盖中心通大气,根据边界条件,当 $r=0$,$z=0$ 时,$p=p_a$,可求得积分常

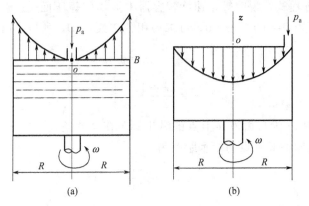

图 2-29　旋转运动容器中液体平衡的应用

数 $c = p_a$，所以静压力分布公式为

$$p = p_a + \rho g\left(\frac{\omega^2 r^2}{2g} - z\right)$$

当 $z = 0$ 时，即作用在顶盖上各点的压力分布公式为

$$p = p_a + \rho\frac{\omega^2 r^2}{2}$$

此式说明作用在顶盖各点处的压力仍按抛物面分布，如图 2-29（a）所示，边缘 B 处的压力最大，即边缘点 B 处（$r = R$，$z = 0$）的最大表压力为

$$p = p_B - p_a = \rho\frac{\omega^2 R^2}{2}$$

分析可知角速度 ω 越大，则边缘处压力越大。离心铸造就是根据此种原理来得到较密实的铸件的。

【例 2-12】　盛满液体的容器以等角速度 ω 旋转，顶盖边缘处开口通大气，见图 2-29（b）。当其旋转时，因受顶盖的限制，液面不能形成抛物面。试分析作用在顶盖上的压力分布规律。

解：由于顶盖边缘开口通大气，根据边界条件，当 $r = R$，$z = 0$ 时，$p = p_a$，可求得积分常数 $c = p_a - \dfrac{\rho\omega^2 R^2}{2}$，所以在顶盖上的压力分布公式为

$$p = p_a + \rho\frac{\omega^2(r^2 - R^2)}{2}$$

在 $r < R$ 处，$\rho\dfrac{\omega^2(r^2 - R^2)}{2} < 0$，即出现真空现象。因此当其旋转时，液体借离心力向外甩。但当液体刚要甩出容器时，在容器内部立即又产生真空，紧紧吸住液体，使液体跑不出来，如图 2-29（b）所示。

在顶盖中心 o 处的表压力为

$$p = -\rho\frac{\omega^2 R^2}{2}$$

上式说明，顶盖中心 o 处为真空现象。角速度 ω 越大中心处真空度越大。离心式水泵与离心式风机就是根据此原理将流体吸入，又借离心力将流体甩向外缘，增大压力后输送出去。离心泵工作原理如下：离心泵在启动前，应关闭出口阀门，泵内灌满液体，此过程称为

灌泵。工作时启动原动机使叶轮旋转，叶轮中的叶片驱使液体一起旋转从而产生离心力，使液体沿叶片流道甩向叶轮出口，经蜗壳送入打开出口阀门的排出管。液体从叶轮中获得机械能使压力能和动能增加，依靠此能量使液体到达工作地点。在液体不断被甩出的同时，叶轮入口处就形成了低压。在吸液池和叶轮入口中心线的液体之间就产生了压差，吸液池中液体在这个压差作用下，便不断地经吸入管路及泵的吸入室进入叶轮之中，从而使离心泵连续工作。

第六节　静止流体对壁面的作用力

前面讨论了流体静压力分布规律，本节分析流体静力学主要研究的另一内容，就是静止流体作用在物体表面上的总压力。许多工程设备，在设计时常常需要确定静止液体作用在其表面上的总压力，例如闸门、插板、水箱、油罐、压力容器等设备的受力分析及强度校核。下面分别讨论平面壁和曲面壁的总压力计算问题。

一、静止流体作用在平面上的总压力

1. 总压力的大小

设在静止流体中有一块任意形状的平板，其面积为 A，它与水平面的夹角为 α，坐标系如图 2-30 所示。为了便于分析平板受力情况，将其绕 OY 轴旋转 $90°$，使其平面转到纸面上。设自由液面的压力为 p_0，由于液体中任意点的压力与淹深 h 成正比，方向垂直指向平板。因此要计算液体对平板的总作用力，相当于对平行力系求合力。

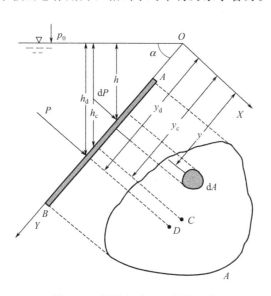

图 2-30　作用在平面上的总压力

在平板受压面上，任取一微元面积 $\mathrm{d}A$，作用在其上的总压力为
$$\mathrm{d}P = p\,\mathrm{d}A = (p_0 + \rho g y \sin\alpha)\,\mathrm{d}A$$
积分上式得流体作用于平板 A 上的总压力
$$P = \int_A \mathrm{d}P = p_0 A + \rho g \sin\alpha \int_A y\,\mathrm{d}A \tag{2-44}$$

式中，$\int_A y\mathrm{d}A$ 为平板面积 A 对于 X 轴的面积矩，如设 C 点为平面 A 的形心，则面积矩等于面积 A 与其形心，坐标 y_c 的乘积，即

$$\int_A y\mathrm{d}A = Ay_c$$

所以有

$$P = p_0 A + \rho g y_c A \sin\alpha = (p_0 + \rho g h_c)A = p_c A \qquad (2\text{-}45)$$

式中　p_c——平面形心 C 处的静压力。

式(2-45) 表明：液体作用在任意形状平面上的静液总压力，大小等于该平面的面积与其形心 C 处的静压力的乘积，与平面形状及倾角 α 无关。总压力的作用方向垂直地指向作用面。

2. 压力中心

总压力的作用点称为压力中心，设为 D 点。根据理论力学中的合力矩定理，各分力对某一轴的力矩之和等于合力对该轴的力矩，即总压力 P 对 OX 轴的力矩等于 $\mathrm{d}P$ 对 OX 轴的力矩之和。

$$Py_d = \int_A y\mathrm{d}P = \int_A (p_0 + \rho g y \sin\alpha)y\mathrm{d}A = p_0 Ay_c + \rho g \sin\alpha \int_A y^2\mathrm{d}A$$

式中的积分 $\int_A y^2\mathrm{d}A$ 为面积 A 对 OX 轴的惯性矩，用 J_x 表示，因此由上式可得

$$y_d = \frac{p_0 Ay_c + \rho g \sin\alpha J_x}{(p_0 + \rho g h_c)A} \qquad (2\text{-}46)$$

根据理论力学中的平行移轴定理 $J_x = J_c + y_c^2 A$，式中 J_c 是平面 A 对通过 C 点且平行于 OX 轴的惯性矩，可得

$$y_d = y_c + \frac{\rho g \sin\alpha J_c}{(p_0 + \rho g h_c)A} \qquad (2\text{-}47)$$

这里需要注意的是，如果液面通大气，平板两侧实际上都作用着大气压力，二者作用相互抵消，所以在求总压力时不考虑大气压力的影响，而仅仅考虑液体形成的总压力。这时作用于平板上的总压力由式(2-45) 可得

$$P = \rho g h_c A \qquad (2\text{-}48)$$

压力中心由式(2-47) 可得

$$y_d = y_c + \frac{J_c}{y_c A} \qquad (2\text{-}49)$$

因为 $J_c/(y_c A)$ 恒为正值，所以 $y_d > y_c$，说明：

① 如果平面是倾斜放置的，压力中心 D 永远低于平面形心 C。其间距为 $J_c/(y_c A)$。

② 水平放置的平面，压力中心与形心重合。

至于压力中心 D 横坐标 x_d，如果平板 AB 在 X 方向是对称图形，$x_d = x_c$，即压力中心就在通过平板面积形心 C 且平行于 Y 轴的直线上；如果平板 AB 在 X 方向不对称，可用与上述相同的方法求得压力中心的 X 坐标，即

$$x_d = \frac{J_{xy}}{y_c A} \qquad (2\text{-}50)$$

式中　J_{xy}——平板对 X 轴和 Y 轴的惯性积。

各种常见的规则平面图形的面积、形心位置和通过形心的轴的惯性矩见表 2-2。

表 2-2　各种常见的规则平面图形的面积、形心位置和通过形心的轴的惯性矩

图　　形	图形面积 A	y_c	J_c
正方形	a^2	$\dfrac{a}{2}$	$\dfrac{a^4}{12}$
矩形	BH	$\dfrac{H}{2}$	$\dfrac{BH^3}{12}$
等腰三角形	$\dfrac{BH}{2}$	$\dfrac{2H}{3}$	$\dfrac{BH^3}{36}$
正梯形	$\dfrac{H}{2}(B+b)$	$\dfrac{H(2B+b)}{3(B+b)}$	$\dfrac{H^3(B^2+4Bb+b^2)}{36(B+b)}$
圆形	$\dfrac{\pi D^2}{4}$	$\dfrac{D}{2}$	$\dfrac{\pi D^4}{64}$
半圆形	$\dfrac{\pi R^2}{2}$	$\dfrac{4R}{3\pi}$	$\dfrac{(9\pi^2-64)R^4}{72\pi}$
椭圆形	πab	a	$\dfrac{\pi a^3 b}{4}$

【例 2-13】 如图 2-31 所示，矩形闸门两面受到水的压力，左边水深 H，右边水深 h，闸门与水平面成 θ 角，闸门宽度 b，$OB=L$，$AB=L_1$，$BD=L_2$，平板可绕固定轴转动，试求满足闸门不能自动开启的条件。

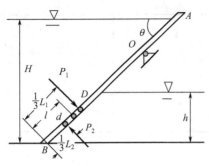

图 2-31 自动闸门

解： 作用在闸门上的总压力为左右两边液体总压力之差，即

$$P=P_1-P_2$$

因为

$$h_{c1}=\frac{H}{2}, \quad A_1=\frac{bH}{\sin\theta}$$

$$h_{c2}=\frac{h}{2}, \quad A_2=\frac{bh}{\sin\theta}$$

$$P=\rho g h_{c1} A_1-\rho g h_{c2} A_2=\rho g \frac{H_1}{2} b \frac{H_1}{\sin\theta}-\rho g \frac{h}{2} b \frac{h}{\sin\theta}$$

对于液面与上边线平齐的矩形平面而言，假如矩形的长为 l，宽为 b，则压力中心坐标为

$$y_d=y_c+\frac{J_c}{y_c A}=\frac{l}{2}+\frac{bl^3/12}{(l/2)bl}=\frac{2}{3}l$$

即

$$BD=\frac{l}{3}$$

根据合力矩定理，对 O 点取矩可得闸门不能自动开启的条件，即

$$P_1\left(L-\frac{L_1}{3}\right)>P_2\left(L-\frac{L_2}{3}\right)$$

$$\frac{\rho g HbH}{2\sin\theta}\left(L-\frac{H}{3\sin\theta}\right)>\frac{\rho g hbh}{2\sin\theta}\left(L-\frac{h}{3\sin\theta}\right)$$

$$L>\frac{H^3-h^3}{3(H^2-h^2)\sin\theta}$$

【例 2-14】 如图 2-32 所示，圆形闸门左面受到水的压力，已知闸门直径 $d=0.5$m，$L=1.0$m，$\alpha=60°$，试求圆形闸门上的总压力及其作用点。

解： 该闸门形心铅直深度

$$h_c=\left(L+\frac{d}{2}\right)\sin\alpha$$

该闸门的面积

$$A=\pi\left(\frac{d}{2}\right)^2$$

即闸门上受到的总压力为

$$P=\rho g h_c A=\rho g \pi\left(\frac{d}{2}\right)^2\left(L+\frac{d}{2}\right)\sin\alpha$$

$$=1000\times9.81\times\frac{3.14\times0.5^2}{4}\times\left(1.0+\frac{0.5}{2}\right)\sin60°$$

$$=2080 \text{（N）}$$

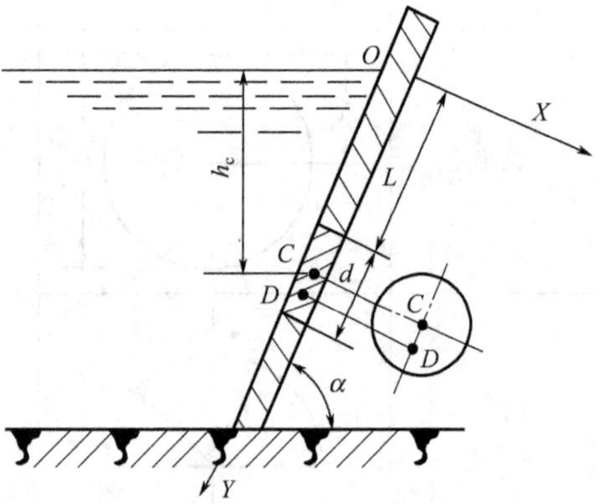

图 2-32 圆形闸板上的总压力

闸门为圆形，由表 2-2 知，$J_c=\frac{\pi d^4}{64}$，压力中心的坐标为

$$y_d=y_c+\frac{J_c}{y_c A}=L+\frac{d}{2}+\frac{\pi d^4/64}{\left(L+\frac{d}{2}\right)\pi\frac{d^2}{2}}=1.26 \text{（m）}$$

作用点在圆形闸门的水平对称轴上，离水面铅垂深度为

$$h_\mathrm{d}=y_\mathrm{d}\sin\alpha=1.26\times0.5=1.09\ (\mathrm{m})$$

二、静止流体作用在曲面上的总压力

在工程上，常需计算各种曲面壁面上的液体总压力，如水塔、油罐、分离器、锅炉、球阀等，这些都是由圆柱、圆锥、半球、球冠等曲面组成的。在确定其壁厚及材料强度校核时，就需要计算静止流体对这些器壁的总压力。作用在曲面上的各点流体静压力都垂直于器壁，这就形成了复杂的空间力系，求流体作用在曲面上的总压力问题便成为空间力系的合成问题。

工程上的曲面可分为二维或三维曲面，但两种曲面的计算方法是相同的。现在先以二维曲面为例，研究静止液体作用在曲面上的总压力大小、方向及作用点的位置，然后再将结果推广到三维曲面。

如图 2-33 所示，设作用在曲面受压面 $ABCD$ 上的液体总压力为 P，曲面的宽度为 b。由流体静力学第一特性可知，曲面上的液体总压力 P 必垂直并指向作用的曲面。所以 P 可分解为水平分力 P_x 和垂直分力 P_z。只要求得 P_x、P_z 后，就可根据力的合成求出总压力

$$P=\sqrt{P_\mathrm{x}^2+P_\mathrm{z}^2} \tag{2-51}$$

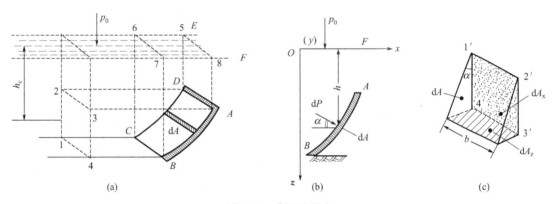

图 2-33　曲面总压力

1. 压力大小

如图 2-33 所示，在受压曲面 $EFBC$ 上任意取一微元面积 $\mathrm{d}A$，其形心在液面以下的深度为 h，则流体作用在微元面积上的总压力为

$$\mathrm{d}P=\rho g h\mathrm{d}A$$

设微元面积 $\mathrm{d}A$ 的法线与 X 轴的夹角为 α，则可将 $\mathrm{d}P$ 分解为

$$\mathrm{d}P_\mathrm{x}=\mathrm{d}P\cos\alpha=(\rho g h\mathrm{d}A)\cos\alpha=\rho g h(\mathrm{d}A\cos\alpha)=\rho g h\mathrm{d}A_\mathrm{x}$$

$$\mathrm{d}P_\mathrm{z}=\mathrm{d}P\sin\alpha=(\rho g h\mathrm{d}A)\sin\alpha=\rho g h(\mathrm{d}A\sin\alpha)=\rho g h\mathrm{d}A_\mathrm{z}$$

式中 $\mathrm{d}A_\mathrm{x}$、$\mathrm{d}A_\mathrm{z}$ 分别是微元面积在 YOZ、XOY 面上的投影面积，积分上式可得

$$P_\mathrm{x}=\rho g\int_{A_\mathrm{x}}h\mathrm{d}A_\mathrm{x} \qquad P_\mathrm{z}=\rho g\int_{A_\mathrm{z}}h\mathrm{d}A_\mathrm{z}$$

（1）总压力的水平分力 P_x

积分式 $\int_{A_\mathrm{x}}h\mathrm{d}A_\mathrm{x}=h_\mathrm{c}A_\mathrm{x}$ 为曲面 $ABCD$ 的垂直投影面积绕 Y 轴的面积矩；h_c 为投影面积

A_x 的形心在水面下的铅直深度。所以总压力 P 的水平分力为

$$P_x = \rho g h_c A_x \tag{2-52}$$

式(2-52)表明：静止流体作用在曲面 $ABCD$ 上的总压力在某一水平方向上的分力等于曲面沿该方向的投影面所受到的总压力，其作用线通过投影面的压力中心。由此可得总压力在 y 方向及任一水平方向 S 上的分量依次为

$$\left.\begin{array}{l} P_y = \rho g h_c A_y \\ P_s = \rho g h_c A_s \end{array}\right\} \tag{2-53}$$

（2）总压力的垂直分力 P_z

积分式 $\int_{A_z} h \mathrm{d}A_z$ 为曲面 $ABCD$ 以上的液体体积，即体积 $ABCD5678$，称为压力体，用 V 表示，所以总压力 P 的垂直分力为

$$P_z = \rho g V \tag{2-54}$$

曲面 $ABCD$ 所承受的垂直压力 P_z 恰为体积 $ABCD5678$ 内的液体重量，其作用点为压力体 $ABCD5678$ 的重心，即流体作用在曲面上的总压力的铅直分量等于压力体内液体所受的重力，它的作用线通过压力体的形心。

综上所述，液体作用在曲面上的总压力为

$$P = \sqrt{P_x^2 + P_z^2} \tag{2-55}$$

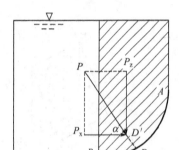

图 2-34　总压力的作用点

2. 总压力的方向和作用点

对图 2-34 所示，总压力 P 的方向可用它与 X 轴之间的夹角 α 表示，即

$$\alpha = \arctan \frac{P_z}{P_x} \tag{2-56}$$

由于垂直分力 P_z 的作用线通过压力体的重心，且方向铅直向下，而水平分力的作用线通过投影面 A_x 的压力中心，且水平的指向作用面。所以找出总压力 P 的作用点的方法是：作出 P_x 及 P_z 的作用线，得交点 D'，过此交点，按倾斜角 α 作总压力 P 的作用线，与曲面壁 $ABCD$ 相交的点 D，即为总压力 P 的作用点。曲面的总压力的作用线必然通过作用点而指向作用面。

三、压力体

在求取流体作用在曲面上的垂直分力时，引出了压力体的概念。压力体是从积分式 $\int_{A_z} h \mathrm{d}A_z$ 得到的一个体积，它是一个纯数学的概念，即与压力体本身是否充满液体无关。

1. 压力体的概念

压力体是由受压曲面、液体的自由表面（或其延长面）以及通过曲面边界所作的垂直柱面所围成的封闭体积，即压力体通常由三个面组成：受压曲面；自由表面（或其延长面）；垂直柱面。

2. 实压力体和虚压力体

如果压力体与形成压力体的液体在曲面的同侧，则称这样的压力体为实压力体，其对曲面形成向下的压力，用（＋）来表示；如果压力体与形成压力体的液体在曲面的异侧，则称

这样的压力体为虚压力体，其对曲面形成向上的浮力，用（－）来表示。需要注意的是，压力体的虚实与其内部是否充满液体无关。图 2-35（a）中的压力体是实压力体，图 2-35（b）中的压力体为虚压力体。

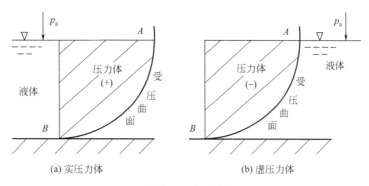

图 2-35　压力体

综上所述，可将曲面总压力计算方法归纳如下。

① 将作用于曲面上液体总压力 P 分解为水平分力 P_x 和垂直分力 P_z。

② P_x 等于该曲面在垂直平面上投影面积的平面液体总压力，其计算方法与平面液体总压力相同。

③ 绘出曲面相应的压力体图形，投影到自由液面的投影体积。

④ P_z 等于压力体内液体所受的重力，方向由实、虚压力体确定。

⑤ 利用力的合成，求总压力 $P=\sqrt{P_x^2+P_z^2}$。

⑥ 总压力的作用线由 $\alpha=\arctan\dfrac{P_z}{P_x}$ 确定。

⑦ 合力作用线与曲面的交点即为曲面总压力的作用点。

【例 2-15】　如图 2-36 所示，分析并判断曲面 AB、CDE、FG、HIJ 的压力体虚实情况。

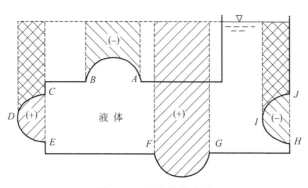

图 2-36　压力体的合成

解：AB 曲面的压力体与形成压力体的液体在曲面的异侧，所以为虚压力体，垂直分力方向竖直向上。

CDE 曲面的压力体，首先把曲面划分为 CD 和 DE 两部分，先画出受力曲面 CD 部分的压力体，即图中的画右斜线部分，这部分压力体为虚压力体；后画出曲面 DE 部分的压力体，即图中的左斜线部分，这部分压力体为实压力体；最后将两者合成，交叉部分的压力体虚实相抵，剩下的凸出部分便是 CDE 曲面的压力体，其压力体为实压力体。压力体对曲面的作用力是铅直向下的，即受力曲面所受的力为压力。

FG 曲面的压力体与形成压力体的液体在曲面的同侧，所以为实压力体。压力体对曲面的作用力是铅直向下的压力。

HIJ 曲面的压力体画法，首先把曲面划分为分为 HI 和 IJ 两部分，先画出 IH 部分的压力体，即图中的画右斜线部分，这部分压力体为实压力体；后画出 IJ 部分的压力体，即图中的左斜线部分，这部分压力体为虚压力体；最后将两者合成，交叉部分的压力体虚实相抵，剩下的内凸部分便是 HIJ 曲面的压力体，其压力体为虚压力体。压力体对曲面的作用力是铅直向上的浮力。

【例 2-16】 如图 2-37 所示的储水容器，壁面上有两个半球形的盖子。已知 $d=0.5$m，$h_1=1.5$m，$h_2=2$m。求水作用于每个球形盖子上的液体总压力。

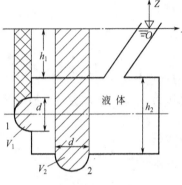

图 2-37　储水容器

解：（1）侧盖 1 的总压力

曲面 1 在垂直表面上（YOZ 平面）的投影面积 $A_{x1}=\pi\left(\dfrac{d}{2}\right)^2$，其形心深 $h_c=h_1+\dfrac{h_2}{2}$，代入式（2-37）得沿水平方向向左的作用力

$$P_{1x}=\rho g h_{c1}A_{1x}=\rho g\left(h_1+\frac{h_2}{2}\right)\frac{\pi d^2}{4}$$
$$=1000\times9.81\times\left(1.5+\frac{2}{2}\right)\times\frac{\pi\times0.5^2}{4}$$
$$=4813\ (\text{N})$$

侧盖曲面 1 分为上半球和下半球曲面，上半球曲面构成的压力体为虚压力体，下半球曲面构成的压力体为实压力体，最后将两者合成，交叉部分的压力体虚实相抵，剩下的凸出部分便是球面的压力体，为实压力体，受力方向向下。所以侧盖所受的垂直分力为

$$P_{1z}=\rho g V_1=\rho g\frac{\pi r^3}{2}=\rho g\frac{\pi d^3}{12}=1000\times9.81\times\frac{\pi\times0.5^3}{12}=321\ (\text{N})$$

于是侧盖所受的总作用力为

$$P_1=\sqrt{F_{1x}^2+F_{1z}^2}=\sqrt{4813^2+321^2}=4824\ (\text{N})$$

F_1 与水平方向 X 轴的夹角 α 为

$$\alpha=\arctan\frac{P_{1z}}{P_{1x}}=\arctan\frac{321}{4813}=3.82°$$

并且作用线通过侧盖 1 的球心。

（2）底盖 2 的总压力

因为球盖以铅垂线为对称轴，水平方向力互相抵消，因为压力体与形成压力体的液体在曲面的同侧，为实压力体，受力方向向下，即

$$P_{2z}=\rho g V_2=\rho g\left[\frac{\pi d^2}{4}(h_1+h_2)+\frac{\pi d^3}{12}\right]$$
$$=1000\times9.81\times\left[\frac{\pi\times0.5^2}{4}\times(1.5+2)+\frac{\pi\times0.5^3}{12}\right]=7059\ (\text{N})$$

其作用线通过底盖 2 的球心。

【例 2-17】 水平管内的表压为 p，管内径为 D，管材的允许拉应力为 $[\sigma]$，试确定管壁应有的厚度 δ。

解： 取管长为 l，从直径方向将管子分成两半，取一半来分析受力情况，如图 2-38 所示。当管径不大，且管内液体压力较大时，液体本身的重量可忽略不计，可认为管内液体压力分布是均匀的。所以，作用在半球内表面各对称点上的垂直分力大小相等，方向相反，互相抵消。只存在水平分力 P_x 与管壁拉力 F 平衡。在假定管内液体压力分布均匀的情况下，$\rho g h_c = p$，故水平分力 P_x 为

$$P_x = \rho g h_c A_x = pDl$$

根据力的平衡条件，有

$$2F = P_x = pDl$$

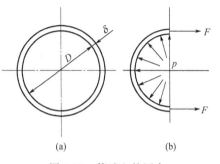

图 2-38　管壁上的压力

设 F 在管壁厚度为 δ 内是均匀分布的，则管壁断面上单位面积承受的拉力为 $F/l\delta$。根据安全要求，管壁在液体压力作用下，所承受拉应力不得超过管材本身的许用应力 $[\delta]$，即 $F/l\delta \leqslant [\sigma]$，这样可得

$$\frac{plD}{2l\delta} \leqslant [\sigma]$$

即

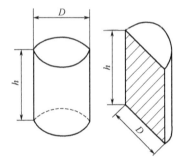

图 2-39　圆柱形容器

$$\delta \geqslant \frac{pD}{2[\sigma]}$$

考虑到加工、管壁厚度的负偏差以及腐蚀余量的影响，为安全起见，根据上式求出的壁厚需再加大 $1\sim3\text{mm}$，或根据规范适当加厚。

对于圆柱形容器，如图 2-39 所示，可采用与上述相同方法确定容器内液体对侧壁的总压力，即

$$P_x = \rho g h_c A_x = \rho g \frac{1}{2} h h D = \frac{1}{2} \rho g h^2 D$$

当容器内是气体时，考虑其压力分布的均匀性，计算更为简便。气体作用于器壁的总静压力为

$$P_x = pS = phD$$

第七节　物体在液体中的潜浮原理

在工程应用中经常遇到物体浸入液体的情况，如油罐车卸油时所用的潜油泵、潜水泵、浮顶罐的浮船、浮子流量计的浮子等，为了求解这类问题，需要讨论液体对物体浮力的计算方法及其物体在总压力作用下的稳定性情况。

漂浮在液面上的物体称为浮体，完全潜没在液体中的物体称为潜体。浮体或潜体与液体接触的表面将受到液体的作用力。因为物体两侧表面上点均处于液体内部相等深度的位置，而且压力又总是沿着受压各点的内法线方向，所以作用在物体两侧面上液体总水平分力大小相等，方向相反，互相抵消。液体对潜入其中的物体的作用力称为浮力。根据阿基米德原理可知，沉没在液体中的物体，受到垂直向上的浮力，浮力的大小等于物体所排开的液体的重力。

在物理学中，曾采用实验方法证明这一原理。现在用求曲面上的液体总压力的计算方法来加以证明。假设在静止液体中有一平衡的物体如图 2-40 所示，液体对该物体的水平方向上的作用力相互抵消，水平分力为 0。对于垂直方向上的合力，可应用压力体的方法求取。

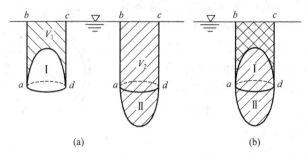

图 2-40　液体中物体的受力分析

将物体按外表面分为曲面Ⅰ和Ⅱ两部分。对于Ⅰ部分的压力体，即图中的画右斜线部分，这部分压力体为实压力体；对于Ⅱ部分的压力体，即图中的左斜线部分，这部分压力体为实压力体；最后将两者合成，交叉部分的压力体虚实相抵后剩下的压力体为虚压力体。液体对整个物体的垂直合力为

$$P_z = \rho g(V_2 - V_1) = \rho g V \tag{2-57}$$

式中，V 为物体的体积，P_z 称为浮力。上式表明，浸没在液体中的物体所受的液体总压力是一个垂直压力，它的大小等于与物体同体积的液体重量，方向向上，作用线通过物体的几何中心，又称浮心。这就是著名的阿基米德定律。

下面进一步讨论潜体及浮体的平衡及稳定问题。

一、潜体的潜浮及平衡

潜体受到两个力的作用，一个是物体本身的重力 G，它通过物体的重心，如图 2-41 所示；一个是浮力 P，它通过所排开同体积液体的重心，也就是通过物体本身的几何中心 C。

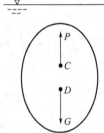

图 2-41　潜体的平衡

1. 潜体平衡的两个条件。

（1）重力和浮力大小相等

如果物体受到的重力 G 大于其所受的浮力 P 时，在重力作用下物体下沉至液体底部，称为沉体；当物体受到的重力 G 小于其受到的浮力 P 时，则物体上浮，最后就变成浮体而不是潜体了。

（2）重心与浮心必须在同一条垂直线上

重心与浮心如果不在一条垂直线上，就会构成一个力偶，使潜体倾倒。只有重心和浮心在一条直线上，才不产生力偶，这时通过重心与浮心而连成的垂直线叫作浮轴。

2. 潜体的稳定性

潜体的稳定性是指平衡物体受某种外力作用发生倾斜后不依靠外力而恢复原来平衡状态的能力。根据重心 D 与浮心 C 相互位置，可以分三种平衡情况，如图 2-42 所示。

① 当重心在浮心之下时，为稳定平衡。潜体如发生倾斜，重力 G 与浮力 P 形成一个使潜体恢复到原来平衡状态的转动力矩，一旦去掉外界干扰，潜体将自动恢复平衡。

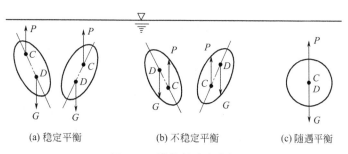

(a) 稳定平衡　　　　　(b) 不稳定平衡　　　　　(c) 随遇平衡

图 2-42　潜体的稳定分析

② 当重心在浮心之上时，为不稳定平衡。潜体如有倾斜，重力 G 与浮力 P 将产生一个使潜体继续翻转的转动力矩，潜体再不能恢复到原来的位置。

③ 当重心与浮心重合时，为随遇平衡，即潜体处于任何位置都是平衡的。

二、浮体的平衡

当潜体的浮力 P 大于其所受的重力 G 时便会浮出水面，潜体就变成了浮体。对浮体来讲，平衡的条件也是浮力与重力相等，并且重心和浮心在同一条直线上。浮体的稳定性取决于重心与浮心的相互位置。

① 当重心在浮心之下或者与浮心重合时，为稳定平衡。如图 2-43 所示，如果浮体发生倾斜，浮心从 C 移动到 C_1 的位置上，重心位置 D 不变。这样在倾斜后，一旦去掉外界干扰，便由 P 及 G 组成的转动力矩能使浮体恢复到原来位置。

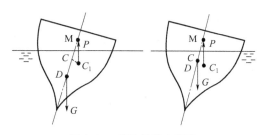

图 2-43　浮体的稳定平衡

② 重心在浮心之上时，平衡情况比较复杂，现引进一个定倾中心的概念。浮体发生倾斜时，其浮心 C 变为新的浮心 C_1，这时通过浮心 C_1 的浮力作用线与浮体原来平衡时的浮轴的交点，就叫做定倾中心，以 M 表示。

a. 定倾中心 M 在重心 D 之上时，如图 2-44(a) 所示，是一种稳定平衡。

b. 定倾中心 M 在重心 D 之下时，如图 2-44(b) 所示，是一种不稳定平衡。因为浮体倾

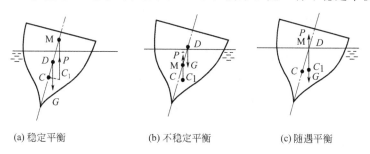

(a) 稳定平衡　　　　　(b) 不稳定平衡　　　　　(c) 随遇平衡

图 2-44　浮体的稳定分析

斜后，P 与 G 组成的转动力矩和倾斜方向相同，促使浮体倾倒。

c. 定倾中心 M 与重心 D 重合时，如图 2-44(c) 所示，是一种随遇平衡。因为浮体倾斜后 P 与 G 仍在一条垂直线上，不产生力矩，一旦除去外界干扰，浮体便在新的位置上达到新的平衡，即为随遇平衡。

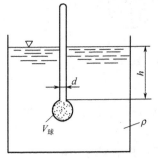

图 2-45　浮体的稳定分析

大多数的油船都设计成图 2-44(a) 所示的形式，这时在外界横向载荷的作用下，船体会发生一定的倾斜，但倾斜后其浮心的位置也会发生变化，此时的浮力与重力会形成一个力矩使之恢复到原来的平衡状态。这就是船舶为什么会在风浪中不停摇摆的原因。

【例 2-18】　如图 2-45 所示，利用比重计测定未知液体的密度。比重计重力为 G，它是由体积为 V 的小球和外径为 d 的管子构成。已知该比重计在液体中的沉没深度为 h，将其放入待测液体中，求该液体的密度。

解： 根据阿基米德定律，该比重计在液体中所受的浮力为

$$P_z = \rho g V + \rho g \pi \left(\frac{d}{2}\right)^2 h$$

当比重计在液体中达到平衡状态时，有 $G = P_z$，则

$$G = \rho g V + \rho g \pi \left(\frac{d}{2}\right)^2 h$$

化简得

$$\rho = \frac{G}{(V + \pi d^2 h/4)g}$$

因此，只要知道了 h，忽略了空气对比重计的浮力作用，就能方便地测出未知液体密度。

思考题

2-1　静止液体 $\tau = 0$，则静止液体是理想液体，对吗？说明理由。

2-2　什么是流体静压力？它有哪些特性？怎样证明？

2-3　流体静止平衡的必要条件是什么？

2-4　流体静力学基本方程式的意义和适用范围是什么？

2-5　什么是等压面？等压面是否一定是水平面？为什么？

2-6　为什么说两种流体的交界面必为等压面？

2-7　流体静力学基本公式适用条件是什么？它说明哪些问题？

2-8　什么是绝对压力、表压和真空度？它们之间如何换算？

2-9　测压计上的读数是绝对压力还是相对压力？

2-10　什么是压力中心？它与形心的位置有什么不同？

2-11　什么是相对静止？它与绝对静止有什么异同？

2-12　什么是压力体？确定压力体的方法和步骤如何？

2-13　什么是压力体？压力体一般由哪些方面构成？

2-14　什么是实压力体？什么是虚压力体？压力体的判断方法及其意义是什么？

2-15 是否可用压力体的概念证明阿基米德原理?

2-16 什么是浮体、潜体和沉体?

2-17 潜体和浮体的稳定平衡条件是什么? 有何异同?

习 题

2-1 如图 2-46 所示容器中盛有密度不同的两种液体,测压管 A 及测压管 B 的液面是否和容器中的液面 O—O 齐平? 若不齐平,哪个测压管液面高?

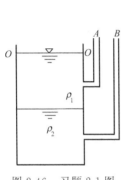

图 2-46 习题 2-1 图

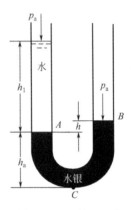

图 2-47 习题 2-2 图

2-2 如图 2-47 所示的 U 形管中装有水银与水,已知 $h_1 = 0.3 \text{m}$, $h_2 = 0.1 \text{m}$,试求:

(1) A、C 两点的绝对压力及表压力位多少?

(2) A、B 两点的高度差 h 为多少?

2-3 如图 2-48 所示,容器中装有水和密闭空气,各水面相对差分别为:$h_1 = h_4 = 0.9 \text{m}$, $h_2 = h_3 = 0.3 \text{m}$,试求 A、B、C 和 D 各点的表压力 (空气质量不计,取 $p_a = 9.81 \times 10^{-4} \text{Pa}$)?

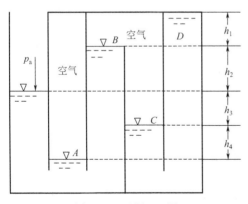

图 2-48 习题 2-3 图

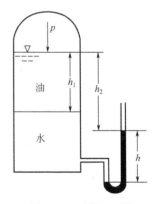

图 2-49 习题 2-4 图

2-4 如图 2-49 所示在一密闭容器内装有油和水,油的相对密度分别为 $d = 0.8$,油层高度为 h_1,容器底部装有水银液柱压力计,读数为 h,水银面与液面的高度差为 h_2,试求液面压力 p 为多少?

2-5 试画出图 2-50 中容器侧壁上的压力分布？

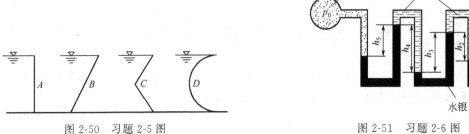

图 2-50 习题 2-5 图   图 2-51 习题 2-6 图

2-6 为了测得较大的压力，可以利用如图 2-51 所示的测压管组。已知：$h_1=0.7\text{m}$，$h_2=0.65\text{m}$，$h_3=0.68$，$h_4=0.72\text{m}$，$h_5=0.66\text{m}$，$\rho_1=13600\text{kg/m}^3$，$\rho_2=800\text{kg/m}^3$，空气质量不计，求空气室内的压力 p_0 为多少？

2-7 如图 2-52 所示，一直径为 $d=0.4\text{m}$ 的圆柱形容器，$h_1=0.3\text{m}$，$h_2=0.5\text{m}$，盖上的荷载重 $F=5788\text{N}$，油的密度为 800kg/m^3，求测压计中 h 的高度为多少？

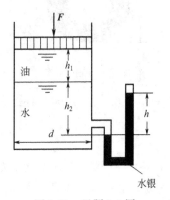

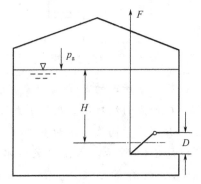

图 2-52 习题 2-7 图   图 2-53 习题 2-8 图

2-8 如图 2-53 所示油罐发油装置，将直径为 D 的圆管伸进罐内，端部切成 $45°$ 角，用盖板盖住，盖板可绕管端上面的铰链旋转。已知油深 $H=5\text{m}$，圆管直径 $D=600\text{mm}$，油品相对密度为 0.80，不计盖板重力及铰链的摩擦力，求提升此盖板所需的力的大小？（提示：盖板为椭圆形，其面积 $A=\pi ab$，其中 ab 为长轴和短轴的一半）。

2-9 如图 2-54 所示一个安全闸门，宽为 0.8m，高为 1.2m。距底边 0.4m 处装有闸门转轴，闸门仅可以绕转轴顺时针方向旋转。不计各处的摩擦力，试求水深 H 为多少时，闸门可自行打开？

2-10 如图 2-55 所示闸门，$h_1=1\text{m}$，$h_2=1.2\text{m}$，闸门宽 $b=1\text{m}$，厚 $S=0.5\text{m}$。为使闸门不打开，需施加的力 F 为多少？

2-11 图 2-56 所示为储水设备，在 C 点测得压强 $p=29430\text{Pa}$，$h=2\text{m}$，$R=1\text{m}$。求半球曲面 AB 所受到的液体的作用。

2-12 图 2-57 所示为一储水设备，在 C 点测得绝对压力为 $p=19600\text{N/m}^2$，$h=2\text{m}$，$R=1\text{m}$，求半球曲面 AB 的垂直分力。

2-13 画出图 2-58 中四种曲面的压力体图形。

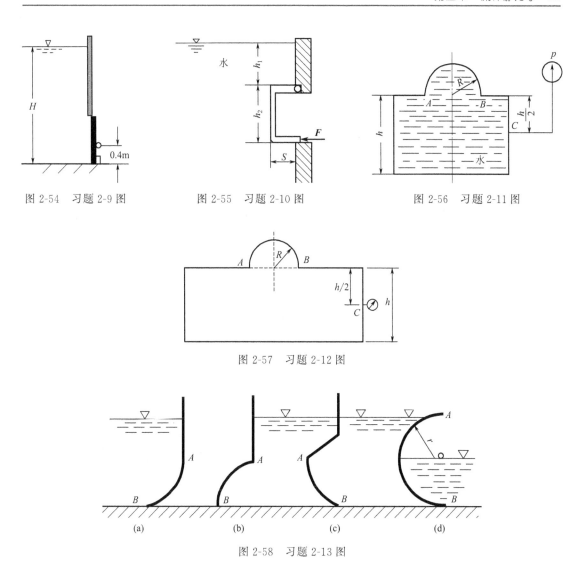

图 2-54 习题 2-9 图   图 2-55 习题 2-10 图   图 2-56 习题 2-11 图

图 2-57 习题 2-12 图

图 2-58 习题 2-13 图

2-14　图 2-59 所示为一个直径 $D=2\text{m}$、长 $L=1\text{m}$ 的圆柱体，其左半边为油和水，油和水的深度均为 1m。已知油的密度为 $\rho=800\text{kg/m}^3$，求圆柱体所受水平力和浮力。

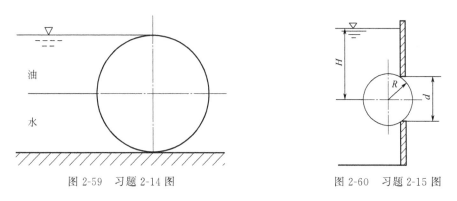

图 2-59 习题 2-14 图   图 2-60 习题 2-15 图

2-15　如图 2-60 所示，半径 $R=100\text{mm}$ 的钢球堵塞着垂直壁面上 $d=1.5R$ 的圆孔，试求使钢球恰好处于平衡状态时容器内油面高度为 H。已知钢的相对密度为 8，油的相对密度为 0.82。

2-16   如图 2-61 所示，水箱中水在压力 p_1 作用下从直径 $d=15\text{mm}$ 的管子流出灌满水箱。设 $a=100\text{mm}$，$b=500\text{mm}$，杠杆、浮子计阀门本身自重忽略不计，求水箱灌满时能将阀自动关闭的球形浮子的最小直径 D 是多少？

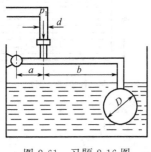
图 2-61   习题 2-16 图

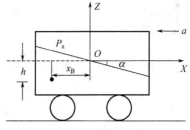
图 2-62   习题 2-17 图

2-17   如图 2-62 所示，一洒水车以等加速度 $a=0.98\text{m/s}^2$ 向右行驶，求水车内自由表面与水平面间的夹角 α；若 B 点在运动前位于水面下深为 $h=1.5\text{m}$，距 z 轴为 $x_B=-1.5\text{m}$，求洒水车加速运动后该点的静水压强。

2-18   如图 2-63 所示，有一盛水的开口容器以 3.6m/s^2 的加速度沿与水平成 30° 夹角的倾斜平面向上运动，试求容器中水面的倾角 θ，并分析 p 与水深的关系。

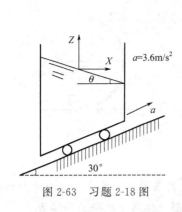
图 2-63   习题 2-18 图

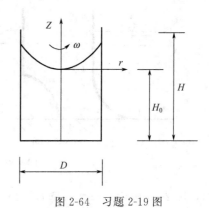
图 2-64   习题 2-19 图

2-19   如图 2-64 所示，盛有水的开口圆桶形容器，以角速度 ω 绕垂直轴 Z 做等速旋转。当露出桶底时，ω 应为多少？（坐标原点设在筒底中心处；圆筒未转动时，筒内水面高度为 h，当容器绕轴旋转时，其中心处液面降至 H_0，贴壁液面上升至 H 高度；容器直径为 D_0。）

第三章

流体运动学基础

　　流体运动学研究流体的运动规律以及这些规律的实际应用，即研究流体速度、加速度等各种运动参数的分布规律和变化规律。和其他物质一样，流体的运动是绝对的，静止是相对的，静止只是运动的一种特殊形式，因此，在已有的静力学基础上研究流体的运动规律，是从特殊到一般的过程，它具有更普遍和更重要的意义。流体运动学不涉及运动参量与受力之间的关系，因而所研究的问题及其结论对于理想流体和黏性流体均适用。

第一节　流体运动学中的基本概念

　　观察自然界中流体的运动时，将会遇到各种不同类型的运动，为了研究方便，可对流体运动的形式加以分类。

一、流体运动的分类

1. 稳定流动与非稳定流动

　　如果流场中每一空间点上的运动参数（速度、加速度、压力、密度、温度、动能、动量等）不随时间而变化，而仅是位置坐标的函数，称这样的流动为稳定流动或定常流动。反之，如果流场中运动参数不但随位置改变而改变，而且也随时间变化而变化，则称这样的流动为非稳定流动或非定常流动。流动处于稳定流动时，速度、压力参数有

$$\left.\begin{array}{l} v_x = v_x(x,y,z) \\ v_y = v_y(x,y,z) \\ v_z = v_z(x,y,z) \end{array}\right\} \tag{3-1}$$

$$p = p(x,y,z) \tag{3-2}$$

$$\frac{\partial v_x}{\partial t} = \frac{\partial v_y}{\partial t} = \frac{\partial v_z}{\partial t} = \frac{\partial p}{\partial t} = 0 \tag{3-3}$$

　　严格地说，工程实际中的绝大多数流动都属于非稳定流动。稳定流动只是它的一个特例。由于非稳定流动的复杂性给问题的解决带来很大的困难，所以在工程实践中的许多流动，只要在相当长的一段时间内运动参数变化不大，就可以认为是稳定流动。这样做不但使得问题得到简化，而且是合理的。

　　【例 3-1】　如图 3-1 所示，在水箱壁上开有小孔，当液体从孔口流出时，试分析属于稳定流动还是非稳定流动。

　　解： 如图 3-1(a) 所示，根据伯努利方程可知，水从孔口流出的速度为

$$v = \sqrt{2gH}$$

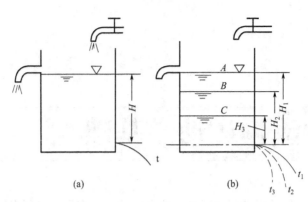

图 3-1   稳定流动与非稳定流动

如果打开水箱进水阀门，保持水箱中水位不变，水从孔口流出的速度就不会随时间改变，属于稳定流动。

如图 3-2（b）所示，如果关闭水箱进水阀门，水箱内水位将不断下降，此时水从孔口流出的流速就会随水面的降低而逐渐减小，即随时间而改变，这就是非稳定流动。

如容器截面较大、孔口较小，即使没有补充水的装置，水位下降相当缓慢时，也可近似认为是稳定流动。

2. 均匀流动与非均匀流动

流场中各空间点的流动参数既不随时间变化，也不随空间位置而变化的稳定流动称

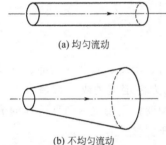

(a) 均匀流动

为均匀流动。其特点是横截面上速度分布沿流动方向不变，没有加速度。否则，如果流体运动方向改变或横截面大小、形状改变，这样的稳定流动称为非均匀流动。均匀流动与非均匀流动如图 3-2 所示。通过分析可知，均匀流动的流线是相互平行的直线，而非均匀流动的流线是曲线或不相平行的直线。

(b) 不均匀流动

图 3-2   均匀流动与非均匀流动

3. 有压流动和无压流动及射流

根据液流表面的接触情况，当液体周界表面完全为固体所限制时，称为有压流动。如液体在管道中满管流动时就属于有压流动。这时液流中任一点的水动压力与大气压力不同，可能大于也可能小于大气压力，并且没有自由液面。

如果液体周界面上一部分为固体表面所限制，一部分与气体接触时称为无压流动。如明渠中的液流或不满管中的液流。无压流动的特点是液流有自由液面，且自由表面上的压力一般等于大气压力。

如果液流周界表面完全与气体或液体相接触时，称为射流。如消防唧筒高压喷嘴中喷射出的水流，就是射流。

4. 按照描述流动所需的空间坐标数目可划分为一元流动、二元流动和三元流动

如果一般情况下，流体在空间流动时，描述流动要三个空间坐标（x，y，z）。这种需要三个空间坐标才能描述的流动，称为三元流动或空间流动。依此类推，只需要两个空间坐标就能描述的流动，称为二元流动或平面流动。仅仅需要一个空间坐标就能描述的流动，称

为一元流动。

真正的一元流动并不存在，但是当采用断面的平均参数时，就可以近似地按一元流动来处理，例如流体在圆管内的流动。当流体在无限宽倾斜平面缝隙内的流动时，属于二元流动。工程实际中的流动多属于三元流动，例如，空气绕过飞机、汽车和建筑物的流动均属于三元流动。为了计算的简单化，在工程计算允许的误差范围内，常常将三元流动尽可能简化为二元，甚至一元流动来求解。

二、迹线与流线

1. 迹线

流场中流体质点在不同时刻的运动轨迹称为迹线。

2. 流线

流线是描述流场中各流体质点某时刻运动方向的曲线，在曲线上任意一流体质点的速度方向总是在该点与此曲线相切。

流线形象地给出了流场中的流动状态，通过流线可以清楚地看出某时刻流场中各点的速度方向，由流线的疏密程度也可以比较速度的大小。

根据流线的定义可以作出流场中某时刻 t_0 过某点 1 的流线。如图 3-3 所示，可先作该时刻位于 1 点处的流体质点的速度 v_1，同一时刻在 v_1 上靠近 1 点取点 2，作位于点 2 上的另一流体质点的速度 v_2，仍在同一时刻，在 v_2 上靠近 2 点取点 3，作位于点 3 上流体质点的速度 v_3，依次作下去，便可得到在 t_0 时刻一系列接近的点组成的折线 1234567。当各点都无限靠近时，折线便成为光滑曲线，这条曲线就是时刻 t_0 经过点 1 的流线。在流场中，在同一时刻可以作出无数条流线。

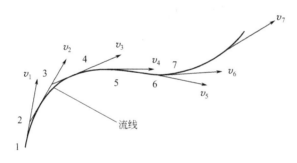

图 3-3　均匀流动与非均匀流动

一般情况下，流线具有下列性质。

① 一般来讲，在某一时刻，通过流场中的某一点只能作出一条流线。流线不能转折，也不能彼此相交，因为在空间每一点只能有一个速度方向。

② 流线在速度为零的驻点（$v \to 0$）或者速度为无穷大的奇点（$v \to \infty$）处可以相交。如图 3-4 所示。

③ 在稳定流动中，流线与迹线是同一条曲线。因为各流体质点速度不随时间而变化，故流线形状不随时间而变化，流体质点必沿某一确定的流线运动，所以流线与迹线重合。

④ 对于不稳定流动，其不稳定包含两方面的含义：大小随时间变化或者方向随时间变化。因此，如果不稳定仅仅是由速度的大小随时间变化引起的，则流线的形状和位置不随时

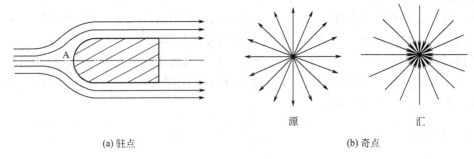

(a) 驻点　　　　　源　　　　　汇　　　　(b) 奇点

图 3-4　流线相交

间变化，迹线也与流线重合；如果不稳定是由速度的方向随时间变化引起的，则流线的形状和位置就会随时间变化，迹线也不会与流线重合。

⑤ 在流场中，过每一空间点都有一条流线，所有的流线构成流线簇。由流线簇构成如图 3-5 所示的图形，称为流谱。流谱不仅能够反映速度的方向，而且能够反映出流速的大小。流线密的地方速度大，流线稀的地方速度小。从图中可以看出，当固体边界渐变时，流体沿边界流动；如果边界突然变化，流体由于惯性作用主流会脱离边界，在边界与主流间形成旋涡区，这时固体边界就不是边界流线了。

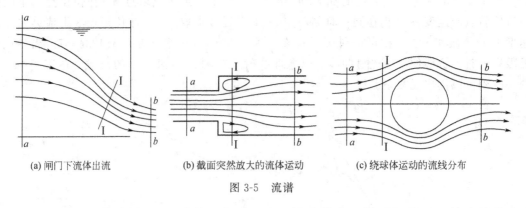

(a) 闸门下流体出流　　　(b) 截面突然放大的流体运动　　　(c) 绕球体运动的流线分布

图 3-5　流谱

流线的方程：某时刻 t_0，过流线上任意一点，沿流线取一微元矢量 dr，该点处的速度为 v，根据流线的定义有

$$dr \times v = 0 \tag{3-4}$$

在直角坐标系中，上式变为

$$\frac{dx}{v_x(x,y,z,t)} = \frac{dy}{v_y(x,y,z,t)} = \frac{dz}{v_z(x,y,z,t)} \tag{3-5}$$

这就是 t_0 时刻的流线微分方程式，流线是对某一时刻而言的，所以对式(3-5) 积分时，变量 t 被当成常数处理。在非稳定流动的情况下，流动速度是空间坐标和时间的函数，所以对流线微分方程积分的结果当然要包括时间 t，不同时刻有不同的流线形状。

三、缓变流与急变流

前面介绍了均匀流动，但在工程实际中其判别标准难以满足，所以将接近于均匀流的流动称为缓变流，下面介绍缓变流和急变流的概念。

缓变流是指流线之间的夹角比较小或流线曲率半径比较大的流动。由图 3-5 可见，如

a—a、b—b断面，流线接近于平行的直线，这样的流动可以看成是缓变流。相反，急变流是指流线之间的夹角比较大和流线曲率半径比较小的流动。如图 3-5 中Ⅰ-Ⅰ断面，流线出现了弯曲，既不平行也不为直线的情况，这样的流动可以看成是急变流。

四、有效断面

有效断面是指流束或总流上垂直于流线的断面称为有效断面。由此定义可知，所有流体质点的速度矢量都与有效断面相垂直，沿有效断面切向的流速为零。有效断面可能是平面，也可能是曲面。在流线彼此平行的区域内，有效断面为平面；流线彼此不平行时，有效断面为曲面。如图 3-6 中的 1—1、2—2、3—3 都是有效断面。

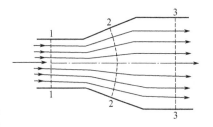

图 3-6　有效断面示意图

缓变流的有效断面可以看成是平面，流体的流动速度垂直于有效断面，它们在有效断面上的投影为零。所以只存在重力作用时，其与静力学中流体所处的条件相同。所以，缓变流在同一有效断面上各点的动压力分布符合静压力基本规律，即 $z + p/\rho g =$ 常数，但在不同断面上的 $z + p/\rho g$ 为不同的常数值。

对急变流，有效断面上流线弯曲，有加速度作用，存在惯性力，在同一断面上，其动压力分布规律与静压力不同。

五、流管、流束及总流

在流场中，任意取一封闭的曲线（非流线），过此曲线上各点作流线，所有这些流线构成一管状曲面，称为流管，如图 3-7 所示。稳定流动时，流管的形状和位置都不随时间而变化，其次，流线也不可能相交，也就是说流体不能穿越流管。这样，流管与固体管壁相似，只不过流管是由流线构成的，而管壁是由固体构成的。所以稳定流时，流管就好像真实的管子一样。非稳定流动时，流管的形状有可能随时间变化。

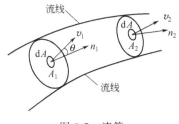

图 3-7　流管

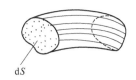

图 3-8　流束

如果通过曲线包围的微小面积 $\mathrm{d}S$ 上的所有点作流线，便得到充满流管的一束流线，此流线束称为流束，如图 3-8 所示。流束的表面就是流管。当微小面积 $\mathrm{d}S$ 趋近于无穷小时，称为微小流束，微小流束是流束的微元，流束是微小流束的集合。当微小面积 $\mathrm{d}S$ 趋近于零时，流束便成为一条流线。

根据流束的定义和流线的特性，流束具有下述三个重要性质。

① 稳定流动时，流束的形状不随时间改变。

② 流束内外的流体质点不能穿过流束表面流出或流入。

③ 因流束断面很小，故断面上各点的运动参数可看成是相等的。

管道内流动流体的集合，即无限多流束的总和称为"总流"，如溪流、水渠、河流和水管中的液流及风管中的气流等都是总流。

六、流量和平均流速

1. 流量

单位时间内流经有效断面的流体量称为流量。流量可分为体积流量和质量流量。体积流量是单位时间内流经有效断面的流体体积，用 Q_V 表示，单位为 m^3/s；质量流量是单位时间内流经有效断面的流体质量，用 Q_m 表示，单位为 kg/s。体积流量一般多用于表示不可压缩流体的流量，质量流量多用来表示可压缩流体的流量。质量流量与体积流量的关系为

$$Q_m = \rho Q_V \tag{3-6}$$

对于流束，体积流量等于流速 v 与它的有效断面 dA 的乘积，即

$$dQ_V = v dA \tag{3-7}$$

对于总流，总流是微小流束的集合，所以体积流量 Q_V 是流束流量在总流有效断面 A 上的积分，即

$$Q_V = \int_A v dA \tag{3-8}$$

本书中多用体积流量，以后讲到流量而不加说明时，即是指体积流量。

2. 平均流速

由于实际流体存在黏性，所以流速在任意有效断面上的分布肯定不会是均匀的。由实验可知，总流有效断面上速度分布规律可能为抛物线分布、指数分布等。这样，断面上各质点的流速不等，计算流量很不方便，所以引入平均流速的概念。

平均流速是一种假想的流速，即在单位时间内，假定有效断面上各质点的速度相等。而按平均流速流过的流量与实际上以不同的速度流过的流量正好相等，所以有根据流量相等原则，通过的流量和各质点按实际流速流动所通过的流量相等，即

$$Q = vA = \int_A v dA \tag{3-9}$$

则平均流速为

$$v = \frac{1}{A} \int_A v dA = \frac{Q}{A} \tag{3-10}$$

由上式可知，有效断面的平均流速 v 就是有效断面上各点速度对面积 A 的几何平均值。对于管道内的流动，引入平均流速之后，可将实际流体的二元流动简化为一元流动。工程中所指管道内流体的流速，就是指某断面上的平均流速 v，在数值上等于体积流量 Q_V 与有效的面积 A 的比值。

【例 3-2】 已知某输水管道内径为 150mm，水的质量流量 $Q_m = 28kg/s$，水的密度 $\rho = 1000kg/m^3$，试求断面平均流速。

解：水的体积流量为

$$Q_V = \frac{Q_m}{\rho} = \frac{28}{1000} = 0.028 \ (m^3/s)$$

则水流的平均流速为

$$v=\frac{Q}{A}=\frac{0.028\times4}{\pi\times0.15^2}=1.59\ (\text{m/s})$$

七、湿周、水力半径与当量直径

1. 湿周

在总流的有效断面上与流体相接触的固体边壁周长称为湿周（或浸湿边界），用字母 X 表示。

2. 水力半径

总流有效断面的面积与湿周的比值称为水力半径，用字母 R 表示。R 的计算公式为

$$R=\frac{A}{X} \tag{3-11}$$

3. 当量直径

总流有效断面的面积的 4 倍与湿周之比称为当量直径，用字母 d_e 表示。d_e 的计算公式为

$$d_e=\frac{4A}{X}=4R \tag{3-12}$$

水力半径和当量直径与通常圆断面的半径和直径的概念不同，不可混淆，它们在非圆断面管道水力计算中起着十分重要的作用。图 3-9 中分别标出了全充满圆管、半充满圆管和正方形断面管的湿周、水力半径和当量直径。

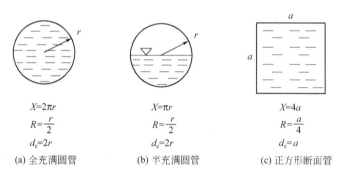

$$
\begin{array}{ccc}
X=2\pi r & X=\pi r & X=4a \\
R=\dfrac{r}{2} & R=\dfrac{r}{2} & R=\dfrac{a}{4} \\
d_e=2r & d_e=2r & d_e=a \\
\text{(a) 全充满圆管} & \text{(b) 半充满圆管} & \text{(c) 正方形断面管}
\end{array}
$$

图 3-9　湿周、水力半径及当量直径

【例 3-3】 已知某矩形通风管道，断面尺寸为 $600\text{mm}\times300\text{mm}$，试求该通风管道的水力半径和当量直径。

解： 通风管道的过流面积为

$$A=ab=0.6\times0.3=0.18\ (\text{m}^2)$$

矩形通风管道的湿周 X 为

$$X=2(a+b)=2\times(0.6+0.3)=1.8\ (\text{m})$$

水力半径为

$$R=\frac{A}{X}=\frac{0.18}{1.8}=0.1\ (\text{m})$$

当量直径为

$$d_e=\frac{4A}{X}=\frac{4\times0.18}{1.8}=0.4\ (\text{m})$$

第二节 研究流体运动的两种方法

前面介绍了流体运动学的基本概念，本节主要介绍流体的研究方法。

根据连续介质假设知道，流体是由无数流体质点组成的，而且流体质点是连续地、彼此无间隙地充满空间。因此，实际上流体的运动是大量流体质点运动的总和，通常把由运动流体所充满的空间称为流场。从理论上讲，研究流体运动的方法有两种，即拉格朗日法和欧拉法。

一、拉格朗日法 (Lagrange)

拉格朗日法着眼于流场中每一个运动着的流体质点，设法描述出每一个流体质点的运动轨迹（称为迹线），研究流体质点运动参数（速度、加速度、密度、压力等）随时间的变化规律，然后综合所有流体质点的运动情况，得到整个流场的运动规律。

为了识别运动中的每一个流体质点，通常利用初始时刻 t_0 时的流体质点的坐标 (a, b, c)，来标记不同的流体质点，不同的 (a, b, c) 代表不同的流体质点，这组数 (a, b, c) 就叫拉格朗日变数。于是任意流体质点在时间 t 的空间位置坐标 (x, y, z) 应是拉格朗日变数和时间 t 的函数，即

$$\begin{cases} x = x(a,b,c,t) \\ y = y(a,b,c,t) \\ z = z(a,b,c,t) \end{cases} \tag{3-13}$$

流体质点的压力和密度可以表示为

$$p = p(a,b,c,t) \tag{3-14}$$

$$\rho = \rho(a,b,c,t) \tag{3-15}$$

式(3-13) 表示初始时刻 t_0、拉格朗日变数为 (a, b, c) 的流体质点在 t 时刻的空间位置为 (x, y, z)。如果固定 (a, b, c)，改变时间 t，就可以得出某个指定质点在任意时刻所处的位置；如果固定时间 t，改变 (a, b, c)，该方程描述的是 t 时刻不同流体质点在空间的分布情况。

对同一质点而言，a，b，c 不随时间变化，则流体质点的速度表示为

$$\begin{cases} v_x = \dfrac{\partial x}{\partial t} = \dfrac{\partial x(a,b,c,t)}{\partial t} \\[2mm] v_y = \dfrac{\partial y}{\partial t} = \dfrac{\partial y(a,b,c,t)}{\partial t} \\[2mm] v_z = \dfrac{\partial z}{\partial t} = \dfrac{\partial z(a,b,z,t)}{\partial t} \end{cases} \tag{3-16}$$

同理，流体质点的加速度可以表示为

$$\begin{cases} a_x = \dfrac{\partial v_x}{\partial t} = \dfrac{\partial^2 x(a,b,c,t)}{\partial t^2} \\[2mm] a_y = \dfrac{\partial v_y}{\partial t} = \dfrac{\partial^2 y(a,b,c,t)}{\partial t^2} \\[2mm] a_z = \dfrac{\partial v_z}{\partial t} = \dfrac{\partial^2 z(a,b,z,t)}{\partial t^2} \end{cases} \tag{3-17}$$

拉格朗日法在概念上比较直观，其特点是追踪流体质点的运动，这与研究固体质点运动的方法相似，可以直接运用固体力学中早已建立的质点系动力学来进行分析。但流体质点的运动轨迹非常复杂，在数学处理上难以实现。因此，除了研究波浪运动以及流体在发动机汽缸等少数封闭流动外，都采用另一种分析方法，即欧拉法。

二、欧拉法（Euler）

欧拉法的着眼点不在于个别的流体质点，而在于整个流场各空间点所处的状态。即设法描述出空间点处的运动参数，研究空间点上的速度和加速度等运动参数以及相邻空间点之间这些参数随时间的变化规律。如果求得不同时刻每一空间点处流体质点的运动状况，就可知道整个流场的运动状况。对初学者来说要注意的是，这里所说的空间点的运动参数并不是空间点本身的运动参数（因为空间点是固定不动的），而是某一时刻流过该空间点处的流体质点的运动参数。

按照欧拉法，不需要注意各个流体质点的运动情况，只需要研究流体运动的物理量在空间的分布。一般情况下，同一时刻，不同空间点上的物理量是不同的。因此，所有的物理量是空间点坐标 (x, y, z) 的函数，而在不同时刻，同一空间点上的物理量也不相同，因而所有物理量也是时间的函数，即速度场可以描述为

$$\left.\begin{array}{l} v_x = v_x(x,y,z,t) \\ v_y = v_y(x,y,z,t) \\ v_z = v_z(x,y,z,t) \end{array}\right\} \tag{3-18}$$

压力场、密度场、温度场可以表示为

$$\left.\begin{array}{l} p = p(x,y,z,t) \\ \rho = \rho(x,y,z,t) \\ T = T(x,y,z,t) \end{array}\right\} \tag{3-19}$$

式(3-18)和式(3-19)中的变量 x，y，z，t，称为欧拉变量。如果固定 x，y，z，改变时间 t，各函数代表空间点中某固定点上各物理量随时间的变化规律；如果固定时间 t，改变 x，y，z，各函数代表的是某一时刻各物理量在空间的分布情况。

在欧拉法中讨论加速度时，应将式(3-18)的三个速度分量的表达式分别对时间求导，得到加速度三个分量的表达式，此时，质点本身的位置坐标 (x, y, z) 也应看成为时间 t 的函数，因而自变量只有 t。由复合函数的导数的求法可求得加速度在 x 方向的分量，即

$$a_x = \frac{\mathrm{d}v_x}{\mathrm{d}t} = \frac{\partial v_x}{\partial t} + \frac{\partial v_x}{\partial x}\frac{\mathrm{d}x}{\mathrm{d}t} + \frac{\partial v_x}{\partial y}\frac{\mathrm{d}y}{\mathrm{d}t} + \frac{\partial v_x}{\partial z}\frac{\mathrm{d}z}{\mathrm{d}t}$$

由于 $\mathrm{d}r = (\mathrm{d}x, \mathrm{d}y, \mathrm{d}z)$ 为流体质点在 $\mathrm{d}t$ 时间间隔内走过的路径，所以有

$$v_x = \frac{\mathrm{d}x}{\mathrm{d}t}, \quad v_y = \frac{\mathrm{d}y}{\mathrm{d}t}, \quad v_z = \frac{\mathrm{d}z}{\mathrm{d}t}$$

所以

$$a_x = \frac{\partial v_x}{\partial t} + v_x\frac{\partial v_x}{\partial x} + v_y\frac{\partial v_x}{\partial y} + v_z\frac{\partial v_x}{\partial z}$$

同理有

$$
\left.
\begin{aligned}
a_x &= \frac{\partial v_x}{\partial t} + v_x \frac{\partial v_x}{\partial x} + v_y \frac{\partial v_x}{\partial y} + v_z \frac{\partial v_x}{\partial z} \\
a_y &= \frac{\partial v_y}{\partial t} + v_x \frac{\partial v_y}{\partial x} + v_y \frac{\partial v_y}{\partial y} + v_z \frac{\partial v_y}{\partial z} \\
a_z &= \frac{\partial v_z}{\partial t} + v_x \frac{\partial v_z}{\partial x} + v_y \frac{\partial v_z}{\partial y} + v_z \frac{\partial v_z}{\partial z}
\end{aligned}
\right\}
\tag{3-20a}
$$

其向量表达式为

$$
a = \frac{\mathrm{d}v}{\mathrm{d}t} = \frac{\partial v}{\partial t} + (\boldsymbol{v} \cdot \boldsymbol{\nabla})v
\tag{3-20b}
$$

式中，$\boldsymbol{\nabla} = \dfrac{\partial}{\partial x}\boldsymbol{i} + \dfrac{\partial}{\partial y}\boldsymbol{j} + \dfrac{\partial}{\partial z}\boldsymbol{k}$。

式(3-20)中的导数称为速度质点导数，其他物理量，不管是标量还是矢量，其质点导数都类似于此，例如，密度的质点导数可表示为

$$
\frac{\mathrm{d}\rho}{\mathrm{d}t} = \frac{\partial \rho}{\partial t} + v_x \frac{\partial \rho}{\partial x} + v_y \frac{\partial \rho}{\partial y} + v_z \frac{\partial \rho}{\partial z}
\tag{3-21a}
$$

其向量表达式为

$$
\frac{\mathrm{d}\rho}{\mathrm{d}t} = \frac{\partial \rho}{\partial t} + (\boldsymbol{v} \cdot \boldsymbol{\nabla})\rho
\tag{3-21b}
$$

所以质点的导数公式为

$$
\frac{\mathrm{d}}{\mathrm{d}t} = \frac{\partial}{\partial t} + v_x \frac{\partial}{\partial x} + v_y \frac{\partial}{\partial y} + v_z \frac{\partial}{\partial z} = \frac{\partial}{\partial t} + (\boldsymbol{v} \cdot \boldsymbol{\nabla})
\tag{3-22}
$$

式(3-22)在流体力学中非常重要的一个公式，只要采用欧拉法描述流体质点的物理量，其质点物理量对时间的变化率均采用这一公式进行计算。

由式(3-20)可以看出，位于空间某点上的流体质点的加速度由两部分组成。第一部分是右边第一项，它表示位于所观察空间点上的流体质点的速度随时间的变化率，通常称为时变加速度或当地加速度。第二部分是右边第二、三、四项，它们表示流体质点所在空间位置的变化所引起的速度变化率，称为位变加速度或迁移加速度。两部分之和即为流体质点的全加速度。

拉格朗日法描述着眼于流体质点，将运动参数看成为随体坐标和时间的函数；而欧拉法着眼于空间点的运动参数，只需研究描述流体运动的物理量在空间的分布函数，可以运用数学分析理论和场论的方法来研究流场，在数学上欧拉法比拉格朗日法方便。但两者都是描述流体质点的运动参数，因此其表达式之间可以相互转换。

【例 3-4】　已知一拉格朗日描述为

$$
\left.
\begin{aligned}
x &= a\mathrm{e}^{t} \\
y &= b\mathrm{e}^{-t}
\end{aligned}
\right\}
$$

求：（1）迹线；

（2）速度与加速度的欧拉描述；

（3）流线方程。

解：（1）消去已知条件中（x，y）的参数 t 便可得到迹线方程，将 x，y 相乘可得

$$
xy = ab
$$

上式便是初始时刻位于（a，b）的流体质点的迹线。

（2）依题意可得

$$v_x = \frac{\partial x}{\partial t} = ae^t, \ v_y = \frac{\partial y}{\partial t} = -be^{-t}$$

$$a_x = \frac{\partial v_x}{\partial t} = ae^t, \ a_y = \frac{\partial v_y}{\partial t} = be^{-t}$$

由已知条件可知

$$a = xe^{-t}, \ b = ye^t$$

由速度和加速度的表达式得速度和加速度的欧拉描述

$$v_x = ae^t = x, \ v_y = -be^{-t} = -y$$

$$a_x = ae^t = x, \ a_y = be^{-t} = y$$

（3）由流线方程式(3-5) 有

$$\frac{\mathrm{d}x}{v_x} = \frac{\mathrm{d}y}{v_y}$$

即

$$\frac{\mathrm{d}x}{x} = \frac{\mathrm{d}y}{-y}$$

积分化简可得到流线方程为

$$xy = c$$

【例 3-5】　如果流体稳定运动速度分量为

$$\left.\begin{array}{l} v_x = x^2 \\ v_y = y^2 \\ v_z = z^2 \end{array}\right\}$$

试求：经过空间点 （2，4，8）的流线方程。

解： 由流线微分方程式(3-5) 得

$$\left.\begin{array}{l} v_x \mathrm{d}y = v_y \mathrm{d}x \\ v_z \mathrm{d}y = v_y \mathrm{d}z \end{array}\right\}$$

根据所给的条件有

$$\left.\begin{array}{l} x^2 \mathrm{d}y = y^2 \mathrm{d}x \\ z^2 \mathrm{d}y = y^2 \mathrm{d}z \end{array}\right\}$$

分离变量并积分得

$$\int \frac{\mathrm{d}x}{x^2} = \int \frac{\mathrm{d}y}{y^2} + C_1 \qquad 得 -\frac{1}{x} = -\frac{1}{y} + C_1$$

$$\int \frac{\mathrm{d}y}{y^2} = \int \frac{\mathrm{d}z}{z^2} + C_2 \qquad 得 -\frac{1}{y} = -\frac{1}{z} + C_2$$

由给定的条件确定积分常数 C_1、C_2：当 $x=2$，$y=4$ 时，得 $C_1 = -\frac{1}{2}$；当 $y=4$，$z=8$ 时，得 $C_2 = -\frac{1}{4}$。

所以所求的流线方程为

$$\left.\begin{array}{l} \frac{1}{x} - \frac{1}{y} = \frac{1}{2} \\ \frac{1}{y} - \frac{1}{z} = \frac{1}{4} \end{array}\right\}$$

第三节　连续性方程

在流体力学的研究中，把流体看成是连续介质，一部分紧跟一部分，中间没有空隙，流体连续地充满所占据的空间，流体的这种性质称为连续性。根据质量守恒定律，在稳定流流场中任取一空间封闭曲面，如果流体密度不变，则在一段时间内流入该封闭曲面的流体质量必然等于从该封闭曲面中流出的流体质量，这就是流体力学中的连续性原理，其数学关系式被称为连续性方程。连续性方程的实质上是质量守恒方程。

一、一维稳定流动的连续性方程

这里只讨论限于不可压缩流体做稳定一维流动的情况。在流场中既无源也无汇（无源、无汇指流场中流体不产生也不消失）。

如图 3-10 所示，在流体总流中，任取两个断面 1—1 和 2—2，任取一段微小流束来讨论。该流束的有效断面积为 dA_1 和 dA_2，速度为 v_1 和 v_2，密度为 ρ_1 和 ρ_2。根据定义，由于流束表面由流线组成，流体质点不能穿过其侧表面，只有在两端 dA_1 和 dA_2 面上流入和流出，而且在微小流束内流体连续，没有间隙。因此，在 dt 时间内微小流束在 dA_1 及 dA_2 断面间包围的流体质量不随时间变化。根据质量守恒定律，流过 1—1 及 2—2 断面的流体质量相等，即

$$dM = \rho_1 v_1 \, dA_1 - \rho_2 v_2 \, dA_2 = 0$$

则

$$\rho_1 v_1 \, dA_1 = \rho_2 v_2 \, dA_2 \tag{3-23}$$

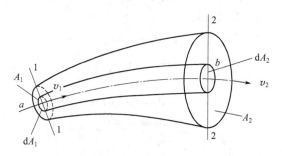

图 3-10　一维稳定流连续性方程推导

式（3-23）为可压缩流体沿微小流束稳定流时的连续性方程。对于不可压缩流体，密度 ρ 为常数，则有

$$v_1 \, dA_1 = v_2 \, dA_2 \tag{3-24}$$

式（3-24）为不可压缩流体沿微小流束稳定流的连续性方程。

将式（3-23）两边积分，就可得到可压缩流体沿总流的连续性方程，即

$$\int \rho_1 v_1 \, dA_1 = \int \rho_2 v_2 \, dA_2$$

积分得

$$\rho_1 Q_1 = \rho_2 Q_2 \tag{3-25a}$$

或

$$\rho_1 v_1 A_1 = \rho_2 v_2 A_2 \tag{3-25b}$$

式(3-25)说明，可压缩流体稳定时，沿流程的质量保持不变。式中 ρ_1，ρ_2 是断面上的平均密度。

对不可压缩流体（ρ＝常数），则式(3-25)为

$$\left.\begin{array}{c} Q_1 = Q_2 \\ v_1 A_1 = v_2 A_2 \\ \dfrac{v_1}{v_2} = \dfrac{A_2}{A_1} \end{array}\right\} \tag{3-26}$$

式(3-26)为不可压缩流体稳定流动总流连续性方程，该式表明：

① 总流过流断面上的体积流量沿程不变；

② 总流过流断面上的平均流速与其过流面积成反比，即断面大、流速小；断面小、流速大。

二、连续性方程式的应用

连续性方程是解决流体力学问题的重要方程之一，在应用连续性方程时，需要注意以下几点。

① 流体必须是稳定流动的。

② 流体必须是连续的。

③ 对于不可压缩流体，可直接采用式(3-26)进行计算，对于可压缩流体，由于流体密度不为常数，总流连续性方程采用式(3-25)进行计算。

④ 对于流量沿程有分支的管道，根据质量守恒定律，仍可应用稳定流不可压缩流体连续性方程，但方程的表达形式要根据具体情况而定。如图 3-11(a)所示，有流量汇入，不可压缩流体连续性方程式应写成

$$Q_2 = Q_1 + Q_3 \tag{3-27a}$$

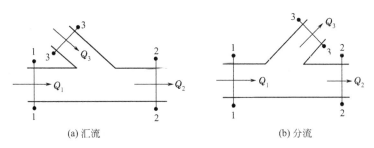

(a)汇流　　　　　　　　　(b)分流

图 3-11　有汇流和分流的连续性方程

如有流量分出，如图 3-11(b)所示，则

$$Q_2 = Q_1 - Q_3 \tag{3-27b}$$

【例 3-6】 如图 3-11 的氨气压缩机用直径 $d_1 = 76.2\text{mm}$ 的管子吸入密度 $\rho_1 = 4\text{kg/m}^3$ 的氨气，经压缩后由直径 $d_2 = 38.1\text{mm}$ 的管子以 $v_2 = 10\text{m/s}$ 的速度流出，此时密度增至 $\rho_2 = 20\text{kg/m}^3$。求氨气的质量流量和流入流速 v_1。

解：可压缩流体的质量流量为

$$Q_\text{m} = \rho Q_\text{V} = \rho_2 v_2 A_2 = 20 \times 10 \times \frac{\pi}{4} \times (0.0381)^2 = 0.228 \text{（kg/s）}$$

根据连续性方程式(3-25b)

$$\rho_1 v_1 A_1 = \rho_2 v_2 A_2$$

解得
$$v_1 = \frac{\rho_2 v_2 A_2}{\rho_1 A_1} = \frac{0.228}{4 \times \frac{\pi}{4}(0.0762)^2} = 12.5 \ (\text{m/s})$$

三、空间运动的连续性方程

流体最普遍的运动是空间运动，即在空间三个坐标方向都有流体运动的分速度。为了导出连续性方程，在流场中任取一微小正六面体，其边长分别为 dx、dy、dz，坐标如图 3-12 所示。设顶点 A 的流体速度为 v，它在坐标轴上的分量为 v_x、v_y、v_z。则在 dt 时间内沿 x 方向从后表面 $ABCD$ 流入正六面体的流体质量为

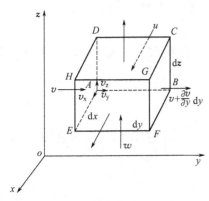

图 3-12　微小六面空间体

$$\rho v_x dy dz dt$$

由于 $ABCD$ 与 $EFGH$ 之间仅仅是 x 坐标变化了 dx，所以在 dt 时间内从前表面 $EFGH$ 流出的流体质量可以表示为

$$\rho v_x dy dz dt + \frac{\partial(\rho v_x dy dz dt)}{\partial x} dx$$

如以流出为正，流入为负，则在 dt 时间内，沿 x 轴向流出、流入六面体的流体质量的差，称为 x 方向上的净流量，即

$$dm_x = \rho v_x dy dz dt + \frac{\partial(\rho v_x dy dz dt)}{\partial x} dx - \rho v_x dy dz dt = \frac{\partial(\rho v_x)}{\partial x} dx dy dz dt$$

同理，则在 dt 时间内，沿 y 轴和 z 轴方向上的净流量可以表示为

$$dm_y = \frac{\partial(\rho v_y)}{\partial y} dx dy dz dt$$

$$dm_z = \frac{\partial(\rho v_z)}{\partial z} dx dy dz dt$$

于是，dt 时间内通过六面体表面总的净流量为

$$dm = dm_x + dm_y + dm_z = \left[\frac{\partial(\rho v_x)}{\partial x} + \frac{\partial(\rho v_y)}{\partial y} + \frac{\partial(\rho v_z)}{\partial z}\right] dx dy dz dt$$

根据质量守恒定律，dt 时间内流入、流出正六面体表面的质量差值，必会引起六面体内流体密度的变化。假设 dt 时间开始时流体的密度为 ρ，则 dt 时间后流体的密度为 $\rho = \rho + \frac{\partial \rho}{\partial t} dt$。这样，$dt$ 时间内正六面体内流体密度变化而引起的质量变化值为

$$\left(\rho + \frac{\partial \rho}{\partial t} dt\right) dx dy dz - \rho dx dy dz = \frac{\partial \rho}{\partial t} dx dy dz dt$$

按质量守恒定律，净流量与正六面体内流体质量的变化值的和应为零，即

$$\left[\frac{\partial(\rho v_x)}{\partial x} + \frac{\partial(\rho v_y)}{\partial y} + \frac{\partial(\rho v_z)}{\partial z}\right] dx dy dz dt + \frac{\partial \rho}{\partial t} dx dy dz dt = 0$$

化简得

$$\frac{\partial \rho}{\partial t} + \frac{\partial(\rho v_x)}{\partial x} + \frac{\partial(\rho v_y)}{\partial y} + \frac{\partial(\rho v_z)}{\partial z} = 0 \qquad (3-28)$$

式(3-28)是流体空间运动的连续方程，适用于所有流动。

由于

$$\frac{\partial(\rho v_x)}{\partial x} = \rho \frac{\partial v_x}{\partial x} + v_x \frac{\partial \rho}{\partial x}$$

$$\frac{\partial(\rho v_y)}{\partial x} = \rho \frac{\partial v_y}{\partial y} + v_y \frac{\partial \rho}{\partial y}$$

$$\frac{\partial(\rho v_z)}{\partial z} = \rho \frac{\partial v_z}{\partial z} + v_z \frac{\partial \rho}{\partial z}$$

而

$$\frac{\mathrm{d}\rho}{\mathrm{d}t} = \frac{\partial \rho}{\partial t} + v_x \frac{\partial \rho}{\partial x} + v_y \frac{\partial \rho}{\partial y} + v_z \frac{\partial \rho}{\partial z}$$

全部代入式(3-28)得

$$\frac{\mathrm{d}\rho}{\mathrm{d}t} + \rho \left(\frac{\partial v_x}{\partial x} + \frac{\partial v_y}{\partial y} + \frac{\partial v_z}{\partial z} \right) = 0 \tag{3-29}$$

再由

$$\mathrm{div}\,\boldsymbol{v} = \boldsymbol{\nabla} \cdot \boldsymbol{v} = \frac{\partial v_x}{\partial x} + \frac{\partial v_y}{\partial y} + \frac{\partial v_z}{\partial z}$$

式(3-29)可写成向量表达式为

$$\frac{\mathrm{d}\rho}{\mathrm{d}t} + \rho\,\mathrm{div}\,\boldsymbol{v} = 0 \tag{3-30}$$

式(3-28)～式(3-30)便是流体空间的连续性方程，适用于所有的流动。

对于稳定流动，流体的密度不随时间变化，即 $\frac{\partial \rho}{\partial t} = 0$，式(3-28)可变为

$$\frac{\partial(\rho v_x)}{\partial x} + \frac{\partial(\rho v_y)}{\partial y} + \frac{\partial(\rho v_z)}{\partial z} = 0 \tag{3-31a}$$

或

$$\mathrm{div}(\rho \boldsymbol{v}) = 0 \tag{3-31b}$$

对不可压缩流体（稳定或非稳定流动），流体的密度为常数，即 $\frac{\mathrm{d}\rho}{\mathrm{d}t} = 0$，式(3-29)可变为

$$\frac{\partial v_x}{\partial x} + \frac{\partial v_y}{\partial y} + \frac{\partial v_z}{\partial z} = 0 \tag{3-32a}$$

或

$$\mathrm{div}\,\boldsymbol{v} = 0 \tag{3-32b}$$

即速度 $\boldsymbol{v}$ 的散度为零。

对于二维流动

$$\frac{\partial v_x}{\partial x} + \frac{\partial v_y}{\partial y} = 0 \tag{3-33}$$

【例 3-7】 已知平面流场的速度为 $v_x = x^3 \sin\alpha$，$v_y = 3x^2 \cos\alpha$。试判断流动是否可压缩流动。

解：由已知条件可得

$$\frac{\partial v_x}{\partial x} = 3x^2 \sin\alpha, \quad \frac{\partial v_y}{\partial y} = -3x^2 \sin\alpha$$

代入式(3-33)有

$$\mathrm{div}\,\boldsymbol{v} = \frac{\partial v_x}{\partial x} + \frac{\partial v_y}{\partial y} = 0$$

由式(3-29) 或式(3-30) 可以推断$\dfrac{\mathrm{d}\rho}{\mathrm{d}t}=0$, 说明流体在运动过程中的密度为常数, 即该流动为不可压缩流动。

第四节 流体微团运动的分析

连续性方程提供了当流体呈现连续状态时, 流体质点速度各分量之间必须保持的关系, 但并没有说明在这种关系支配下的流体质点运动速度究竟可能包含一些什么样的运动方式, 本节研究流体微团运动速度与运动方式的关系。

在理论力学中, 通常刚体的运动可以分解为平移和转动, 而流体的运动却较复杂。流体微团除平移运动和旋转运动外, 还有变形运动 (角变形和线变形)。流体微团的运动分解可以由柯西-亥姆霍兹 (Cauchy-Helmholts) 定理确定, 其内容为: 在一般情况下, 任一流体微团的运动可以分解为三个运动, 随同任意极点的平移、对于通过这个极点的瞬时轴的旋转运动以及变形运动。

一、流体微团的运动分解

流体的运动比较复杂, 为了简化讨论, 在流场中取一流体微团, 设它在 yoz 平面上为矩形 $ABCD$, 如图 3-12 所示。

1. 平移运动

只考虑流体微团作平移运动时, 经 $\mathrm{d}t$ 时间后流体微团由实线位置运动至虚线流体的运动方式, 流体微团的平移如图 3-13(a) 所示, 在这一运动过程中流体微团的大小和形状均未发生变化, 仅仅是产生了位移。

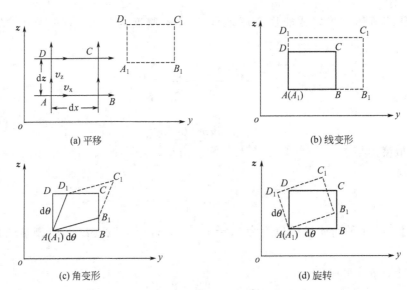

(a) 平移

(b) 线变形

(c) 角变形

(d) 旋转

图 3-13 流体微团运动

2. 变形运动

变形运动包括线变形和角变形运动, 当流体微团发生了线变形之后, 其边长发生了变化, 所以其形状也发生了变化, 线变形后的流体微团如图 3-13(b) 所示; 角变形后的流体微团如图 3-13(c) 所示，角变形也称剪切变形，剪切变形是引起黏性切应力的主要因素。

3. 旋转运动

图 3-13(d) 所示为流体微团的旋转过程，与转动之前相比，其形状没发生变化，仅仅旋转了一个角度。

二、流体微团的变形和旋转运动的特征量

前面讲述了流体微团在流动过程中可能发生的各种运动，下面分析运动特征量与速度场之间存在的关系。

1. 流体微团平移运动分析

为简化运动，取平面运动进行分析，建立如图 3-13(a) 所示的 yoz 坐标系，取矩形流体微团 $ABCD$ 来分析，假设其边长分别为 dy 和 dz，则初始时刻各顶点的坐标为

$$A(y,z),\ B(y+dy,z),\ C(y+dy,z+dz),\ D(y,z+dz)$$

假设 A 点的速度为 $v_A = (v_y, v_z)$，则其各点速度为 $v_B = \left(v_y + \dfrac{\partial v_y}{\partial y}dy,\ v_z + \dfrac{\partial v_z}{\partial y}dy\right)$，

$v_C = \left(v_y + \dfrac{\partial v_y}{\partial y}dy + \dfrac{\partial v_y}{\partial z}dz,\ v_z + \dfrac{\partial v_z}{\partial y}dy + \dfrac{\partial v_z}{\partial z}dz\right)$，$v_D = \left(v_y + \dfrac{\partial v_y}{\partial z}dz,\ v_z + \dfrac{\partial v_z}{\partial z}dz\right)$，将流体微团

上的 $ABCD$ 各点的速度标示如图 3-14。

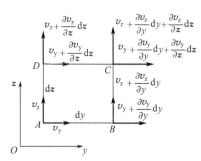

图 3-14 流体微团运动

如果只考虑流体微团做平移运动时，则经过 dt 时间间隔后，流体微团由如图 3-13(a) 所示的实线位置 $ABCD$ 运动至虚线位置 $A_1B_1C_1D_1$，则其坐标分别为 $A_1(y + v_y dt,\ z + v_z dt)$、$B_1\left[y + dy + \left(v_y + \dfrac{\partial v_y}{\partial y}dy\right)dt,\right.$ $z + \left(v_z + \dfrac{\partial v_z}{\partial y}dy\right)dt\right]$、$C_1\left[y + dy + \left(v_y + \dfrac{\partial v_y}{\partial y}dy + \dfrac{\partial v_y}{\partial z}dz\right)dt,\right.$ $z + dz + \left(v_z + \dfrac{\partial v_z}{\partial y}dy + \dfrac{\partial v_z}{\partial z}dz\right)dt\right]$、$D_1\left[x + \left(v_y + \dfrac{\partial v_y}{\partial z}dz\right)dt,\right.$ $z + dz + \left(v_z + \dfrac{\partial v_z}{\partial z}dz\right)dt\right]$。

2. 线变形

只考虑微团发生线变形时，见图 3-14，由于 A、B 两点与 D、C 两点在 y 方向的速度差，同为 $\dfrac{\partial v_y}{\partial y}dy$，因此 dt 时间后 AB、DC 的线变形为 $\dfrac{\partial v_y}{\partial y}dydt$。现在定义流体微团线变形速率为：单位时间内单位长度所产生的线变形，用 ε_{yy} 来表示，则在 x 方向的线变形速率为

$$\varepsilon_{yy} = \frac{|A_1B_1|_y - |AB|_y}{|AB|_y dt} = \frac{\dfrac{\partial v_y}{\partial y}dydt}{dydt} = \frac{\partial v_y}{\partial y}$$

同理，可得 ε_{xx}、ε_{zz}。所以流体微团的线变形速率为

$$\left.\begin{array}{l} \varepsilon_{xx} = \dfrac{\partial v_x}{\partial x} \\[2mm] \varepsilon_{yy} = \dfrac{\partial v_y}{\partial y} \\[2mm] \varepsilon_{zz} = \dfrac{\partial v_z}{\partial z} \end{array}\right\} \tag{3-34}$$

3. 角变形运动

只考虑角变形时，见图 3-15。由于 B、D 两点相对于 A 点分别在 z 方向和 y 方向存在速度差，因此必须使 AD、AB 位置发生变化，促使流体微团发生角变形。由图 3-15 分析可知，B 点相对于 A 点在 z 方向速度差值为 $\dfrac{\partial v_z}{\partial y}\mathrm{d}y$，经 $\mathrm{d}t$ 时间后 B 点在 z 方向距 A 点的距离为 $\dfrac{\partial v_z}{\partial x}\mathrm{d}x\mathrm{d}t$，即 A 点比 B 点在 z 方向多移动了 $\dfrac{\partial v_z}{\partial x}\mathrm{d}x\mathrm{d}t$ 的距离。由图示几何关系可知，AB 边沿逆时针方向转过的微小变形角度为

$$\mathrm{d}\beta_1 \approx \tan\beta_1 = \frac{\frac{\partial v_z}{\partial y}\mathrm{d}y\mathrm{d}t}{\mathrm{d}y} = \frac{\partial v_z}{\partial y}\mathrm{d}t \tag{3-35a}$$

同理，D 相对于 A 移动所形成的 $\mathrm{d}\beta_2$

$$\mathrm{d}\beta_2 \approx \tan\beta_2 = \frac{\frac{\partial v_y}{\partial z}\mathrm{d}z\mathrm{d}t}{dz} = \frac{\partial v_y}{\partial z}\mathrm{d}t \tag{3-35b}$$

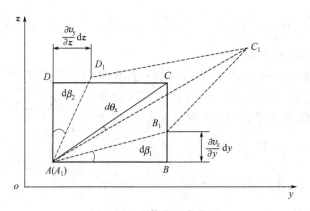

图 3-15　流体微团角变形

流体力学中，将流体微团上 yoz 平面内的任意直角的变形速度的一半定义为角变形速度，用 ε_{yz} 来表示，则 $\angle BAD$ 的角变形速度，即绕 x 轴的角变形速度可表述为

$$\varepsilon_{yz} = \frac{1}{2}\frac{\angle BAD - \angle B_1 A_1 D_1}{\mathrm{d}t} = \frac{1}{2}\frac{\frac{\pi}{2} - \left[\frac{\pi}{2} - (\mathrm{d}\beta_1 + \mathrm{d}\beta_2)\right]}{\mathrm{d}t} = \frac{1}{2}\left(\frac{\mathrm{d}\beta_1}{\mathrm{d}t} + \frac{\mathrm{d}\beta_2}{\mathrm{d}t}\right)$$

因此，流体微团的角变形速度分量为

$$\left.\begin{aligned} \varepsilon_x = \varepsilon_{yz} = \varepsilon_{zy} = \frac{1}{2}\left(\frac{\partial v_y}{\partial z} + \frac{\partial v_z}{\partial y}\right) \\ \varepsilon_y = \varepsilon_{zx} = \varepsilon_{xz} = \frac{1}{2}\left(\frac{\partial v_x}{\partial z} + \frac{\partial v_z}{\partial x}\right) \\ \varepsilon_z = \varepsilon_{xy} = \varepsilon_{yx} = \frac{1}{2}\left(\frac{\partial v_x}{\partial y} + \frac{\partial v_y}{\partial x}\right) \end{aligned}\right\} \tag{3-36}$$

4. 旋转角速度

在流体力学中，将流体微团上某一平面内任意两条直角边旋转角速度平均值或者把任意两条直角边的对角线的旋转角速度称为流体微团绕其垂直轴的旋转角速度。如图 3-15 中 $\angle BAD$ 的两条直角边的旋转角速度分别为

$$\omega_1 = \frac{\mathrm{d}\beta_1}{\mathrm{d}t} = \frac{\partial v_z}{\partial y}, \quad \omega_2 = \frac{\mathrm{d}\beta}{\mathrm{d}t} = \frac{\partial v_y}{\partial z}$$

在流体力学中旋转角速度方向规定为：逆时针方向旋转时为正，顺时针方向旋转时为负。则流体微团上 yoz 平面内绕 x 轴旋转角速度为

$$\omega_x = \frac{1}{2}(\omega_1 - \omega_2) = \frac{1}{2}\left(\frac{\partial v_z}{\partial y} - \frac{\partial v_y}{\partial z}\right)$$

同理可得 ω_y，ω_z，所以流体微团的旋转角速度分量为

$$\left.\begin{array}{l} \omega_x = \frac{1}{2}\left(\frac{\partial v_z}{\partial y} - \frac{\partial v_y}{\partial z}\right) \\ \omega_y = \frac{1}{2}\left(\frac{\partial v_x}{\partial z} - \frac{\partial v_z}{\partial x}\right) \\ \omega_z = \frac{1}{2}\left(\frac{\partial v_y}{\partial x} - \frac{\partial v_x}{\partial y}\right) \end{array}\right\} \tag{3-37}$$

即

$$\boldsymbol{\omega} = \frac{1}{2}\boldsymbol{\nabla} \times \boldsymbol{v} = \frac{1}{2}\mathrm{rot}\,\boldsymbol{v}$$

合成旋转角速度为

$$\omega = \sqrt{\omega_x^2 + \omega_y^2 + \omega_z^2}$$

三、有旋运动和无旋运动

按流场中每一个流体微团是否旋转可以将流动分为两大类：有旋运动和无旋运动。对于有旋运动，又称为旋涡运动，旋转角速度 $\omega \neq 0$。如在自然界中，龙卷风、旋风、水流过桥墩时的旋涡等都是有旋运动。对于无旋运动，$\omega = 0$。由式(3-37)可知，无旋运动流场中各流体微团应满足

$$\left.\begin{array}{l} \omega_x = 0, \ \frac{\partial v_z}{\partial y} = \frac{\partial v_y}{\partial z} \\ \omega_y = 0, \ \frac{\partial v_x}{\partial z} = \frac{\partial v_z}{\partial x} \\ \omega_z = 0, \ \frac{\partial v_y}{\partial x} = \frac{\partial v_x}{\partial y} \end{array}\right\} \tag{3-38}$$

上式说明，由流场的流速分布可以判断流体流动是有旋运动还是无旋运动。无旋流动也称有势流动。

需要注意的是：流体做有旋运动还是无旋运动仅取决于每个流体微团本身是否旋转，与流体质点的运动形式无关。流体做有旋运动还是无旋运动，仅仅是局部特征，而不是流体的整体特征。所以流线为圆的流动未必有旋，流线为直线的流动未必无旋。

【例 3-8】 已知流场的速度分布为

$$v_x = -cy, \ v_y = cx$$

试分析这一流动。

解：（1）速度大小

$$v = \sqrt{v_x^2 + v_y^2} = c\sqrt{x^2 + y^2} = cr$$

速度与极坐标 r 成正比。

（2）由流线微分方程 $\frac{\mathrm{d}x}{v_x(x,y,z,t)} = \frac{\mathrm{d}y}{v_y(x,y,z,t)}$ 得

$$\frac{\mathrm{d}x}{-y} = \frac{\mathrm{d}y}{x}$$

积分化简得流线方程

$$x^2 + y^2 = C$$

流线为以原点为圆心的同心圆簇。这是一稳定流动，迹线与流线重合。

（3）线变形速率

$$\varepsilon_{xx} = \frac{\partial v_x}{\partial x} = 0, \ \varepsilon_{yy} = \frac{\partial v_y}{\partial y} = 0$$

$$\frac{\partial v_x}{\partial x} + \frac{\partial v_y}{\partial y} = 0$$

由以上分析可知，流动为无线变形流动，且流动为不可压缩流动。

（4）角变形速度

绕 x 轴的角变形速度为

$$\varepsilon_z = \varepsilon_{yx} = \varepsilon_{xy} = \frac{1}{2}\left(\frac{\partial v_x}{\partial y} + \frac{\partial v_y}{\partial x}\right) = 0$$

即无角变形。

（5）旋转角速度

$$\omega_z = \frac{1}{2}\left(\frac{\partial v_y}{\partial x} - \frac{\partial v_x}{\partial y}\right) = \frac{1}{2}(c+c) = c$$

流动为有旋流动。

思考题

3-1 描述流体运动的拉格朗日法和欧拉法主要区别是什么？为什么常用欧拉法？

3-2 什么是当地加速度和迁移加速度？欧拉法中加速度如何表示？

3-3 简述对流动的分类？根据什么将流动分为稳定流动和非稳定流动？

3-4 什么是迹线？什么是流线？流线有何特点？两者有何区别？

3-5 稳定流动时，流线与迹线完全重合，非稳定流动时，流线与迹线有无完全重合的情形？

3-6 什么是流束、有效断面、平均流速和流量？

3-7 什么是均匀流动？什么是非均匀流动？它们与过流断面上流速分布是否均匀有无关系？

3-8 什么是缓变流？什么是急变流？缓变流过流断面具有哪些重要性质？引入缓变流概念对研究流体运动有什么实际意义？

3-9 "均匀流和缓变流必为稳定流，急变流必为非稳定流"，这种说法正确否？为什么？

3-10 为什么说缓变流过流断面上的流体动压力近似地按流体静压力分布？这个结论对理想流体和实际流体都适用吗？

3-11 什么是流量？体积流量和质量流量之间有何关系？常用单位是什么？

3-12 引入断面平均流速有什么好处？它和实际流速有什么关系？

3-13 不可压缩流体的连续性方程 $\frac{\partial v_x}{\partial x} + \frac{\partial v_y}{\partial y} + \frac{\partial v_z}{\partial z} = 0$ 的物理意义是什么？为什么说该

方程也适用于非稳定流动?

3-14　流体微团的运动包括几种? 它与刚体的运动有何区别?

3-15　什么是无旋流动? 什么是有旋流动? 它们和液体质点的运动轨迹是否为圆有无关系?

3-16　为什么无旋流动必为有势流动? 反之是否成立? 为什么?

3-17　无旋流动一般存在于无黏性的理想流体中,能否说理想流体流动一定是无旋流动?

3-18　有旋流动一般存在于有黏性的实际流体中,能否说实际流体一定是有旋流动? 实际流体无旋流动是否存在?

习　题

3-1　已知流场的速度分布为

$$\boldsymbol{v} = x^2 y \boldsymbol{i} - 3y \boldsymbol{j} + 2z^2 \boldsymbol{k}$$

(1) 属几元流动?

(2) 求 $(x, y, z) = (3, 1, 2)$ 点的加速度?

3-2　设不可压缩流体做二元流动时的速度分布为

(1) $v_x = \dfrac{m}{2\pi} \dfrac{x}{x^2 + y^2}$, $v_y = \dfrac{m}{2\pi} \dfrac{y}{x^2 + y^2}$

(2) $v_x = \dfrac{kt(y^2 - x^2)}{(x^2 + y^2)^2}$, $v_y = \dfrac{2kt(xy)}{(x^2 + y^2)^2}$

其中 m、k 为常数。试求加速度。

3-3　已知流体运动的速度场为

$$v_x = x^2 、 v_y = y^2 和 v_z = z^2$$

试求 $(x, y, z) = (2, 4, 8)$ 点的迁移加速度?

3-4　已知流体运动的加速度的速度场为

$$v_x = 2yt + at^3 、 v_y = 2xt 和 v_z = 0$$

式中 a 为常数,试求 $t = 1$ 时,过 $(0, b)$ 点的流线方程式。

3-5　某一平面流动的速度分量为

$$v_x = -4y, \quad v_y = 4x$$

试求流线方程。

3-6　已知平面流动的速度为

$$\boldsymbol{v} = \frac{A}{2\pi} \times \frac{y}{(x^2 + y^2)} \boldsymbol{i} + \frac{A}{2\pi} \times \frac{x}{(x^2 + y^2)} \boldsymbol{j}$$

式中 A 为常数,试求流线方程。

3-7　用直径 $D = 200\text{mm}$ 的管道输送某种油品,其相对密度 $d = 0.7$,使其流速 $v \leqslant 1.2\text{m/s}$,试求每秒最大能输送多少千克?

3-8　已知截面为 $300\text{mm} \times 400\text{mm}$ 的矩形孔道,风的流量为 $2.7 \times 10^3 \text{m}^3/\text{h}$,求其平均流速。如果风道出口处截面收缩为 $150\text{mm} \times 400\text{mm}$,求该处断面平均流速。

3-9　由空气预热器经过两条管道送往锅炉喷燃器的空气的质量流量 $Q_m = 8000\text{kg/h}$,气温 $400℃$,管道截面尺寸均为 $400\text{mm} \times 600\text{mm}$。已知标准状态 $(0℃,101325\text{Pa})$ 下空气密

度 $\rho_0 = 1.29 \mathrm{kg/m^3}$，求输气管道中空气的平均流速。

3-10   已知流场的速度分布为 $u_x = y + z$，$u_y = z + x$ 和 $u_z = x + y$，判断流场流动是否有旋？

3-11   试确定下列流场哪个是有旋运动？

(1) $v_x = x^2 y + y^2$，$v_y = x^2 - xy^2$

(2) $v_x = x^3 \sin y$，$v_y = 3x^2 \cos y$

(3) $A \ln x y^2 = C$

3-12   已知流场速度分布为 $v_x = -cx$，$v_y = -cy$ 和 $v_z = 0$，式中 c 为常数。求：(1) 欧拉加速度？(2) 流动是否有旋？(3) 是否角变形？(4) 求流线方程。

3-13   如图 3-16 所示，流体穿过半径 $R = 0.5\mathrm{m}$ 的球面流出，球面上各点垂直于球面的流速分量为 $v = 2\mathrm{m/s}$，试求流量 Q_V，并求经过 $10\mathrm{s}$ 流出的流体体积 V。

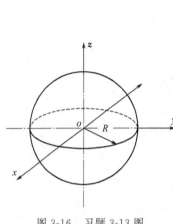

图 3-16   习题 3-13 图

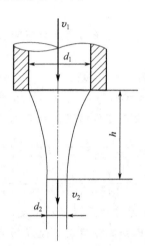

图 3-17   习题 3-14 图

3-14   有油流从垂直安放的圆管口流出，如图 3-17 所示，如管径 $d_1 = 10\mathrm{cm}$，管口平均流速为 $v_1 = 1.4\mathrm{m/s}$，若管口下方 $h = 1.5\mathrm{m}$ 处的流速 $v_2 = 5.6\mathrm{m/s}$，求该处油柱的直径 d_2。

3-15   如图 3-18 所示，直径为 $d = 46\mathrm{mm}$ 的柱塞在与它同心、直径为 $D = 50\mathrm{mm}$ 的油缸中移动，移动速度 $v_1 = 75\mathrm{mm/s}$。油缸内充满油液。求环形缝隙中油液的流速 v_2。

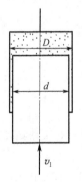

图 3-18   习题 3-15 图

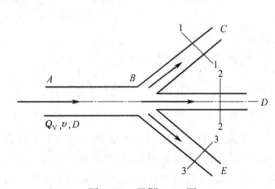

图 3-19   习题 3-16 图

3-16   如图 3-19 所示水平放置水的分支管路，已知 $D = 100\mathrm{mm}$，$Q_V = 15\mathrm{L/s}$，$d_1 = d_2 = 25\mathrm{mm}$，$d_3 = 50\mathrm{mm}$，$Q_{V1} = 3Q_{V3}$，$v_2 = 4\mathrm{m/s}$。求 Q_{V1}，Q_{V2}，Q_{V3}，v_1，v_3。

第四章

流体动力学基础

流体运动学只研究流体运动本身，不涉及运动参量（速度、加速度等）与受力之间的关系，因而所得的结论既适用于理想流体，也适用于黏性流体。而流体动力学是研究流体在外力作用下的运动规律，即研究速度、加速度与流体所受的力（质量力、压力、黏性力）之间的关系，所以要区分黏性流体与理想流体。

工程实际中的流体是有黏性的，并不存在理想流体。但是在很多情况下，流体的黏性力与其他力相比确实很小，其黏性可以忽略。可以把这种黏性流体当成理想流体来处理，得出流体运动的基本规律后，再对其进行黏性修正。这样做可以大大简化流动模型，降低求解的难度。

与静止平衡的流体一样，运动着的流体同样也受到质量力和表面力的作用。另外，对于黏性流体来说，在运动过程中还存着黏性力的作用。本章从比较简单的理想流体运动分析入手，介绍流体动力学的基本原理和基本方程。

第一节　理想流体运动微分方程式

在所研究的运动流体中，任取一微小正六面体，如图 4-1 所示。六面体边长分别为 dx、dy、dz，设六面体顶点 A 处的压力为 $p(x, y, z, t)$，速度为 v_x、v_y、v_z，密度为 $\rho(x, y, z, t)$。因为是理想流体，作用于六面体上的表面力只有垂直作用于各表面的压力，而无切向力。在微小正六面体上，因各表面面积很小，可以认为其上的压力分布是均匀的。

当 A 点压力为 p 时，根据静压力特性可知，与其相邻的 $ABCD$、$ADEH$、$ABGH$ 三个面上的压力均为 p，而与这三个面相对应的 $EFGH$、$BCFG$、$CDEF$ 面上的压力分别为

$$\left. \begin{array}{l} p + \dfrac{\partial p}{\partial x} dx \\[2mm] p + \dfrac{\partial p}{\partial y} dy \\[2mm] p + \dfrac{\partial p}{\partial z} dz \end{array} \right\}$$

式中，$\dfrac{\partial p}{\partial x}$、$\dfrac{\partial p}{\partial y}$、$\dfrac{\partial p}{\partial z}$ 是压力沿 x、y、z 轴的变化率。

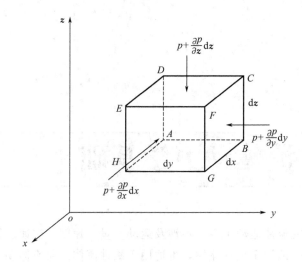

图 4-1　六面体受力分析

设单位质量力在 x、y、z 轴上的分量为 f_x、f_y、f_z，则作用于六面体内的流体上的质量力在三个坐标轴上的分量分别为 $f_x \rho dx dy dz$、$f_y \rho dx dy dz$、$f_z \rho dx dy dz$。

根据牛顿第二定律，在 x 方向作用在微元六面体内流体上的合力应等于六面体内流体的质量与 x 方向上的加速度的乘积，即

$$p dy dz - \left(p + \frac{\partial p}{\partial x} dx \right) dy dz + f_x \rho dx dy dz = \rho dx dy dz \frac{d v_x}{dt}$$

化简整理可得

同理

$$\left. \begin{array}{l} f_x - \dfrac{1}{\rho} \dfrac{\partial p}{\partial x} = \dfrac{d v_x}{dt} \\[2mm] f_y - \dfrac{1}{\rho} \dfrac{\partial p}{\partial y} = \dfrac{d v_y}{dt} \\[2mm] f_z - \dfrac{1}{\rho} \dfrac{\partial p}{\partial z} = \dfrac{d v_z}{dt} \end{array} \right\} \tag{4-1}$$

其向量表达式为

$$\boldsymbol{f} - \frac{1}{\rho} \boldsymbol{\nabla} p = \frac{d \boldsymbol{v}}{dt} \tag{4-2}$$

根据第三章质点加速度的定义，式(4-1) 可以写成下面形式

$$\left. \begin{array}{l} f_x - \dfrac{1}{\rho} \dfrac{\partial p}{\partial x} = \dfrac{d v_x}{dt} + v_x \dfrac{\partial v_x}{\partial x} + v_y \dfrac{\partial v_x}{\partial y} + v_z \dfrac{\partial v_x}{\partial z} \\[2mm] f_y - \dfrac{1}{\rho} \dfrac{\partial p}{\partial y} = \dfrac{d v_y}{dt} + v_x \dfrac{\partial v_y}{\partial x} + v_y \dfrac{\partial v_y}{\partial y} + v_z \dfrac{\partial v_y}{\partial z} \\[2mm] f_z - \dfrac{1}{\rho} \dfrac{\partial p}{\partial z} = \dfrac{d v_z}{dt} + v_x \dfrac{\partial v_z}{\partial x} + v_y \dfrac{\partial v_z}{\partial y} + v_z \dfrac{\partial v_z}{\partial z} \end{array} \right\} \tag{4-3}$$

其向量表达式为

$$\boldsymbol{f} - \frac{1}{\rho} \boldsymbol{\nabla} p = \frac{\partial \boldsymbol{v}}{\partial t} + (\boldsymbol{v} \cdot \boldsymbol{\nabla}) \boldsymbol{v} \tag{4-4}$$

式(4-3)、式(4-4) 就是理想流体运动微分方程式，也叫欧拉运动方程。它表达了作用

在单位质量流体上的力与流体运动加速度之间的关系，是流体动力学的基本方程式。方程推导过程对流体密度 ρ 未加限制，因此式(4-4)对不可压缩和可压缩流体都适用，也适用于所有的理想流体运动。

对于静止流体来说，$\dfrac{\mathrm{d}v}{\mathrm{d}t}=0$，上式则变为欧拉平衡方程式(2-3)，所以流体平衡微分方程是流体运动方程的特例。

一般情况下，作用在流体上的质量力 $\boldsymbol{f}=f_x\boldsymbol{i}+f_y\boldsymbol{j}+f_z\boldsymbol{k}$ 是已知的，五个未知数 v_x，v_y，v_z，ρ，p 不能解，需要与连续性方程等联立求解。

对不可压缩流体，$\dfrac{\mathrm{d}\rho}{\mathrm{d}t}=0$，联立连续性方程，方程组封闭可解。

对可压缩流体，$\rho=f(p,T)$，这时，连续性方程 $\dfrac{1}{\rho}\dfrac{\mathrm{d}\rho}{\mathrm{d}t}+\mathrm{div}\ \boldsymbol{v}=0$ 以及流体的状态方程 $\dfrac{p}{\rho}=RT$ 便构成了一个封闭的微分方程组。所以从理论上来说，理想流体的任何一种流动问题都完全可以求解出来。但是，由于这组方程属于不稳定的非线性方程组，目前还不能给出其通解，只是在某些特定的条件下可解。

【例 4-1】 理想不可压缩流体在重力作用下做稳定流动，已知速度分量为
$$v_x=-4x,\ v_y=4y,\ v_z=0$$
试求流体运动微分方程式。如果坐标原点取在流体的自由表面上，求处于流体表面以下 1m 深处点 $A(2,2)$ 的压力，设流体为 20℃ 的水，自由表面处的压力为 $p_0=9.81\times10^4\mathrm{Pa}$。

解： 根据已知条件，流体做稳定流动，$\dfrac{\mathrm{d}v_x}{\mathrm{d}t}=\dfrac{\mathrm{d}v_y}{\mathrm{d}t}=\dfrac{\mathrm{d}v_z}{\mathrm{d}t}=0$，速度分量 $v_z=0$；流体所受质量力只有重力，所以作业在流体上的单位质量力为：$f_x=f_y=0$，$f_z=-g$。

把已知条件代入理想流体欧拉运动微分方程式
$$\left.\begin{array}{l}f_x-\dfrac{1}{\rho}\dfrac{\partial p}{\partial x}=\dfrac{\mathrm{d}v_x}{\mathrm{d}t}+v_x\dfrac{\partial v_x}{\partial x}+v_y\dfrac{\partial v_x}{\partial y}+v_z\dfrac{\partial v_x}{\partial z}\\[2mm]f_y-\dfrac{1}{\rho}\dfrac{\partial p}{\partial y}=\dfrac{\mathrm{d}v_y}{\mathrm{d}t}+v_x\dfrac{\partial v_y}{\partial x}+v_y\dfrac{\partial v_y}{\partial y}+v_z\dfrac{\partial v_y}{\partial z}\\[2mm]f_z-\dfrac{1}{\rho}\dfrac{\partial p}{\partial z}=\dfrac{\mathrm{d}v_z}{\mathrm{d}t}+v_x\dfrac{\partial v_z}{\partial x}+v_y\dfrac{\partial v_z}{\partial y}+v_z\dfrac{\partial v_z}{\partial z}\end{array}\right\}$$

得流体的运动微分方程式为
$$\left.\begin{array}{l}-\dfrac{1}{\rho}\dfrac{\partial p}{\partial x}=-16x\\[2mm]-\dfrac{1}{\rho}\dfrac{\partial p}{\partial y}=16y\\[2mm]-g-\dfrac{1}{\rho}\dfrac{\partial p}{\partial z}=0\end{array}\right\}$$

将三个方程分别乘以 $\mathrm{d}x$，$\mathrm{d}y$，$\mathrm{d}z$ 后相加，得
$$-g\mathrm{d}z-\dfrac{1}{\rho}\mathrm{d}p=-16x\mathrm{d}x+16y\mathrm{d}y$$

积分得

$$-g\mathrm{d}z-\frac{p}{\rho}=-8x^2+8y^2+C$$

由边界条确定积分常数 C，当 $x=0$，$y=0$，$z=0$ 时，$p=p_0$，所以 $C=-\dfrac{p_0}{\rho}$，因此

$$\frac{p}{\rho}=-gz+\frac{p_0}{\rho}+8x^2-8y^2$$

即

$$p=p_0-\rho(-8x^2+8y^2-gz)$$

对 20℃的水，查表得 $\rho=993.23\mathrm{kg/m^3}$，所以在点 $A(2,2,1)$ 处的压力为 $p_A=1.078\times10^5\mathrm{Pa}$。

第二节　理想流体沿流线的伯努利方程式

一、理想流体沿流线的伯努利方程式

假设单位质量的流体质点沿流线经 $\mathrm{d}t$ 时间移动一段微小距离 $\mathrm{d}\boldsymbol{l}=\mathrm{d}x\boldsymbol{i}+\mathrm{d}y\boldsymbol{j}+\mathrm{d}z\boldsymbol{k}$，为求出单位质量理想流体移动 $\mathrm{d}l$ 距离与外力做功的能量关系，可以将 $\mathrm{d}l$ 在三个坐标轴上的分量 $\mathrm{d}x$、$\mathrm{d}y$、$\mathrm{d}z$ 分别与式(4-1) 的三个式子相乘，然后相加可得

$$(f_x\mathrm{d}x+f_y\mathrm{d}y+f_z\mathrm{d}z)-\frac{1}{\rho}\left(\frac{\partial p}{\partial x}\mathrm{d}x+\frac{\partial p}{\partial y}\mathrm{d}y+\frac{\partial p}{\partial z}\mathrm{d}z\right)=\left(\frac{\mathrm{d}v_x}{\mathrm{d}t}\mathrm{d}x+\frac{\mathrm{d}v_y}{\mathrm{d}t}\mathrm{d}y+\frac{\mathrm{d}v_z}{\mathrm{d}t}\mathrm{d}z\right) \quad (4\text{-}5)$$

在稳定流动中，p 的全微分可以表示为

$$\mathrm{d}p=\frac{\partial p}{\partial x}\mathrm{d}x+\frac{\partial p}{\partial y}\mathrm{d}y+\frac{\partial p}{\partial z}\mathrm{d}z$$

如果作用于流体上的质量力是有势力，则必存在力势函数 U，满足

$$f_x\mathrm{d}x+f_y\mathrm{d}y+f_z\mathrm{d}z=\frac{\partial U}{\partial x}\mathrm{d}x+\frac{\partial U}{\partial y}\mathrm{d}y+\frac{\partial U}{\partial z}\mathrm{d}z=\mathrm{d}U$$

在稳定流动中，流线与迹线重合，质点沿流线运动，由流线上微元矢量 $(\mathrm{d}x,\mathrm{d}y,\mathrm{d}z)$ 与时间间隔 $\mathrm{d}t$ 所构成的导数便是流体质点的速度，即

$$v=\frac{\mathrm{d}l}{\mathrm{d}t}=\left(\frac{\mathrm{d}x}{\mathrm{d}t},\frac{\mathrm{d}y}{\mathrm{d}t},\frac{\mathrm{d}z}{\mathrm{d}t}\right)$$

式(4-5) 等号右端可简化为

$$\frac{\mathrm{d}v_x}{\mathrm{d}t}\mathrm{d}x+\frac{\mathrm{d}v_y}{\mathrm{d}t}\mathrm{d}y+\frac{\mathrm{d}v_z}{\mathrm{d}t}\mathrm{d}z=v_x\mathrm{d}v_x+v_y\mathrm{d}v_y+v_z\mathrm{d}v_z=\frac{1}{2}\mathrm{d}(v_x^2+v_y^2+v_z^2)=\frac{1}{2}\mathrm{d}(v^2)$$

式中等号右端的速度 v 是平均速度。

式(4-5) 可化简为

$$\mathrm{d}U-\frac{1}{\rho}\mathrm{d}p=\frac{1}{2}\mathrm{d}(v^2)$$

若流体不可压缩，即密度为常数，积分上式得

$$U-\frac{p}{\rho}-\frac{v^2}{2}=c \quad (4\text{-}6)$$

如果作用在流体上的质量力仅有重力，且 z 轴垂直向上为正时，

$$f_x=0,\ f_y=0,\ f_z=\frac{\mathrm{d}U}{\mathrm{d}z}=-g,\ U=-gz$$

则上式可写成

$$gz+\frac{p}{\rho}+\frac{v^2}{2}=c$$

同除以 g，则有

$$z+\frac{p}{\rho g}+\frac{v^2}{2g}=c \tag{4-7}$$

式中，c 为常数，不同的流线取值不同。式(4-7) 是理想不可压缩流体在重力作用下沿流线的伯努利方程式，反映了理想流体沿流线运动参数之间的关系。当流体处于静止状态时，$v=0$，式(4-7) 可写成 $z+\frac{p}{\rho g}=c$。可见，静力学基本方程就是伯努利方程在流体静止时的应用。

如图 4-2 所示，对于同一条流线上的任意两点 1 点和 2 点，根据伯努力方程式(4-7) 又可写成

$$z_1+\frac{p_1}{\rho g}+\frac{v_1^2}{2g}=z_2+\frac{p_2}{\rho g}+\frac{v_2^2}{2g} \tag{4-8}$$

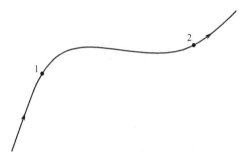

图 4-2　理想流体沿流线的伯努利方程

伯努利方程本身很简单，但却是流体力学中十分重要的基本方程之一，从推导过程可知，理想流体沿流线的伯努利方程式的适用条件如下。

① 理想不可压缩流体；

② 作用在流体上的质量力只有重力；

③ 稳定流动；

④ 对于有旋流动，仅适用于同一条流线；对于无旋流动，整个流场都适用。

二、理想流体沿流线伯努利方程的意义

重力作用下，不可压缩理想流体沿流线稳定流动的伯努利方程为

$$z+\frac{p}{\rho g}+\frac{v^2}{2g}=c$$

为了进一步加深对伯努利方程的理解，下面从几何观点和能量观点来对伯努利方程的意义加以说明。

1. 几何意义

伯努利方程每一项的量纲与长度相同，它表示单位重力流体所具有的水头。

① z 表示所研究点相对某一基准面的几何高度，称为位置水头。

② $\frac{p}{\rho g}$ 表示所研究点处压力大小的高度，因它具有长度量纲，所以表示与该压力相当的

液柱高度，称为测压管高度，或称为测压管水头。

③ $\frac{v^2}{2g}$ 表示所研究点处速度大小的高度，也具有长度量纲，所以称为测速管高度，或称为速度水头。

因此，伯努利方程表明对重力作用下的理想流体稳定流动，几何高度、测压管高度和测速管高度之和为一常数，称为水力高度或总水头。如果流动无旋，流场中任意各点的三项之和相等，因此，连接所有三项之和的各点，为一相对某一基准面的水平面。如果流动有旋，则沿同一条流线上各点的三项之和连线为一水平线，不同的流线上各点具有不同的水力高度。

在流体静力学中，$z+\frac{p}{\rho g}=c$，但是在流体动力学中，由于流速的存在，测压管水头线不再是一条水平线，它随各点流动速度而变，可能上升，也可能下降。

2. 能量意义

伯努利方程的每一项表示单位重力流体具有的能量。

① z 表示单位重力流体对某一基准面具有的位置势能。

② $\frac{p}{\rho g}$ 表示单位重力具有的压力能，即由于流体压力的存在，可以使流体上升至一定高度，称为压力位能。因此，流体的压强实际上是一种潜在的能量。

③ $\frac{v^2}{2g}$ 表示单位重力流体具有的动能。

④ $z+\frac{p}{\rho g}$ 表示单位重力流体具有的总位能。

⑤ $z+\frac{p}{\rho g}+\frac{v^2}{2g}$ 表示单位重力流体具有的位能和动能之和，称为总机械能。

因此，式(4-7) 表示单位重力流体的总机械能为一常数，对于有旋流动，同一条流线上各点的单位重力流体的总机械能相同，不同的流线上的流体具有不同的总机械能。如果流动无旋，则流场中任意点单位重力流体的总机械能均相同。

但是，位能、压力能和动能既然是一种能量，就可以相互转换。流速变小时，动能转变为压力能，压力能将增加；反之，压力能也可转变为动能。对于理想流体恒定流动，三项能量之和为一常数，表示任意一个流体微元运动过程中的位能、压力能和动能之和保持不变。因此，对于理想流体，伯努利方程又是流体力学中的能量守恒定律。

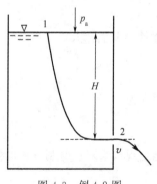
图 4-3 例 4-2 图

【例 4-2】 如图 4-3 所示，在容器壁上开有小孔，当液体从孔口流出时，试求孔口出流速度 v。

解：取出流场中的一条流线 1—2，选 2 点所在的平面为基准面，则 1 点的位置水头为 $z_1=H$，表压力 $p_1=0$，由于容器的截面积远远大于孔口的截面积，由连续性方程 $v_1 A_1 = v_2 A_2$ 可知，容器内液面的下降速度非常小，可认为 $v_1=0$。点 2 的位置水头为 $z_2=0$，表压力 $p_2=0$（与大气接触的地方表压为 0），速度为 v，在 1—2 间运用伯努利方程可得

$$z_1+\frac{p_1}{\rho g}+\frac{v_1^2}{2g}=z_2+\frac{p_2}{\rho g}+\frac{v_2^2}{2g}$$

即

$$H+\frac{0}{\rho g}+\frac{0^2}{2g}=0+\frac{0}{\rho g}+\frac{v_2^2}{2g}$$

解得孔口的出流速度为

$$v=\sqrt{2gH}$$

【例 4-3】 如图 4-4 所示，容器中均为理想流体稳定流动，液面压力为大气压力，0—0 面为基准面。试分析其能量转化关系。

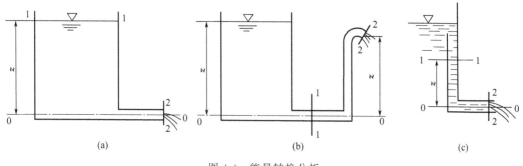

图 4-4 能量转换分析

解： 对于图 4-4(a)，断面 1—1 处截面积很大，流速 v_1 很小，速度水头 $\frac{v_1^2}{2g}$ 更小，可忽略不计，在 1—2 间运用伯努利方程可得

$$z+\frac{p_a}{\rho g}+0=0+\frac{p_a}{\rho g}+\frac{v_2^2}{2g}$$

解得

$$z=\frac{v_2^2}{2g}$$

即位能转换成了动能。

对于图 4-4(b)，在 1—2 间运用伯努利方程可得

$$0+\frac{p_1}{\rho g}+\frac{v_1^2}{2g}=z+\frac{p_2}{\rho g}+\frac{v_2^2}{2g}$$

因为 $d_1=d_2$，$v_1=v_2$，则

$$\frac{p_1-p_2}{\rho g}=z$$

即压力能转换成了位能。

对于图 4-4(c)，$d_1=d_2$，$v_1=v_2$，取 1—1 和 2—2 两个有效断面，在 1—2 间运用伯努利方程可得

$$z+\frac{p_1}{\rho g}+\frac{v_1^2}{2g}=0+\frac{p_2}{\rho g}+\frac{v_2^2}{2g}$$

所以

$$z=\frac{p_2-p_1}{\rho g}=\frac{p}{\rho g}$$

即位能转换成了压力能。

理想流体伯努利方程说明：单位流体的总机械能在它流经路程的任何位置上都保持不变，但其位能、压力能和动能可以相互转换。

第三节　理想流体总流的伯努利方程式

一、两个基本概念

为导出理想流体沿总流的伯努利方程，首先引进动能修正系数和缓变流断面两个基本概念。

1. 动能修正系数

单位时间内通过某一过流断面的流体动能如果用平均速度 v 表示，可写为

$$\frac{1}{2}Q_\mathrm{m}v^2 = \frac{1}{2}\rho v^3 A \tag{4-9}$$

这与单位时间内通过同一过流断面的真实流体动能

$$\int_A \frac{1}{2}\mathrm{d}Q_\mathrm{m}u^2 = \frac{1}{2}\int_A \rho u^3 \mathrm{d}A \tag{4-10}$$

并不相等。总流有效断面上的流速分布是不均匀的，由平均速度的定义可知，断面上的真实速度 u 可表示为平均速度 v 与 Δu 之和，即

$$u = v + \Delta u \tag{4-11}$$

式中，Δu 是真实速度与平均速度的差值，其值可正可负，即

$$Q = \int_A u\,\mathrm{d}A = \int_A (v + \Delta u)\,\mathrm{d}A = \int_A v\,\mathrm{d}A + \int_A \Delta u\,\mathrm{d}A = vA + \int_A \Delta u\,\mathrm{d}A = Q + \int_A \Delta u\,\mathrm{d}A$$

所以

$$\int_A \Delta u\,\mathrm{d}A = 0 \tag{4-12}$$

将式(4-11) 代入式(4-10) 可得断面上真实速度 u 表示的流体动能，即

$$\frac{1}{2}\int_A \rho u^3 \mathrm{d}A = \frac{1}{2}\int_A \rho(v + \Delta u)^3 \mathrm{d}A = \frac{1}{2}\int_A \rho(v^3 + 3v^2\Delta u + 3v\Delta u^2 + \Delta u^3)\,\mathrm{d}A$$

$$= \frac{1}{2}\int_A \rho v^3 \mathrm{d}A + \frac{3}{2}\int_A \rho v^2 \Delta u\,\mathrm{d}A + \frac{3}{2}\int_A \rho v\Delta u^2 \mathrm{d}A + \int_A \rho \Delta u^3 \mathrm{d}A \tag{4-13}$$

在过流断面上平均速度 v 为常数，所以式(4-13) 中等号右边第一项的积分为 $\frac{1}{2}\rho v^3 A$；由式(4-12) 可知，第二项的积分为零；第三项 $\frac{3}{2}\int_A \rho v\Delta u^2 \mathrm{d}A$ 大于零；第四项

$$\int_A \Delta u^3 \mathrm{d}A = \int_A \Delta u^2 (\Delta u\mathrm{d}A) = \Delta u^2 \int_A \Delta u\mathrm{d}A - \int\left(\int_A \Delta u\mathrm{d}A\right)\mathrm{d}(\Delta u^2) = 0$$

于是式(4-13) 可以表示为

$$\frac{1}{2}\int_A \rho u^3 \mathrm{d}A = \frac{1}{2}\rho v^3 A + \frac{3}{2}\int_A \rho v\Delta u^2 \mathrm{d}A \tag{4-14}$$

动能修正系数是过流断面流体流动的真实速度所表示的动能与过流断面平均速度所表示的动能之比，用字母 α 表示，即

$$\alpha = \frac{\dfrac{1}{2}\displaystyle\int_A \rho u^3 \mathrm{d}A}{\dfrac{1}{2}\rho v^3 A} = \frac{\dfrac{1}{2}\rho v^3 A + \dfrac{3}{2}\displaystyle\int_A \rho v\Delta u^2 \mathrm{d}A}{\dfrac{1}{2}\rho v^3 A} = 1 + \frac{3}{v^2 A}\int_A \Delta u^2 \mathrm{d}A > 1 \tag{4-15}$$

这说明用过流断面平均速度计算得到的动能要小于用过流断面真实速度计算所得到的动

能。α 是由于断面上速度分布不均匀引起的，不均匀性越大，α 值越大。在工程实际计算中，由于流速水头本身所占的比例较小，所以一般常取 $\alpha=1$。

2. 缓变流及其特性

第三章已经讲述过缓变流的概念，缓变流是指流线间夹角比较小，流线曲率半径比较大，即流线几乎是一些平行直线的流动，否则称为急变流。在缓变流中，流体运动的直线加速度和离心加速度都很小，可以忽略由于速度的大小或方向变化而产生的惯性力。

缓变过流断面：如果在流束的某一过流断面上的流动为缓变流动，则称此断面为缓变过流断面。

在工程实际中，等截面的管道、等宽度的缝隙流动等都可以看成是缓变流动，相应的过流断面就是缓变过流断面；而对于弯管、弯头、管道突然扩大及缩小、阀口等处，流线间的夹角不很小或曲率半径不很大，或两者都有，这时就不是缓变流动，对应的过流断面也不能看成是缓变过流断面。

缓变流具有以下两个主要特性。

① 在缓变流动中，质量力只有重力。在一般的流场中，质量力除了重力外，常由于流线的弯曲而产生向心加速度，这就相当于附加了一个质量力的作用，即离心惯性力。但对于缓变流，由于流线的曲率很小，曲率半径很大，其向心加速度非常小，由此产生的离心惯性力可以忽略不计。因此，质量力只有重力。

② 在同一缓变过流断面上，任何点上的静压水头都相等，即

$$z+\frac{p}{\rho g}=c \tag{4-16}$$

其中常数 c 在同一缓变过流断面上值不变；而对不同的缓变过流断面，c 为不同值。这说明在缓变过流断面上，压力的分布规律满足静止液体中的压力分布规律。

二、理想流体总流的伯努利方程式

总流是无数微小流束的集合，如图 4-5 所示。在总流上任取 1—1、2—2 两过流截面，并在其上取一微小流束，对应的参数如图所示。对于理想流体，每一微小流束上单位重量流体的能量关系式为

$$z_1+\frac{p_1}{\rho g}+\frac{u_1^2}{2g}=z_2+\frac{p_2}{\rho g}+\frac{u_2^2}{2g} \tag{4-17}$$

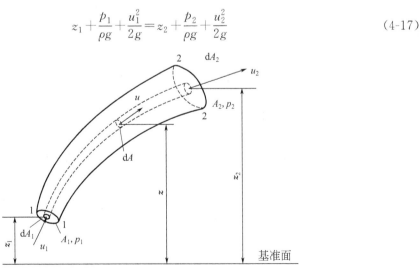

图 4-5 理想流体总流的伯努利方程

单位时间内流过微小流束有效断面 dA 的流体重量为

$$\rho_1 g u_1 dA_1 = \rho_2 g u_2 dA_2 \tag{4-18}$$

式(4-17)乘以式(4-18)两端，并在整个过流断面上积分，就可得到单位时间内流过总流过流断面 1—1、2—2 的流体所具有的能量关系式，即

$$\int_{A_1} \left(z_1 + \frac{p_1}{\rho g} + \frac{u_1^2}{2g} \right) \rho_1 g u_1 dA_1 = \int_{A_2} \left(z_2 + \frac{p_2}{\rho g} + \frac{u_2^2}{2g} \right) \rho_2 g u_2 dA_2 \tag{4-19}$$

因为 1—1，2—2 为缓变过流断面，则有

$$z_1 + \frac{p_1}{\rho g} = c_1$$

$$z_2 + \frac{p_2}{\rho g} = c_2$$

所以

$$\int_{A_1} \left(z_1 + \frac{p_1}{\rho g} \right) \rho_1 g u_1 dA_1 = \left(z_1 + \frac{p_1}{\rho g} \right) \rho_1 g v_1 A_1 \tag{4-20}$$

$$\int_{A_2} \left(z_2 + \frac{p_2}{\rho g} \right) \rho_2 g u_2 dA_2 = \left(z_2 + \frac{p_2}{\rho g} \right) \rho_2 g v_2 A_2 \tag{4-21}$$

根据式(4-15)动能修正系数 $\alpha = \dfrac{\text{真实速度所表示的动能}}{\text{平均速度所表示的动能}}$ 关系可得

$$\int_{A_1} \frac{u_1^2}{2g} \rho_1 g u_1 dA_1 = \alpha_1 \frac{v_1^2}{2g} \rho_1 g v_1 A_1$$

$$\int_{A_2} \frac{u_2^2}{2g} \rho_2 g u_2 dA_2 = \alpha_2 \frac{v_2^2}{2g} \rho_2 g v_2 A_2$$

将以上各式代入式(4-19)，由流量连续性原理

$$\rho_1 g v_1 A_1 = \rho_2 g v_2 A_2$$

得

$$z_1 + \frac{p_1}{\rho g} + \frac{\alpha_1 v_1^2}{2g} = z_2 + \frac{p_2}{\rho g} + \frac{\alpha_2 v_2^2}{2g} \tag{4-22}$$

式(4-22)就是理想流体总流的伯努利方程式。其适用条件是理想不可压缩流体在重力场下的稳定缓变流动。

【例 4-4】　如图 4-6 所示，20℃的水通过虹吸管从水箱吸至 B 点。已知虹吸管直径 $d_1 = 60\text{mm}$，出口 B 处喷嘴直径 $d_2 = 30\text{mm}$。当 $h_1 = 2\text{m}$、$h_2 = 4\text{m}$ 时，在不计水头损失条件下，试求流量和 C 点的压力。

解： 不计水头损失，可采用理想流体能量方程。

（1）求通过虹吸管的流量

以 2—2 断面为基准，对 1—1 和 2—2 断面列伯努利方程，有

$$z_1 + \frac{p_1}{\rho g} + \frac{\alpha_1 v_1^2}{2g} = z_2 + \frac{p_2}{\rho g} + \frac{\alpha_2 v_2^2}{2g}$$

取 $\alpha = 1$，将已知代入上式得

$$h_2 + 0 + \frac{v_1^2}{2g} = 0 + 0 + \frac{v_2^2}{2g}$$

式中 $v_1 = 0$，于是

$$v_2 = \sqrt{2gh_2} = 8.86 \ (\text{m/s})$$

因此，通过虹吸管的体积流量为

$$Q_V = v_2 A_2 = v_2 \frac{\pi d_2^3}{4} = 0.00626 \ (\text{m}^3/\text{s})$$

（2）求 C 点的压力

以 2—2 断面为基准，对 3—3 和 2—2 断面列伯努利方程，并将已知代入得

$$(h_1 + h_2) + \frac{p_c}{\rho g} + \frac{v_3^2}{2g} = 0 + 0 + \frac{v_2^2}{2g}$$

由连续性方程得

$$v_3 = v_2 \left(\frac{d_2}{d_1}\right)^2 = 2.215 \ (\text{m/s})$$

所以

$$p_C = \left[\left(\frac{v_2^2 - v_1^2}{2g}\right) - (h_1 + h_2)\right]\rho g = -22024.3 \ (\text{Pa})$$

负号表示 C 点处的压力低于当地大气压，处于真空状态。就是在这个真空状态下，才可将水箱中的水吸起 h_1 的高度。

通过本例题要理解虹吸管的概念，虹吸管就是用一弯管将液体从位置高处先升高绕过其周围高物后流至较低的位置的管子，这种现象称为虹吸现象，如图 4-6 所示。虹吸引液的主要能源是靠虹吸管吸水断面与出水断面之间的高度差，即位置水头 H，它一部分用于克服管路阻力，另一部分转变为流速水头，保证有一定的流量流出。

虹吸管中最高处的真空度不能太大，如果当压力达到或低于工作温度下液体的饱和蒸汽压时，液体将汽化产生气泡，则管中会出现汽穴现象，使虹吸管不能正常吸液。

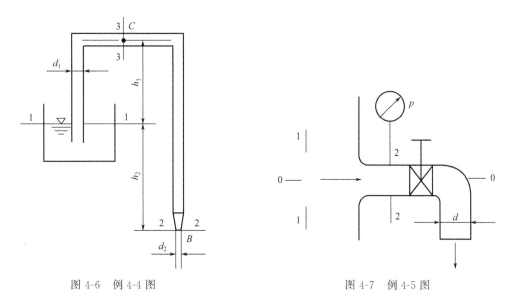

图 4-6　例 4-4 图　　　　　　　　　　图 4-7　例 4-5 图

【**例 4-5**】图 4-7 所示为一自来水龙头将水从水箱中放出，设水龙头直径 $d = 12$mm，当水龙头关闭时压力表读数为 0.28MPa，打开水龙头后读数为 0.06MPa，在不计水头损失的条件下，求自来水龙头流出的流量。

解：不计水头损失，可采用理想流体能量方程。以水龙头接出管中心线 0—0 为基准面，

对水箱中假想断面 1—1 和压力表安装断面 2—2 列伯努利方程得

$$z_1 + \frac{p_1}{\rho g} + \frac{\alpha_1 v_1^2}{2g} = z_2 + \frac{p_2}{\rho g} + \frac{\alpha_2 v_2^2}{2g}$$

取 $\alpha = 1$，将已知代入上式得

$$0 + \frac{p_1}{\rho g} + 0 = 0 + \frac{p_2}{\rho g} + \frac{v_2^2}{2g}$$

解得

$$v_2 = \sqrt{\frac{2}{\rho}(p_1 - p_2)}$$

于是体积流量为

$$Q_V = v_2 A_2 = v_2 \frac{\pi d^2}{4} = \frac{\pi d^2}{4}\sqrt{\frac{2}{\rho}(p_1 - p_2)} \approx 0.00237 \ (\text{m}^3/\text{s})$$

第四节　实际流体总流的伯努利方程式

理想流体的伯努利方程式表明流线上总比能不变，这与工程实际不相符合。实际流体流动时，必须考虑到流体黏性的存在、也要考虑流体与固体壁面接触的情况。为了将理想流体总流的伯努利方程式应用到实际流体当中，必然会产生黏性摩擦力。为克服黏性摩擦力必然要消耗部分机械能，因此总的能量沿流动方向逐渐减少。如图 4-5 所示，设单位重量流体沿总流过流断面 1—1 流动到断面 2—2，为克服黏性摩擦力而消耗的机械能以 $h_{f_{1-2}}$ 表示，通过对理想流体总流的伯努利方程式(4-22)的修正，就可得到实际流体总流的伯努利方程式

$$z_1 + \frac{p_1}{\rho g} + \frac{\alpha_1 v_1^2}{2g} = z_2 + \frac{p_2}{\rho g} + \frac{\alpha_2 v_2^2}{2g} + h_{f_{1-2}} \tag{4-23}$$

式中，$h_{f_{1-2}}$ 也称为能量损失或水头损失。

实际流体总流的伯努利方程的适用条件如下。

① 稳定流动 $\left(\dfrac{\mathrm{d}v_x}{\mathrm{d}t} = \dfrac{\mathrm{d}v_y}{\mathrm{d}t} = \dfrac{\mathrm{d}v_z}{\mathrm{d}t} = 0\right)$；

② 不可压缩流体（$\rho =$ 常数）；

③ 作用于流体上的质量力只有重力；

④ 沿流程流量保持不变（$Q_1 = Q_2 = Q_3$）；

⑤ 所取的过流断面必须是缓变流断面。

实际流体总流的伯努利方程与连续性方程联立可以解决许多工程实际问题，如输油、输水管路系统，液压传动系统，机械润滑系统，泵的吸入高度、扬程和功率的计算，喷射泵以及节流式流量计的水力原理等。在应用伯努利方程式时还应注意以下几点。

① 在运用实际流体总流的伯努利方程式时，经常要与总流的连续性方程式联合使用。

② 在选取过流断面时，一个过流断面应选在待求未知量所在的断面上，另一个过流断面需要选在已知量较多的断面上，且尽可能使两个断面只包含一个未知数。

③ 位置水头是相比较而言的，所以基准面的选取可以是任意的，只要求基准面是水平面就可以。为了方便起见，常常选在所取的过流断面的最低的一个断面上。在同一个问题中，必须使用同一个基准面。

④ 选择的计算点，位置高度 z 和压力 p 必须在同一点上。压力可以用绝对压力，也可

以用相对压力，但两个断面上所用的压力标准必须一致。

⑤ 所选的过流断面必须满足缓变流动条件，但在两个缓变过流断面之间的流动，可以是缓变流动也可以是急变流动。

⑥ 方程中动能修正系数 $\alpha \approx 1$。

【例 4-6】　一救火水龙带，喷嘴和泵的相对位置如图 4-8 所示。泵的出口 A 点的表压力为 $1.96 \times 10^5 \text{Pa}$。泵排出管断面直径为 50mm，喷嘴出口 C 的直径为 20mm，水龙带的水头损失为 0.5m，喷嘴水头损失为 0.1m。试求：喷嘴出口流速、泵的排量及 B 点压力。

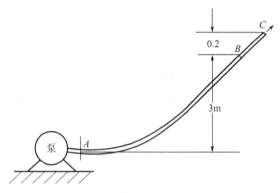

图 4-8　例 4-6 图

解：有水头损失，可采用实际流体总流的伯努利方程。

(1) 计算泵的排量

在 A、C 两断面间应用伯努利方程，即

$$z_A + \frac{p_A}{\rho g} + \frac{\alpha_1 v_A^2}{2g} = z_C + \frac{p_C}{\rho g} + \frac{\alpha_2 v_C^2}{2g} + h_{f_{A-C}}$$

取通过 A 点的水平面为基准面，则 $z_A = 0$，$z_C = 3.2\text{m}$；$p_A = 1.96 \times 10^5 \text{Pa}$，$p_C = 0$，水的密度 $\rho = 1000\text{kg/m}^3$；$h_{f_{A-C}} = 0.5 + 0.1 = 0.6\text{m}$，未知数有 v_A 和 v_C 两个，由连续性方程可得

$$v_A = v_C \frac{A_C}{A_A} = v_C \left(\frac{d_C}{d_A}\right)^2 = 0.16 v_C$$

取 $\alpha = 1$，将已知代入伯努利方程，可得

$$0 + \frac{1.96 \times 10^5}{1000 \times 9.8} + \frac{(0.16 v_C)^2}{2 \times 9.8} = 3.2 + 0 + \frac{v_C^2}{2 \times 9.8} + 0.6$$

可解出 $v_C = 18.06\text{m/s}$。而泵的排量，即管内体积流量为

$$Q_V = v_C A_C = 18.06 \times \pi \times (0.02)^2 / 4 = 0.00568 \ (\text{m}^3/\text{s}) = 5.68\text{L/s}$$

(2) 计算 B 点的压力

在 B、C 断面间应用实际流体总流的伯努利方程式，即

$$z_B + \frac{p_B}{\rho g} + \frac{\alpha_1 v_B^2}{2g} = z_C + \frac{p_C}{\rho g} + \frac{\alpha_2 v_C^2}{2g} + h_{f_{B-C}}$$

取通过 B 点的水平面作基准面，则 $z_B = 0$，$z_C = 0.2\text{m}$；$v_A = v_B = 0.16 v_C = 2.89\text{m/s}$；$h_{f_{B-C}} = 0.1\text{m}$，取 $\alpha = 1$，将已知代入方程式得

$$0 + \frac{p_B}{1000 \times 9.8} + \frac{(2.89)^2}{2 \times 9.8} = 0.2 + 0 + \frac{(18.06)^2}{2 \times 9.8} + 0.1$$

解之可得 B 点的压力为 $p_B = 1.62 \times 10^5 \, \text{Pa}$。

第五节 水力坡度与水头线的绘制

一、水力坡度

实际流体流动时存在能量损失，其总水头线将沿流程逐渐降低，下降的坡度取决于流程的平均水头损失 h_f。在流体力学中，将流体沿流程单位管长上的水头损失称为水力坡度，用 i 表示，即

$$i = \frac{h_f}{L} = \frac{\left(z_1 + \dfrac{p_1}{\rho g} + \dfrac{\alpha_1 v_1^2}{2g} \right) - \left(z_2 + \dfrac{p_1}{\rho g} + \dfrac{\alpha_1 v_1^2}{2g} \right)}{L}$$

利用水力坡度可衡量和比较流动过程中，流体能量损失速率的大小，判断流体流动时能量效率的高低。

二、水头线的绘制

伯努利方程中的每一项都具有长度量纲，则它们可用液柱高度来表示。z 叫做位置水头，表示从某基准面到该点的位置高度；$p/\rho g$ 叫做压力水头，表示按该点的压力换算的高度，$v^2/2g$ 叫做流速水头，表示动能转化为位置势能时的折算高度；$h_{f_{1-2}}$ 叫做水头损失，也表示一个高度。

可以将位置水头、压力水头和流速水头沿流程以曲线的形式描绘出来，如图 4-9 所示。选 $Q—Q$ 面为基准面，图中沿流程位置水头的连线就是位置水头线；位置水头加上压力水头，其顶点的连线就是测压管水头线；把流速水头加在测压管水头之上，并将其顶点连线就构成总水头线；阴影部是水头损失。由此可见，总水头线是沿液流方向逐渐减去水头损失绘制出来的曲线。如果是理想流动，水头损失为零，总水头线是一条以 $z + \dfrac{p}{\rho g} + \dfrac{\alpha v^2}{2g}$ 为高的水平线。图 4-9(a) 为一个等直径管线的水头线示意图，图 4-9(b) 为一个变直径管线头线示意图。

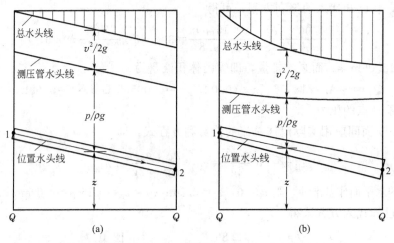

(a)　　　　　　　　　(b)

图 4-9 水头线示意图

在绘制总水头线，沿程损失和局部损失在总水头线上的表现形式不同。沿程损失假设为沿管线均匀发生，表现为沿管长倾斜下降的直线。局部损失假设为在局部障碍处集中作用，表现为在障碍处铅直下降的直线。

测压管水头是同一断面总水头与流速水头之差，以断面的总水头减去同一断面的流速水头，即得该断面的测压管水头。将各断面的测压管水头连成的线，就是测压管水头线。所以，测压管水头线也可以看成是总水头线逐渐减去流速水头绘制出的。

水头线的绘制步骤如下。

① 画出矩形边线。

② 根据各断面的位置水头画出位置水头线，位置水头线也就是管线的轴线。

③ 根据水头损失的计算结果画出总水头线。总水头线一定要正确地反映出水力坡度的变化情况，即管线小管径处的水力坡度一定要大于大管径处的水力坡度，见图 4-9(b)，反之亦然。

④ 再依据压力水头的大小画出测压管水头线，这时一定要注意以下两点：一是测压管水头线与总水头线的高差必须能够反映出流速水头的变化情况；二是测压管水头线与位置水头线之间的高差必须能够正确地反映出压力水头的变化情况，见图 4-9(b)。

⑤ 给出必要的标注。

【例 4-7】 水流由水箱经前后相接的两管流出大气中。大小管断面的比例为 $2:1$。全部水头损失的计算式如图 4-10 所示。

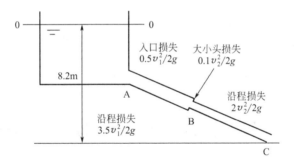

图 4-10 例 4-7 图

求：（1）出口流速口 v_2；

（2）绘制总水头线和测压管水头线。

解：（1）在 $0—0$、C 两断面间应用伯努利方程，即

$$z_0 + \frac{p_0}{\rho g} + \frac{\alpha_0 v_0^2}{2g} = z_C + \frac{p_C}{\rho g} + \frac{\alpha_2 v_C^2}{2g} + h_{f_{A-C}}$$

取通过出口 C 点的水平面为基准面，则 $p_0 = 0$，$z_0 = 8.2\text{m}$，$v_0 = 0$，$h_{f_{A-C}} = 0.5\dfrac{v_1^2}{2g} + 0.1\dfrac{v_2^2}{2g} + 3.5\dfrac{v_1^2}{2g} + 2\dfrac{v_2^2}{2g} = 4\dfrac{v_1^2}{2g} + 2.1\dfrac{v_2^2}{2g}$，未知数有 v_1 和 v_2 两个，由连续性方程可得

$$v_2 = v_1 \frac{A_1}{A_2} = 2v_1$$

将已知数及关系式代伯努利方程得

$$8.2 = 4.1\frac{v_2^2}{2g}$$

则 $v_2 = 6.25\text{m/s}$。

（2）现在从断面 0—0 开始绘总水头线，如图 4-11 所示，水箱静水面高 $H = 8.2\text{m}$，总水头线就是水面。入口处有局部损失，$h_{f_A} = 0.5 \dfrac{v_1^2}{2g} = 0.25\text{m}$，则从 0—0 面铅直向下长度为 0.25m 得 a 点；从 A 到 B 的沿程损失为 $h_{f_{A-B}} = 3.5 \dfrac{v_1^2}{2g} = 1.75\text{m}$，则 b 低于 a 的竖直距离为 1.75m；局部损失 $h_{f_B} = 0.1 \dfrac{v_2^2}{2g} = 0.2\text{m}$，说明 b 竖直向下 0.2m 得 b_0 点；B 到 C 的沿程损失 $h_{f_{B-C}} = 2 \dfrac{v_2^2}{2g} = 3.91\text{m}$，则 c 低于 b_0 的竖直距离为 1.75m。

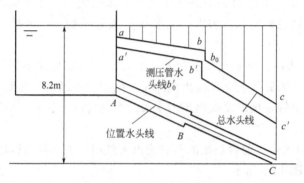

图 4-11　水头线绘制图

测压管水头线在总水头线之下，距总水头线的铅直距离：在 A—B 管段为 $\dfrac{v_1^2}{2g} = 0.5\text{m}$，在 B-C 管段的距离为 $\dfrac{v_2^2}{2g} = 2\text{m}$，由于断面不变，流速水头不变，分别与管段的总水头线平行。

第六节　相对运动的伯努利方程式

　　流体相对于所选的坐标系做稳定流动，此坐标系又相对于地球在运动，这就是流体做相对运动的情况。例如离心水泵、压气机、风机水轮机和气轮机中的流动，常常不是绝对稳定定流动，而是相对流动的情况。

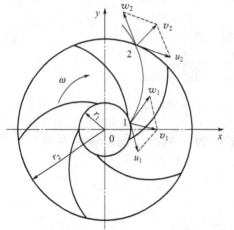

图 4-12　流体在离心式叶轮机内的流动

　　如图 4-12 所示。叶轮以等角速度 ω 转动，流体在叶轮流道内相对于叶轮做稳定流动。这时流体一方面具有随叶轮旋转的牵连速度 u，另一方面又具有对叶轮的相对速度 ω，其合成速度 $v = u + \omega$ 表示流体的绝对运动速度。若将直角坐标系 oxy 固定在叶轮上（图4-12），与叶轮一起做同步旋转运动，则坐标系相对于地球做等速旋转运动。

　　如果叶轮的角速度为 ω，流体做相对运动时，所受到的单位质量力有重力、离心力外和惯性力。由于惯性力与流线的切线相垂直，

所以沿流线方向做功为零，因此可不予考虑。在上述情况下，流体所受的单位质量力在各坐标轴上的分量为

$$f_x = \omega^2 x, \quad f_y = \omega^2 y, \quad f_z = -g \tag{4-24}$$

将式（4-24）代入力势函数 U 的全微分

$$\mathrm{d}U = \frac{\partial U}{\partial x}\mathrm{d}x + \frac{\partial U}{\partial y}\mathrm{d}y + \frac{\partial U}{\partial z}\mathrm{d}z$$

并积分得

$$U = \frac{1}{2}\omega^2 r^2 - gz = \frac{1}{2}u^2 - gz \tag{4-25}$$

式中，$r^2 = x^2 + y^2$，$u = \omega r$。

将力势函数 U 代入理想流体沿流线的伯努利方程式（4-6）中并将原来沿流线的速度 v 改换成相对速度 ω，对于不可压缩流体来说，则有

$$gz - \frac{u^2}{2} + \frac{p}{\rho} + \frac{\omega^2}{2} = c \tag{4-26}$$

对于叶轮的入口 1 和出口 2，则有

$$z_1 + \frac{p_1}{\rho g} + \frac{\omega_1^2}{2g} + \frac{u_2^2 - u_1^2}{2g} = z_2 + \frac{p_2}{\rho g} + \frac{\omega_2^2}{2g} \tag{4-27}$$

式（4-26）和式（4-27）就是理想不可压缩流体稳定流动情况下相对运动的伯努利方程式，它主要应用在离心泵和叶轮机理论中。与绝对运动伯努利方程比较，多了由于离心力引起的 $\frac{u_2^2 - u_1^2}{2g}$ 项，它表示离心力对单位质量液体所做的功。

工作轮转动中，每个液体质点将受离心力作用，方向从旋转轴向外。如果流体质点运动时 r 不变，离心力不做功，r 值改变时，离心力做功。单位重力液体质点从 r_1 运动到 r_2 时，离心力做的功为

$$\int_{r_1}^{r_2} \frac{\omega^2 r \mathrm{d}r}{g} = \frac{u_2^2 - u_1^2}{2g}$$

若设

$$z_1 + \frac{p_1}{\rho g} + \frac{\omega_1^2}{2g} = e_1$$

$$z_2 + \frac{p_2}{\rho g} + \frac{\omega_2^2}{2g} = e_2$$

则有

$$e_2 - e_1 = \frac{u_2^2 - u_1^2}{2g}$$

当 $r_1 < r_2$ 时，流体沿离心方向运动，离心力做正功，称为水泵工况。

当 $r_1 > r_2$ 时，流体沿离心力反方向运动，离心力做负功，称为水轮机工况。

第七节　伯努利方程的推广

一、沿程有分流和汇流的伯努利方程

在上述伯努利方程应用条件中，要求流量沿程保持不变，即在所选取的有效断面之间无

流体的流入或流出。但在工程实践中常常会遇到有分流和汇流的情况，如图 4-13 所示。在这种情况下，只能按总能量守恒和转换规律列出总流的伯努利方程。

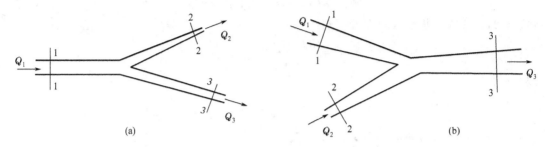

图 4-13　沿程有分流和汇流的情况

如图 4-13(a) 所示，在流量分出的节点处，流动是急变流，而离节点稍远的断面 1、断面 2 和断面 3 都是均匀流或缓变流断面，可以近似地认为各断面通过流体的单位能量在断面上的分布是均匀的，而 $Q_1 = Q_2 + Q_3$，即 Q_1 的流体一部分流向断面 2，一部分流向断面 3。无论流到哪一个断面的流体，在断面 1 单位质量流体所具有的能量都是 $z_1 + \dfrac{p_1}{\rho g} + \dfrac{v_1^2}{2g}$，只不过流到断面 2 时产生的单位能量损失是 $h_{f_{1-2}}$ 而已。在节点上下游最靠近节点的缓变流处选取有效断面 1—1、2—2 和 3—3，按总能量守恒原理列出图 4-13(a) 所示情况的伯努利方程，有

$$\rho g Q_1\left(z_1 + \frac{p_1}{\rho g} + \frac{\alpha_1 v_1^2}{2g}\right) = \rho g Q_2\left(z_2 + \frac{p_2}{\rho g} + \frac{\alpha_2 v_2^2}{2g} + h_{f_{1-2}}\right) + \rho g Q_3\left(z_3 + \frac{p_3}{\rho g} + \frac{\alpha_3 v_3^2}{2g} + h_{f_{1-3}}\right)$$

同理，按总能量守恒原理可以写出图 4-13(b) 的伯努利方程

$$\rho g Q_1\left(z_1 + \frac{p_1}{\rho g} + \frac{\alpha_1 v_1^2}{2g} - h_{f_{1-3}}\right) + \rho g Q_2\left(z_2 + \frac{p_2}{\rho g} + \frac{\alpha_2 v_2^2}{2g} - h_{f_{2-3}}\right) = \rho g Q_3\left(z_3 + \frac{p_3}{\rho g} + \frac{\alpha_3 v_3^2}{2g}\right)$$

上式中各 ρg 项相同，可以消去。

若按单位质量流体机械能的关系，对截面 1—1，2—2 及 1—1，3—3 可分别写成

$$z_1 + \frac{p_1}{\rho g} + \frac{\alpha_1 v_1^2}{2g} = z_2 + \frac{p_2}{\rho g} + \frac{\alpha_2 v_2^2}{2g} + h_{f_{1-2}} \tag{4-28}$$

$$z_1 + \frac{p_1}{\rho g} + \frac{\alpha_1 v_1^2}{2g} = z_3 + \frac{p_3}{\rho g} + \frac{\alpha_3 v_3^2}{2g} + h_{f_{1-3}} \tag{4-29}$$

同样，对于沿程有汇流的情况，也可在截面 1—1，3—3 及 2—2，3—3 间运用伯努利方程。可见，两断面间虽有分出流量，但写能量方程时，只考虑断面间各段的能量损失，而不考虑分出流量的能量损失。

二、有机械功输入（或输出）的伯努利方程

如图 4-14 所示，当流体流经水泵或通风机时，将从这些流体机械中获得能量，而流经水轮机时将失去能量。设单位质量流体获得（或失去）的能量以 H 表示，则对进口断面 1—1 和出口断面 2—2 列写伯努利方程式，得

$$z_1 + \frac{p_1}{\rho g} + \frac{\alpha_1 v_1^2}{2g} \pm H = z_2 + \frac{p_2}{\rho g} + \frac{\alpha_2 v_2^2}{2g} + h_f$$

式中"$+H$"为流体获得能量的情况，"$-H$"为流体失去能量的情况。利用上式可求

得 H。在实际工作中，对泵来说 H 称为扬程，习惯上可用"mH_2O"为计量单位；对风机而言，H 称为压头，同样也可用"mH_2O"为计量单位。

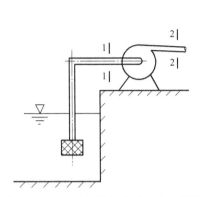

图 4-14　沿程有能量输入或输出的情况

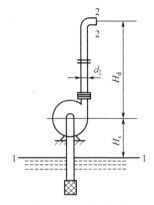

图 4-15　水泵排水

【例 4-8】 如图 4-15 所示，某矿井输水高度 $H_s+H_d=300m$，出水管直径 $d=200mm$，体积流量 $Q_V=200m^3/h$，总水头损失 $h_f=0.1H$，试求水泵扬程 H 应为多少？

解： 根据有机械功输入的伯努利方程

$$z_1+\frac{p_1}{\rho g}+\frac{\alpha_1 v_1^2}{2g}+H=z_2+\frac{p_2}{\rho g}+\frac{\alpha_2 v_2^2}{2g}+h_{f_{1-2}}$$

已知有 $z_2-z_1=H_s+H_d$，$h_{f_{1-2}}=0.1H$，$v_1=0$，$p_1=p_2=0$

则 $H=H_s+H_d+\dfrac{v_2^2}{2g}+0.1H$，又 $v_2=\dfrac{Q_V}{A}=\dfrac{4Q_V}{\pi d^2}$，代入上式方程解得

$$H=\left[300+\frac{16(200/3600)^2}{\pi^2(200\times10^{-3})^4\times2g}\right]\Big/0.9=334\ (m)$$

第八节　实际流体总流的伯努利方程的应用

一、毕托管

毕托管是一种流体流速测定仪表，用以测量明槽中的液体流速，如图 4-16 所示。在流场中某一点 B 处，放置一根两端开口的直角弯管，其一端开口面向来流，另一端垂直向上，

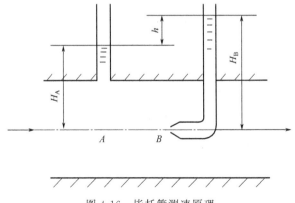

图 4-16　毕托管测速原理

当流体流进管内并上升一定高度后，管内流体就静止了。这时的毕托管和已经流进的液体一起就相当于一障碍物。当以后的液体质点流到此障碍物前缘点时，将受到阻碍而滞止，B 点的流速变为零。这种障碍物前缘流速为零的点称为驻点，驻点处的压力称为驻点压力，或称总压力，可由弯管中静止液体的高度来确定

$$p_B = \rho g H_B$$

同时在 B 点前方的同一流线上未受此障碍物干扰处取 A 点，并在通过 A 点的过流断面管壁上，垂直于流动方向装一开口测压管。设此断面处在缓变流区，因此沿断面各点的压力按静压力分布，于是有

$$p_A = \rho g H_A$$

列出 A、B 两点沿流线的伯努利方程式，得

$$\frac{p_A}{\rho g} + \frac{v_A^2}{2g} = \frac{p_B}{\rho g}$$

$$\frac{v_A^2}{2g} = \frac{p_B}{\rho g} - \frac{p_A}{\rho g} = H_B - H_A = h$$

$$v_A = \sqrt{\frac{2g}{\rho g}(p_B - p_A)} = \sqrt{2gh} \tag{4-30}$$

工程上常把 p_A 称为静压，$\frac{v_A^2}{2g}$ 称为动压，静压和动压之和称为全压或总压。B 点测到的总压与未受扰动的 A 点的总压相同。所以若能测得某点的总压和静压，就能由式（4-30）求得该点的速度。

在工程应用中将静压管和总压管组合在一起，称为测速管或风速管，其内部结构如图 4-17 所示。前端开孔正对来流，用于测量总压，在驻点之后适当距离的侧面开几个垂直于来流方向的小孔，用于测量静压，称为静压孔。将静压孔的通路和毕托管的通路分别连接于压差计的两端，压差计给出总压和静压的差值，便可由式（4-30）得到流速。

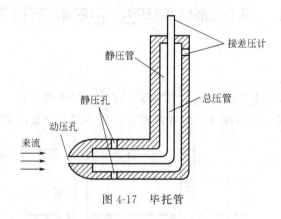

图 4-17 毕托管

在实际应用中，考虑到测速管对流动的扰动以及驻点与静压孔的流体间流体能量损失的影响等，通常，在式（4-30）中应乘一系数 C（$C<1$），C 由实验测得。

二、节流式流量计

工业上常用的节流式流量计主要有孔板、喷嘴和文丘里管三种类型，如图 4-18 所示。节流式流量计的工作原理是：当管路中液体流经节流装置时，液流断面收缩，由连续性方程

$vA=C$ 可知，在收缩断面处流速增加。由伯努利方程可知，在收缩断面处压力降低。使节流装置前后产生压差。可以通过测量压差来计算流量大小。

1. 文丘里管流量计

文丘里管流量计由收缩管段、喉部和扩张管段组成，如图 4-18 所示。文丘里管入口前的直管段截面 1—1 和喉部截面 2—2 为缓变流，在其两处测量静压差，根据静压差和两个已知截面积 A_1、A_2，就可以计算出通过管道的体积流量 Q_V。取基准面 0—0，对 1—1，2—2 断面列出总流的伯努利方程式

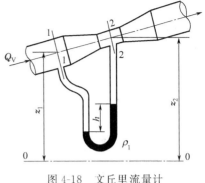

图 4-18 文丘里流量计

$$z_1 + \frac{p_1}{\rho g} + \frac{\alpha_1 v_1^2}{2g} = z_2 + \frac{p_2}{\rho g} + \frac{\alpha_2 v_2^2}{2g}$$

根据连续性方程可得

$$v_1 = \frac{A_2}{A_1} v_2$$

于是截面 2—2 上的流速为

$$v_2 = \frac{\sqrt{2g\left[\left(z_1 + \frac{p_1}{\rho g}\right) - \left(z_2 + \frac{p_2}{\rho g}\right)\right]}}{\sqrt{1 - \left(\frac{A_2}{A_1}\right)^2}}$$

通过文丘里管的体积流量

$$Q_V = v_2 A_2 = \frac{A_2 \sqrt{2g\left[\left(z_1 + \frac{p_1}{\rho g}\right) - \left(z_2 + \frac{p_2}{\rho g}\right)\right]}}{\sqrt{1 - \left(\frac{A_2}{A_1}\right)^2}} \tag{4-31}$$

在实际应用中考虑到断面 1—1、2—2 之间会有能量损失以及断面上流速分布不均匀性的影响，应乘以修正系数 C（$C<1$），文丘里管的流量系数 C 值由实验确定，通常在 $0.95\sim0.99$ 之间。

2. 孔板流量计

把一块有孔的薄板，安装在管道的法兰中，就成了孔板流量计。它结构简单，通常用于测量气体和液体的流量，如图 4-19 所示。板上的孔径 d 小于管径 D，流体通过孔板时收缩，并在孔板后形成收缩的最小的断面，然后液流再扩大。根据伯努利方程，速度的变化将引起压力的变化，因此，如果能测出孔板前后的压差，就能计算出液流速度和通过管道的流量。

取断面 1—1 和 2—2 并应用伯努利方程式，得

$$z_1 + \frac{p_1}{\rho g} + \frac{\alpha_1 v_1^2}{2g} = z_2 + \frac{p_2}{\rho g} + \frac{\alpha_2 v_2^2}{2g} + h_f$$

在水平管路上 $z_1 = z_2$，如果暂不计能量损失 h_f，也不考虑两断面处的动能修正系数，即 α_1 和 α_2 均接近于 1，代入上式得

$$\frac{p_1}{\rho g} + \frac{v_1^2}{2g} = \frac{p_2}{\rho g} + \frac{v_2^2}{2g}$$

由连续性方程得

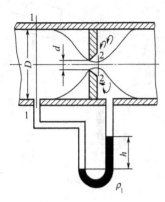

图 4-19 孔板流量计

$$v_1 = \frac{A_2}{A_1} v_2$$

代入上式得

$$v_2 = \sqrt{\frac{2(p_1 - p_2)}{\rho\left[1 - \left(\frac{d}{D}\right)^4\right]}} = \sqrt{\frac{2\Delta p}{\rho\left[1 - \left(\frac{d}{D}\right)^4\right]}}$$

于是理论体积流量为

$$Q_V = A_2 v_2 = A_2 \sqrt{\frac{2\Delta p}{\rho\left[1 - \left(\frac{d}{D}\right)^4\right]}} \tag{4-32}$$

在实际应用中考虑到断面 1—1、2—2 之间会有能量损失，可用一个修正系数 C 来加以修正，C 通常称为孔板流量系数，它的值由实验确定。通常对锐缘的孔板流量计，当 $A_2/A_1 \leqslant 0.2$ 时，C 为 $0.60 \sim 0.62$。

三、射流泵

图 4-20 表示一射流泵，又称引射器。射流泵由一个收缩的喷管和另一个具有细径的收缩扩散管及真空室所组成。自喷管射出的液流经收缩扩散管的细径处，流速急剧增大，结果使该处的压力小于大气压力而造成真空。如果在该处连一管道通至有液体的容器，则液体就能被吸入泵内，与射流液体一起流出。当已知真空室中产生的真空度为 p_z，出口管径为 D，喷管直径为 d，出口断面中心与喷管中心线的高度差为 H_2 时，就能求出箱体的安装高度 H_1。

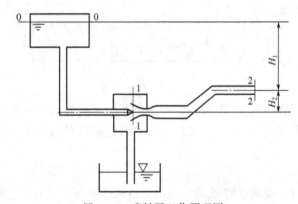

图 4-20 喷射泵工作原理图

在真空室中，取断面 1—1 和 2—2 并应用伯努利方程式，暂不计能量损失，取 $\alpha_1 = \alpha_2 = 1$，设 1—1 断面处流体的绝对压力为 p_1，则

$$\frac{p_1}{\rho g} + \frac{v_1^2}{2g} = H_2 + \frac{p_a}{\rho g} + \frac{v_2^2}{2g}$$

由连续性方程，可得

$$v_2 = \left(\frac{d}{D}\right)^2 v_1$$

代入上式并整理，得

$$\frac{v_1^2}{2g} = \frac{v_2^2}{2g}\left[1 - \left(\frac{d}{D}\right)^4\right]$$

取断面 0—0 和 1—1 并应用伯努利方程式

$$\frac{p_a}{\rho g}+H_1+H_2=\frac{p_1}{\rho g}+\frac{v_1^2}{2g}$$

将以上两式整理可得

$$H_1=\frac{1}{\left(\dfrac{d}{D}\right)^4-1}\left(H_2+\frac{p_a-p_1}{\rho g}\right)=\frac{1}{\left(\dfrac{d}{D}\right)^4-1}\left(H_2+\frac{p_z}{\rho g}\right)$$

上述计算中没有计入管道中的能量损失，所以实际上要用射流泵来产生上述真空，箱体应放得更高些。

【例 4-9】　设如图 4-21 所示的射流泵，其吸水管的高度 $H=1.5\mathrm{m}$，水管直径 $d_A=0.025\mathrm{m}$，射流泵出口直径 $d_C=0.01\mathrm{m}$，喷嘴损失水头为 $0.6\mathrm{m}$，$p_A=3\times10^5\mathrm{Pa}$（表压），水管供水量为 $Q_V=0.002\mathrm{m}^3/\mathrm{s}$，掺入的液体密度为 $1.2\times10^3\mathrm{kg/m}^3$。通过计算判断能否将液箱里的液体吸上。

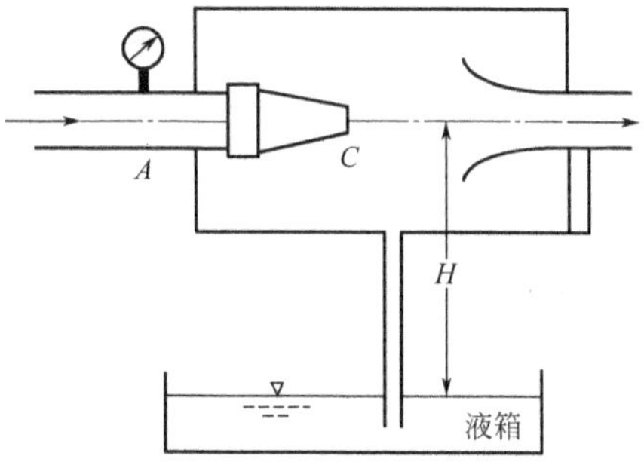

解：取 A、C 断面列伯努利方程

$$z_A+\frac{p_A}{\rho g}+\frac{\alpha_1 v_A^2}{2g}=z_C+\frac{p_C}{\rho g}+\frac{\alpha_2 v_C^2}{2g}+h_{f_{A-C}}$$

由已知条件得

图 4-21　射流泵

$$v_A=\frac{Q_V}{A_A}=4.1\mathrm{m/s},\ v_C=\frac{Q_V}{A_C}=25.5\mathrm{m/s}$$

将各量代入方程解得喷嘴出口压力为 $p_C=-2.9\times10^4\mathrm{Pa}$。

这样的真空度可以把密度 $\rho=1200\mathrm{kg/m}^3$ 的液体吸上的高度为

$$H_1=\frac{p_A-p_C}{\rho g}=\frac{p_C}{\rho g}=\frac{2.9\times10^4}{1200\times9.8}=2.45\ (\mathrm{m})$$

因为 $H_1>H$，所以可以将箱中的液体吸上来。

第九节　动量方程及其应用

前面已经把质量守恒和能量守恒原理应用于稳定总流，得到了稳定总流的连续性方程和伯努利方程。应用这两个方程可以解决许多实际问题。但在工程技术上有关流体运动的实际问题中，常常还要涉及流体与固体之间的相互作用。如流体通过弯管时，由于流速方向改变，将对弯管产生一个不同重力的作用力。要确定这个力的大小，就需要建立流体动力学中的第三个基本方程——动量方程。现在将动量守恒原理应用于稳定总流，得出恒定总流的动量方程。动量方程、连续方程和伯努利方程一起合称为稳定总流的三大方程。

一、动量定理

稳定流动量方程式，可以根据物理学中的动量定理导出。动量定理可表述为：在时间 $\mathrm{d}t$ 内物体所受合外力的冲量 $\sum\boldsymbol{F}\mathrm{d}t$ 等于该物体动量的变化量，即

$$\sum\boldsymbol{F}\mathrm{d}t=m\boldsymbol{v}_2-m\boldsymbol{v}_1 \tag{4-33}$$

在动量定理的数学表达式中，动量与外力均为矢量，若以符号 $\boldsymbol{K}$ 表示物体的动量，$\mathrm{d}\boldsymbol{K}$

表示动量的变化，则动量定理的矢量表达式为

$$\sum \boldsymbol{F} = \frac{\mathrm{d}\boldsymbol{K}}{\mathrm{d}t} \tag{4-34}$$

二、稳定流动量方程

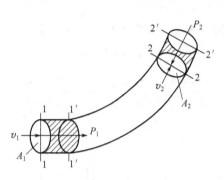

如图 4-22 所示，改变流体流动的方向，其动量将发生变化。在流体稳定流的总流中，选取缓变流断面 1—1 与 2—2 之间的流段作为研究对象，分析其受力及动量变化。A_1、A_2，$\boldsymbol{v}_1$、$\boldsymbol{v}_2$ 和 p_1、p_2 代表断面面积、平均流速和压力。按不可压缩流体考虑，流体的密度不变，并且通过两断面的流体体积流量相等。

经时间 $\mathrm{d}t$，流体从位置 1—2 运动到位置 1'—2'。$\mathrm{d}t$ 时段前后的动量变化，只是增加了流段新占有的断面 2—2' 体积内流体所具有的动量，减去流段退出的断面 1—1' 体积内所具有的动量。中间断面 1'—2 空间内各点流速大小方向未变，所以动量也不变。

图 4-22 流体动量变化及受力分析

这样，在时间 $\mathrm{d}t$ 内流体 1—2 的实际动量变化为

$$\Delta \boldsymbol{K} = \boldsymbol{K}_{2-2'} - \boldsymbol{K}_{1-1'} = m_2 \boldsymbol{v}_2 - m_1 \boldsymbol{v}_1$$

在上式中，流体的动量是采用断面平均流速计算的，它与按实际流速计算的动量存在差异。因此，需要乘上一个系数 β 加以修正。β 称为动量修正系数，其大小取决于总流过流断面上流速分布不均匀程度，分布越不均匀，β 值就越大。一般情况下工业管道内的流体流动，$\beta = 1.02 \sim 1.05$。

修正后的动量增量

$$\Delta \boldsymbol{K} = \beta_2 m_2 \boldsymbol{v}_2 - \beta_1 m_1 \boldsymbol{v}_1$$

根据质量守恒定律，单位时间流入断面 1—1 的流体质量 m_1 应等于流出断面 2—2 的流体质量 m_2，即

$$m_1 = m_2 = m = \rho Q \mathrm{d}t$$

所以

$$\Delta \boldsymbol{K} = \beta_2 \rho Q \boldsymbol{v}_2 \mathrm{d}t - \beta_1 \rho Q \boldsymbol{v}_1 \mathrm{d}t$$

结合式(4-36) 有

$$\sum \boldsymbol{F} = \rho Q (\beta_2 \boldsymbol{v}_2 - \beta_1 \boldsymbol{v}_1) \tag{4-35}$$

按工程计算中允许精度考虑，通常取 $\beta = 1.0$，式(4-35) 可以写成

$$\sum \boldsymbol{F} = \rho Q (\boldsymbol{v}_2 - \boldsymbol{v}_1) \tag{4-36}$$

式(4-35) 和式(4-36) 就是稳定流动不可压缩流体总流的动量方程式。其中 $\sum \boldsymbol{F}$ 为时间 $\mathrm{d}t$ 内作用在所取流体段 1—2 上所有外力的合力，包括流体段的重力、流体段两个有效断面上的压力及弯管对流体段的侧压力。其物理意义是：作用在所研究流体上所有外力的总和等于单位时间内流出与流入流体的动量之差。

力和流速虽然都是矢量，但为了计算方便，通常不作矢量运算，而取这些矢量在 x、y、z 轴上的投影，使单位时间内流体的动量变化在某一轴上的投影，等于流体所受各种外力在对应轴上投影的代数和，即

$$\left.\begin{array}{l} \sum F_x = \rho Q(v_{2x} - v_{1x}) \\ \sum F_y = \rho Q(v_{2y} - v_{1y}) \\ \sum F_z = \rho Q(v_{2z} - v_{1z}) \end{array}\right\} \qquad (4\text{-}37)$$

三、动量方程的应用

1. 动量方程应用条件

在流体工程技术中，动量方程主要用于流体与固体间相互作用力的计算。动量方程应用条件是：所研究的流体是连续的、不可压缩的稳定流，有效断面必须取在缓变流上。

2. 动量方程应用注意事项

① 要选择合适的隔离体。通常取流线或管壁作为隔离体的侧面，即在侧面上没有流体流入或流出；取上、下游两个有效断面为隔离体的两端面，隔离体以外的流体对所研究流体的作用力为 $P_1 = p_1 A_1$，$P_2 = p_2 A_2$，其方向垂直指向断面并通过断面的形心。

② 要在隔离体上分析、标出所有的外力。对于流体表面与管壁、渠壁接触而产生的摩擦力，由于选取流体段较短，可忽略不计。

③ 正确决定速度分量的正负号，以流出为正，流入为负。

④ 建立直角坐标，确定各分量值，并代入动量方程，求解所需的力。

【例 4-10】　如图 4-23 所示水平放置在混凝土支座上的异径弯管，弯管两端与等直径管相接处的断面 1—1 上压力表读数 $p_1 = 1.76 \times 10^5 \mathrm{Pa}$，管中流量 $Q_V = 0.1 \mathrm{m^3/s}$，若管径 $d_1 = 0.3\mathrm{m}$，$d_2 = 0.2\mathrm{m}$，转角 $\theta = 60°$。求水流对弯管作用力的大小。

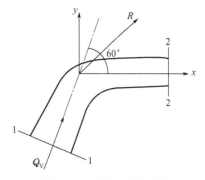

图 4-23　动量方程的应用

解：由连续性方程得

$$v_1 = \frac{Q_V}{A_1} = 1.42\mathrm{m/s}, \ v_2 = \frac{Q_V}{A_2} = 3.18\mathrm{m/s}$$

在 1—1、2—2 断面列伯努利方程

$$z_1 + \frac{p_1}{\rho g} + \frac{\alpha_1 v_1^2}{2g} = z_2 + \frac{p_2}{\rho g} + \frac{\alpha_2 v_2^2}{2g} + h_{f_{1-2}}$$

取 $\alpha = 1$，忽略能量损失，并将已知代入上式解得 $p_2 = 1.72 \times 10^5 \mathrm{Pa}$。

断面 1—1、2—2 上的总压力为

$$P_1 = p_1 A_1 = 12430 \ (\mathrm{N})$$
$$P_2 = p_2 A_2 = 5400 \ (\mathrm{N})$$

管壁对水流的作用力 R 与 P_1 和 P_2 位于同一平面上，并可分解为 R_x、R_y。假设 R 在第一象限内，即假定 R_x、R_y 均为正值。

在 x 方向列动量方程

$$\sum F_x = \rho Q_V (v_{2x} - v_{1x})$$

即

$$P_1 \cos\theta - P_2 + R_x = \rho Q_V (v_2 - v_1 \cos\theta)$$

解得 $R_x = -0.568\mathrm{kN}$。

在 y 方向列动量方程

$$P_1 \sin\theta + R_y = \rho Q_V (0 - v_1 \sin\theta)$$

解得 $R_y = -10.88\text{kN}$，则

$$R = \sqrt{R_x^2 + R_y^2} = 10.89 \ (\text{kN})$$

水流对弯管的作用力 F 与 R 大小相等，方向相反，作用在同一条直线上。

思考题

4-1 什么是欧拉运动微分方程？其适用条件是什么？

4-2 理想流体伯努利方程中各项的意义及应用条件是什么？

4-3 引入缓变流概念的意义是什么？

4-4 实际流体总流伯努利方程在工程应用中应注意哪些问题？

4-5 稳定总流的伯努利方程是否也近似适用于沿程有流量输入、输出的管路？为什么？

4-6 当流量一定时，连接在文丘里流量计上的水银压差计的读数是否与文丘里管轴线的倾度有关？为什么？

4-7 如何根据伯努利方程的性质判断水流流向？是位置水头、压力水头还是总水头？

4-8 伯努利方程的实质是什么？它说明了什么问题？应用伯努利方程要注意哪些问题？

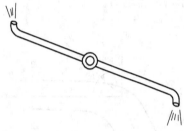

图 4-24 思考题 4-12

4-9 向两张靠得较近的薄纸间吹气，它们将彼此分开还是靠拢？为什么？

4-10 工程应用中，常用的节流式流量计有哪些类型？其理论依据是什么？

4-11 动量方程能解决那些问题？请举例说明它的应用。

4-12 如图 4-24 所示，水不断从喷嘴中喷出，问喷水器能否绕竖轴旋转？方向如何？

4-13 为什么伯努利方程可以用图表表示出来？如何表示？

4-14 什么是水头线和水力坡度？水头线如何绘制？

4-15 文丘里管流量计、测速管的基本原理是什么？

4-16 什么是液流的动量方程？它可以解决哪些问题？

4-17 在应用动量方程解题时，为什么要把过流断面选在缓变流段上？这难道仅仅是为了便于计算动水压力吗？

习 题

4-1 如图 4-25 所示，利用毕托管原理测量输水管的体积流量 Q_V。已知输水管管径 $d = 200\text{mm}$，水银压差计读数 $\Delta h = 60\text{mm}$，断面平均流速与毕托管测点流速的关系为 $v = 0.84u$，试求 Q_V 的大小？

4-2 如图 4-26 所示，直径 $d = 80\text{mm}$ 的虹吸管，不计水头损失的情况下。试求

（1）流量；

（2）1、2、3、4 各点的位置水头 z，压力水头 $p/\rho g$ 流速水头值 $v^2/2g$。

4-3 如图 4-27 所示，一个倒置的 U 形测压计，上部为相对密度 800kg/m^3 的油，用来测定水管中的流速，若读数 $\Delta h = 200\text{mm}$，求管中流速 v？

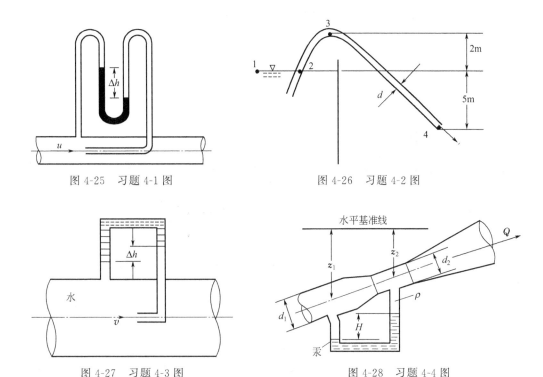

图 4-25　习题 4-1 图　　　　　　　　图 4-26　习题 4-2 图

图 4-27　习题 4-3 图　　　　　　　　图 4-28　习题 4-4 图

4-4　如图 4-28 所示为一文丘里管和压力计，试推导体积流量和压力计读数之间的关系式。当 $z_1 = z_2$，$\rho = 1000 \text{kg/m}^3$，$\rho_{汞} = 1.36 \times 10^4 \text{kg/m}^3$，$d_1 = 500 \text{mm}$，$d_2 = 50 \text{mm}$，$H = 0.4 \text{m}$，流量系数 $\alpha = 0.9$ 时，试求体积流量 Q_V 为多少？

4-5　如图 4-29 所示，相对密度为 0.85 的油品，由容器 A 经管路压送到容器 B。容器 A 中液面的表压力为 3.5atm，容器 B 中液面的表压力为 0.32atm。两容器液面差为 20m。试求从容器 A 输送到容器 B 的水头损失。

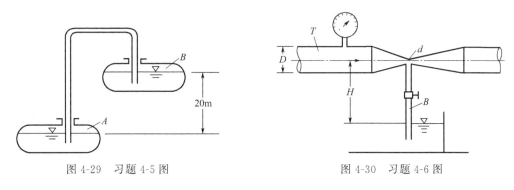

图 4-29　习题 4-5 图　　　　　　　　图 4-30　习题 4-6 图

4-6　如图 4-30 所示，为了在直径 $D = 160 \text{mm}$ 的管线上自动掺入另一种油品，安装了如下装置：自锥管喉道处引出一个小支管通入油池内。如果压力表读数 2.4atm，喉道直径 $d = 40 \text{mm}$，T 管流量 $Q_V = 30 \text{L/s}$，油品相对密度 $d = 0.9$，欲掺入的油品相对密度为 $d = 0.8$，油池油面距喉道高度 $H = 1.5 \text{m}$，如果掺入油量为原输送量的 10%，B 管水头损失设为 0.5m 油柱，试确定 B 管直径为多少？

4-7　如图 4-31 所示，用 80kW 的水泵抽水，泵的效率为 90%，管径为 30cm，全管路

的水头损失为 1m，吸水管水头损失为 0.2m，试求管内流速、抽水量及泵前真空表的读数

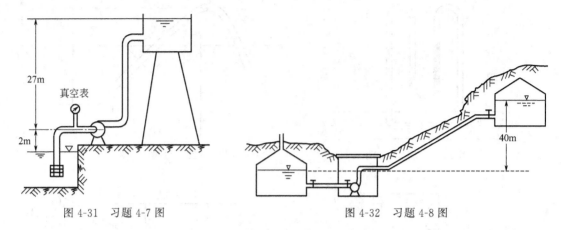

图 4-31　习题 4-7 图　　　　　　　　　图 4-32　习题 4-8 图

4-8　如图 4-32 所示离心泵以 $20\text{m}^3/\text{h}$ 的流量将相对密度为 0.8 的油品从地下罐送到山上洞库油罐。地下油罐油面压力为 $2\times10^4\text{Pa}$，洞库油罐油面压力为 $3\times10^4\text{Pa}$。设泵的效率为 0.8，电动机效率为 0.9，两罐液面差为 40m，全管路水头损失设为 5m。求泵及电动机的输入功率。

4-9　如图 4-33 所示真空吸水装置。在下述情况下：

（1）M 断面产生负压时；（2）C 中的水被吸入时。试求断面积之比 A/a 与水头的关系。

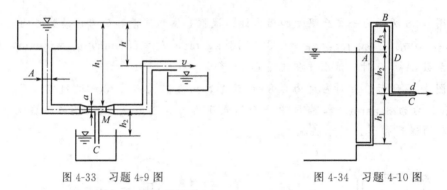

图 4-33　习题 4-9 图　　　　　　　　　图 4-34　习题 4-10 图

4-10　如图 4-34 所示虹吸出流管直径 $D=100\text{mm}$，喷嘴出口直径 $d=30\text{mm}$，图示各部尺寸为 $h_1=4\text{m}$，$h_2=5\text{m}$，$h_3=1\text{m}$。不计损失，求管中 A，B，C 各点的压力。

4-11　如图 4-35 所示射流装置，水位高 $h=40\text{m}$，欲使二孔射流交点位于和水箱底同一水平面且相距水箱 $a=20\text{m}$ 处，求二孔位置 h_1，h_2。不计流动损失。

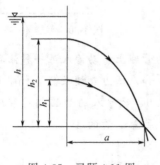
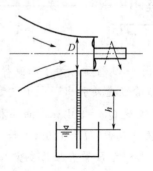

图 4-35　习题 4-11 图　　　　　　　　　图 4-36　习题 4-12 图

4-12　如图 4-36 所示引风机入口喉部直径 $D=300mm$，吸入空气相对密度 $d=0.0013$，求当测压水柱高 $h=300mm$ 时空气的流量为多少?

4-13　如图 4-37 所示，输油管上水平 90°转变处，设固定支座。所输油品相对密度为 0.8，管径 300mm，通过流量 100L/s，断面 1 处压力 2.23atm，断面 2 处压力 2.11atm。求支座受压力大小和方向。

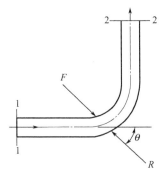

图 4-37　习题 4-13 图

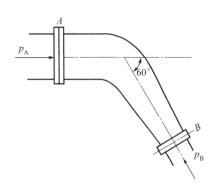

图 4-38　习题 4-14 图

4-14　如图 4-38 所示，水流经过 60°渐细弯头 AB，已知 A 处管径 $D_A=0.5m$，B 处管径 $D_B=0.25m$，通过的流量为 $0.1m^3/s$，B 处压力 $p_B=1.8atm$。设弯头在同一水平面上，摩擦力不计，求弯头所受推力为多少?

4-15　如图 4-39 所示，消防队员利用消火唧筒熄灭火焰，消火唧筒口径 $d=10mm$，水龙带端部口径 $D=50mm$。从消火唧筒射出的流速 $v=20m/s$。求消防队员用手握住消火唧筒所需的力 R（设唧筒水头损失为 $1mH_2O$）?

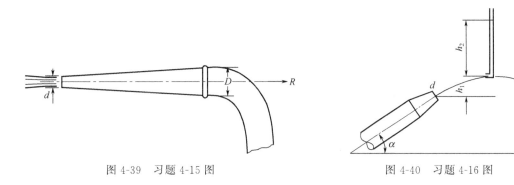

图 4-39　习题 4-15 图　　　　　　　图 4-40　习题 4-16 图

4-16　如图 4-40 所示喷管出口直径 $d=50mm$，喷出射流高度 $h_1=6m$，此处侧压管水柱高 $h_2=9m$，试计算流量和喷管倾角 α。

4-17　如图 4-41 所示，有一容器的出水管直径 $d=10cm$，当龙头关闭时压力表读数为 4.9×10^4Pa，龙头开启后压力表读数降为 1.96×10^4Pa，如果总的能量损失为 4900Pa，试求通过管路的水流流量 Q_V。

4-18　如图 4-42 所示为一安全阀，其阀座直径 $d=25mm$，当阀座处的压力 $p=4MPa$ 时，通过油的流量 $Q_V=10L/s$，油的密度 $\rho=900kg/m^3$，此时阀的开度 $x=5mm$。如开启阀的初始压力 $p_0=3MPa$，阀的弹簧刚度 $K=20N/mm$，忽略流动损失，试确定射流方向角 α。

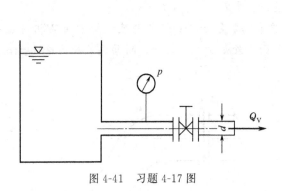

图 4-41   习题 4-17 图

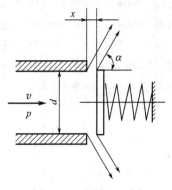

图 4-42   习题 4-18 图

第五章
相似理论和量纲分析

流体力学的理论研究与实验研究是相辅相成的。理论研究思路是通过对物体模型的分析和简化,建立流体运动的基本方程,得出流体运动规律。实验研究是发展流体力学理论,验证流体力学假说,解释流动现象,是解决科技问题必不可少的研究手段。在探讨流体运动的内在机理和物理本质方面,都必须以科学实验为基础。

工程流体力学的实验主要有两种:一种是工程性的模型实验,目的在于预测即将建造的大型机械或流体工程结构上的流动情况。在进行模型实验之前,首先必须解决两个问题:一是如何设计制造模型,如何制定实验方案,并使模型与实物流动条件相似;二是如何从模型实验数据中总结出流动规律,这是相似理论要回答的问题,也就是说,相似理论指导模型设计和实验方案的制定,实现模型流动与实际流动之间的相似,进而找出相关规律。另一种是探索性的观察实验,目的在于寻找未知的流动规律,这是量纲分析所要回答的问题,也就是说,量纲分析可以帮助寻求各种物理量之间的关系,建立关系式的结构。

第一节 相似理论

一、力学相似

为了能够在模型流动上表现出实物流动的主要现象和特征,也为了能从模型流动上预测实物流动的结果,必须使模型流动与其相对应的实物流动之间保持力学相似的关系。力学相似,是指实物流动与模型流动在对应点上对应物理量都应该有一定的比例关系。两个流动现象的力学相似,必须满足下述三个条件。

1. 几何相似

几何相似是指两个流动对应的线段成比例,对应角度相等,对应的边界性质(固体边界的粗糙度或者自由液面)相同。具体说,就是模型是参照实物按一定的比例缩小或放大而成的(图5-1)。如果用下标"t"表示实物流动,下标"m"表示模型流动,则实物与模型对应线性长度的比值称为几何相似常数,用C_l表示,即

$$C_l = \frac{l_t}{l_m} = \frac{D_t}{D_m} \tag{5-1}$$

由于实物和模型几何相似时,对应的面积和体积应

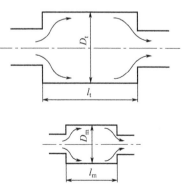

图 5-1 原型与模型

满足

$$C_A = \frac{l_t^2}{l_m^2} = C_l^2 \tag{5-2}$$

$$C_V = \frac{l_t^3}{l_m^3} = C_l^3 \tag{5-3}$$

显然几何相似的实质是，要求模型流动的空间形状与实物流动的空间形状相似。对于管内流动，不仅要求管内的几何形状，而且管壁的粗糙度也应相似。几何相似只是流动相似的必要条件，只有实现了几何相似，才能在原型和模型间找到对应点，但流动是否相似还需满足其他条件。

2. 运动相似

满足几何相似的两个流动中，如果在对应瞬时，所有对应点上的速度方向一致，大小成同一比例，则称这两个流动相似。因此速度比例常数

$$C_v = \frac{v_t}{v_m} \tag{5-4}$$

时间比例常数

$$C_t = \frac{t_t}{t_m} = \frac{l_t/v_t}{l_m/v_m} = \frac{C_l}{C_v} \tag{5-5}$$

加速度比例常数

$$C_a = \frac{a_t}{a_m} = \frac{v_t/t_t}{v_m/t_m} = \frac{C_v^2}{C_l} \tag{5-6}$$

显然，根据流线的定义可知，若实物流动和模型流动运动相似，则同一瞬时对应的流线也应当相似。对稳定流动，对应流体质点的运动轨迹几何相似，且通过对应迹线的时间成同一比例。

3. 动力相似

在满足运动相似的实物流动和模型流动中，在对应瞬时、对应点上受到相同性质力的作用，且对应的同名力方向相同、大小成同一比例，则称这两个流动动力相似。主要是指作用在流体上的力包括重力 G、黏性力 T、压力 p 等相似，所以力的比例常数可表示为

$$C_f = \frac{F_t}{F_m} = \frac{G_t}{G_m} = \frac{T_t}{T_m} = \frac{p_t}{p_m} \tag{5-7}$$

又由牛顿定律

$$C_f = \frac{F_t}{F_m} = \frac{M_t a_t}{M_m a_m} = \frac{\rho_t V_t a_t}{\rho_m V_m a_m} = C_\rho C_l^2 C_v^2$$

即

$$\frac{C_f}{C_\rho C_l^2 C_v^2} = 1$$

有

$$\frac{F_t}{\rho_t l_t^2 v_t^2} = \frac{F_m}{\rho_m l_m^2 v_m^2} \tag{5-8}$$

式中，$\dfrac{F}{\rho l^2 v^2} = \dfrac{F}{Ma} = \dfrac{\text{合外力}}{\text{惯性力}}$ 为无量纲数，表示作用在流体上的合外力与惯性力之比，称为牛顿数，以 Ne 表示，即

$$\frac{F}{\rho l^2 v^2} = Ne \tag{5-9}$$

则式(5-9)可写为

$$Ne_t = Ne_m \tag{5-10}$$

动力相似的判据为牛顿数相等，即 $Ne_t = Ne_m$，这就是牛顿相似一般原理。在两个动力相似的流动中的无量纲数称为相似准数，例如牛顿数。作为判断流动是否动力相似的条件称为相似准则，如牛顿数相等这一条件。因此牛顿一般相似原理也可称为牛顿相似准则。

以上三种相似是有联系的，几何相似是条件，动力相似是决定运动相似的主导因素，而运动相似则是几何相似和动力相似的表现。还应指出，三个相似条件中还应包括边界条件和初始条件相似。

二、相似准则

完全动力相似是指两个流动完全满足牛顿相似准则，作用在流体上的各种力保持同一比例尺的相似。实践中要实现完全动力相似是不可能的，也是没有必要的。因为针对某一具体的流动，各种力所起的作用不完全相同，但起主导作用的往往只有一种力。部分动力相似指的就是这个起主导作用的力的相似。因此，在设计实验时，只要实现部分动力相似就可以了。下面介绍几种力的相似准则。

1. 重力相似准则

当作用在流体上的合外力中重力起主导作用时，则有 $F = G = mg = \rho V g = \rho g l^3$。于是

$$\frac{F_{gt}}{F_{gm}} = \frac{G_t}{G_m} \tag{5-11}$$

即

$$\frac{\rho_t l_t^2 v_t^2}{\rho_m l_m^2 v_m^2} = \frac{\rho_t l_t^3 g_t}{\rho_m l_m^3 g_m}$$

整理可得

$$\frac{v_t^2}{g_t l_t} = \frac{v_m^2}{g_m l_m} = Fr \tag{5-12}$$

或

$$Fr_t = Fr_m \tag{5-13}$$

式中，Fr 为弗劳德数（Froude），重力相似准则就是原型与模型的弗劳德数相等。其物理意义是作用在两个相似流动中对应点上的惯性力和重力的比值。

2. 黏性力相似准则

当作用于流体上的合外力中黏性力起主导作用时，则有 $F = T = A\mu du/dy$，于是

$$\frac{F_{gt}}{F_{gm}} = \frac{F_t}{F_m} \tag{5-14}$$

即

$$\frac{\rho_t l_t^2 v_t^2}{\rho_m l_m^2 v_m^2} = \frac{\mu_t l_t v_t}{\mu_m l_m v_m}$$

整理得

$$\frac{\rho_t l_t v_t}{\mu_t} = \frac{\rho_m l_m v_m}{\mu_m} = Re \tag{5-15}$$

或

$$Re_t = Re_m \tag{5-16}$$

式中，Re 就是雷诺数，它表明两个流动实现黏性力相似时，则 Re 必相等，反之亦然，

这就是雷诺数相似准则。雷诺数的物理意义就是作用于流体上的惯性力与黏性力之比。

3. 压力相似准则

当作用于流体上的合外力中压力起主导作用时，则有 $F=P=pA$，于是

$$\frac{F_{gt}}{F_{gm}}=\frac{P_t}{P_m} \tag{5-17}$$

即

$$\frac{\rho_t l_t^2 v_t^2}{\rho_m l_m^2 v_m^2}=\frac{P_t l_t^2}{P_m l_m^2}$$

整理得

$$\frac{p_t}{\rho_t v_t^2}=\frac{p_m}{\rho_m v_m^2}=Eu \tag{5-18}$$

或

$$Eu_p=Eu_m \tag{5-19}$$

式中，Eu 称为欧拉数，其物理意义是作用于流体上的压力与惯性力之比，它是两个相似流动中压力相似的准则，压力相似准则就是原型与模型的欧拉数相等。

必须指出，两个流动要同时满足 Fr、Re、Eu 等判据分别相等是很困难的。例如，用同种流体进行模型实验时，即 $C_v=1$，$C_l=1$，要满足 $Re_t=Re_m$，则 $v_t/v_m=l_m/l_t$，而要满足 $Fr_t=Fr_m$ 时，则要求 $v_t/v_m=(l_m/l_t)^{1/2}$，这显然是矛盾的。如果用不同的流体进行实验，则同时满足 Re 和 Fr 数时，要求 $v_t/v_m=(l_m/l_t)^{2/3}$，要获得符合这种条件的流体也是困难的，因此完全相似的条件很难满足。在工程实际中，可以根据具体问题，抓住主要矛盾，忽略次要因素。例如，一般对有压管流、深水潜体运动和大气中物体的运动（不考虑气体的压缩性）等情况，主要作用力是黏性力，重力不起主要作用，Re 数是决定性相判据。在研究明渠流动时，如果流量较大，可略去黏性力的作用，重力起主要作用，Fr 数决定性相似判据，等等。

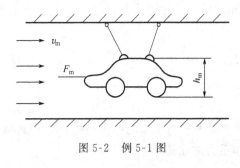

图 5-2 例 5-1 图

【例 5-1】 如图 5-2 所示，在设计高 $h_t=1.5m$，最大速度 $v_t=30m/s$ 的汽车时，需要确定其正面阻力。拟在风洞中用模型来进行实验：

（1）如果风洞中最大风速为 $v_m=45m/s$ 试求实验模型高度 h_m 应为多少？

（2）在（1）条件及其所确定高度下，若测得模型正面风阻力为 $F_m=1500N$，则真实汽车在最大速度时风的阻力 F_t 为多少？

解：影响汽车所受风阻力的因素主要是黏性力，所以必须使实物流动和模型流动的雷诺数相等，才能保证两流动的流力学相似，即有

$$Re_t=Re_m$$

$$\frac{\rho_t l_t u_t}{\mu_t}=\frac{\rho_m l_m u_m}{\mu_m}$$

因为实物流动和模型流动所用介质均为空气，所以 $\rho_t=\rho_m$，$\mu_t=\mu_m$，且，$l_t=h_t=1.5m$，$u_t=v_t=30m/s$，$u_m=v_m=45m/s$，则模型高度为

$$h_m=l_m=\frac{l_t u_t}{u_m}=\frac{h_t v_t}{v_m}=\frac{1.5\times30}{45}=1 \text{ (m)}$$

因为实物流动和模型流动相似，它们的牛顿数必相等，即有

$$\frac{F_t}{\rho_t l_t^2 u_t^2}=\frac{F_m}{\rho_m l_m^2 u_m^2}$$

所以

$$F_t=\frac{F_m\rho_t l_t^2 u_t^2}{\rho_m l_m^2 u_m^2}=\frac{F_m l_t^2 u_t^2}{l_m^2 u_m^2}=\frac{1500\times1.5\times30^2}{1^2\times45^2}=1500（\text{N}）$$

【例 5-2】　利用文丘里流量计测量空气流量，已知空气的运动黏度为 $\nu_t=1.57\times10^{-5}\text{m}^2/\text{s}$，流量为 $Q_{Vt}=2.78\text{m}^3/\text{s}$，该流量计的尺寸为 $D_t=450\text{mm}$，$d_t=225\text{mm}$。现设计模型文丘里流量计，用10℃的水做试验，这时水与空气的流动动力相似，水的运动黏度 $\nu_m=1.31\times10^{-6}\text{m}^2/\text{s}$

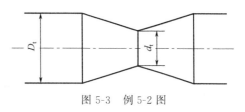

图 5-3　例 5-2 图

$(t_m=10℃)$，测得流量为 $Q_{Vm}=0.1028\text{m}^3/\text{s}$，试确定文丘里流量计模型的尺寸。

解：影响这一流动的因素主要是黏性力，根据雷诺数相等，有

$$Re_t=Re_m$$

即

$$\frac{v_t d_t}{\nu_t}=\frac{v_m d_m}{\nu_m}$$

或

$$\frac{Q_{Vt}}{v_t d_t}=\frac{Q_{Vm}}{v_m d_m}$$

模型尺寸为

$$d_m=d_t\frac{v_t Q_{Vm}}{v_m Q_{Vt}}\approx100（\text{mm}）$$

相似的实物和模型对应线性尺寸成同一比例，所以

$$D_m=\frac{D_t d_m}{d_t}\approx200（\text{mm}）$$

第二节　量纲分析及其应用

一、量纲

流体力学研究中，目前许多实际问题还不能用数学分析求解。有时虽然导出微分方程，但它是非线性的，很难求得精确解。这就不得不借助于实验寻求规律性，此即经验公式的来源。经验公式能近似地在一定范围内符合实际。经验公式的导出又和涉及某一物理现象的各参数的合理排列有关。借助于量纲分析把控制物理现象的参数化为无量纲积的关系，为进行实验、处理实验数据，提供极大方便。

流体力学中，量纲（因次）是指物理量的性质和种类。量纲可用量纲符号加方括号来表示，如长度、时间和质量的量纲可表示为 [L]、[T] 和 [M]。物理量的量纲分为基本量纲和导出量纲，基本量纲是独立的，不能从其他的量纲中导出。不同的单位制中有不同的基本量纲，基本量纲一经确定，所有其他导出量纲，均可由基本量纲乘幂组合而成。量纲分析法的目的是找出影响某一流动现象的各种变量，并把它们加以合理组合，成为无量纲积。在力

学中，常取长度 [L]、时间 [T]、质量 [M] 为基本量纲，其他的物理量的量纲都可用这三个基本量纲的指数函数的乘积表示出来（表 5-1）。量纲公式表示如下

$$[x]=[L^{\alpha}T^{\beta}M^{\gamma}] \qquad (5\text{-}20)$$

物理量 x 的性质和种类可由量纲式中的指数 α、β 和 γ 反映出来，流体力学中的量纲可划分为以下几种。

① $\alpha=\beta=\gamma=0$ 时，则 $[x]=[1]$，无量纲的量；

② $\alpha\neq0$，$\beta=\gamma=0$ 时，则 $[x]=[L^{\alpha}]$，几何学的量；

③ $\alpha\neq0$，$\beta\neq0$，$\gamma=0$ 时，则 $[x]=[L^{\alpha}T^{\beta}]$，运动学的量；

④ $\alpha\neq0$，$\beta\neq0$，$\gamma\neq0$ 时，则 $[x]=[L^{\alpha}T^{\beta}M^{\gamma}]$，动力学的量。

表 5-1 工程流体力学常用物理量的符号、量纲和单位

物　理　量		符号	量纲 [L]-[T]-[M]	单位(SI 制)
几何学的量	长度	l	$[L]$	m
	面积	A	$[L^2]$	m²
	体积	V	$[L^3]$	m³
	惯性矩	J	$[L^4]$	m⁴
运动学的量	时间	t	$[T]$	s
	速度	v	$[LT^{-1}]$	m/s
	运动黏度	ν	$[L^2T^{-1}]$	m²/s
	重力加速度	g	$[LT^{-2}]$	m/s²
	流量	Q	$[L^3T^{-1}]$	m³/s
动力学的量	质量	m	$[M]$	kg
	力	F	$[MLT^{-2}]$	N
	密度	ρ	$[ML^{-3}]$	kg/m³
	动力黏度	μ	$[ML^{-1}T^{-1}]$	N·s/m²
	压强	P	$[ML^{-1}T^{-2}]$	Pa=N/m²
	剪切应力	τ	$[ML^{-1}T^{-2}]$	N/m²
	弹性模量	E	$[ML^{-1}T^{-2}]$	N/m²
	表面张力系数	σ	$[MT^{-2}]$	N/m
	动量	M	$[MLT^{-1}]$	kg·m/s
	功、能	W	$[ML^2T^{-2}]$	J=N·m
	功率	P	$[ML^2T^{-3}]$	W=N·m/s

若 $[x]=[1]$，则称为无量纲数，也称纯数，无量纲数可以是一个纯粹的数值，也可以由几个物理量组合而成。无量纲数的特点如下。

① 无量纲数没有单位，其数值与所选用的单位无关；

② 在两个相似的流动之间，同名的无量纲数相等；

③ 在对数、指数、三角函数等超越函数的运算中，都必须是对无量纲来说的。

二、量纲的分析方法

1.量纲和谐性原理

量纲和谐性原理是指，一个正确、完整地反映客观规律的物理过程中，各项的量纲是一致的。量纲和谐性原理又称量纲一致性原理。量纲和谐性原理是量纲分析法的理论基础，其特征如下。

① 自然界中一切物理现象的规律都可用完整的物理方程来表达；

② 任何完整的物理方程都必须满足量纲和谐性条件。

2. 量纲分析步骤

利用量纲分析确定物理力学过程的函数关系时，可按下面的步骤进行。

① 列出所有与该物理现象有关的变量。它取决于人们对现象过程的了解、观察和分析，和对现象物理本质的了解程度。对现象有重要影响的变量不可丢掉，但可以略去一些次要变量。

② 将这些变量的量纲用基本量纲表示出来。

③ 将变量组成某种由基本量纲表示的量纲一致的函数关系（通常为各变量指数乘积关系）。

④ 将各量的量纲代入上面的指数乘积关系。

⑤ 利用关系式量纲的和谐性原理，对各基本量纲的指数列出代数方程，联立求解方程，将解得的指数代入函数中，得到函数的具体形式。

⑥ 试验确定所引入的无量纲常数。

3. 量纲分析方法

（1）瑞利法

瑞利法就是利用量纲和谐性原理建立物理方程的一种量纲分析方法。现举例说明瑞利法的应用。

【例 5-3】 假设声速与气流的压力、密度和黏度有关，试用瑞利法推导声速公式。

解： ①分析物理现象，列出所有与该物理现象有关的变量。显然，声速 c 与气体的压力 p、密度 ρ 和黏度 μ 有关，其函数关系式可以写为

$$c = k p^x \rho^y \mu^z$$

式中　　k——无量纲系数。

② 写出量纲方程，即

$$[c] = [k][p^x][\rho^y][\mu^z]$$

或

$$[L^1 T^{-1} M^0] = [1][L^{-x} T^{-2x} M^x][L^{-3y} T^0 M^y][L^{-z} T^{-z} M^z] = [L^{-x-3y-z} T^{-2x-z} M^{x+y+z}]$$

③ 利用量纲和谐原理建立关于指数的代数方程组，指数式两端同名基本量纲的指数应相同，所以有

$$\left.\begin{array}{r} -x - 3y - z = 1 \\ -2x - z = -1 \\ x + y + z = 0 \end{array}\right\}$$

解得 $x = -1/2$，$y = -1/2$，$z = 0$，所以

$$c = k p^{1/2} \rho^{-1/2} \mu^0 \text{ 或 } c = \sqrt{k \frac{p}{\rho}}$$

对完全气体有 $p = \rho R T$，所以声速公式为

$$c = \sqrt{k R T}$$

应用瑞利法应注意以下两点。

① 瑞利法只不过是一种量纲分析方法，所推得的物理方程是否正确与之无关，成败关键还在于对物理现象所涉及的物理量考虑得是否全面。在上例中，如果忽略了压力 p，就不

可能得到正确的声速公式。但是考虑了多余的变量却不会引起类似的问题，例如上例中的黏度 μ，即使考虑了这个多余的物理量也不会对推导结果产生任何的影响。

② 瑞利法对涉及物理量的个数少于 5 个的物理现象是非常方便的，对于涉及 5 个以上（含 5 个）变量的物理现象虽然也是适用的，但不如 π 定理方便。

（2）π 定理（E. Buckingham 定理）

如果一个物理现象包含 n 个物理量，m（流体力学中一般取 $m=3$）个基本量，则这个物理现象可由这 n 个物理量组成 $(n-m)$ 个无量纲量所表达的关系式来描述。因为这些无量纲量用 π 来表示，就把这个定理称为 π 定理。

π 定理广泛应用在量纲分析中，其实质是，将以有量纲的物理量表示的物理方程化为以无量纲量表述的关系式，使其不受单位制选择的影响。设影响某一物理现象的有量纲物理量有 i 个；x_1、x_2、x_3，$\cdots$，x_i，其函数关系式可表示为

$$f(x_1 、x_2 、x_3 ，\cdots，x_i)=0 \tag{5-21}$$

设这些物理量包含有 n 个基本量纲，则这个物理现象可用 $(i-n)$ 个无量纲量的组合量 π 表示的关系式来描述，即

$$F(\pi_1 、\pi_2 、\pi_3 ，\cdots，\pi_{i-n})=0 \tag{5-22}$$

应用 π 定理的步骤如下。

① 列出影响流动现象的全部 i 个物理量，写成如下的一般函数式

$$f(x_1 、x_2 、x_3 ，\cdots，x_i)=0$$

② 从 i 个物理量中选出三个基本量纲上彼此独立的物理量 x_1、x_2、x_3 作为基本物理量，通常取比较具有代表性的几何特征量、流体的物性参量和运动参量各一个，例如研究黏性流体管流时，取流体的密度、管道直径和平均流速作基本量。假定选择 x_1、x_2、x_3 作为基本量，基本量的量纲公式为

$$[x_1]=[\mathrm{L}^{\alpha_1} \mathrm{T}^{\beta_1} \mathrm{M}^{\gamma_1}]，[x_2]=[\mathrm{L}^{\alpha_2} \mathrm{T}^{\beta_2} \mathrm{M}^{\gamma_2}]，[x_3]=[\mathrm{L}^{\alpha_3} \mathrm{T}^{\beta_3} \mathrm{M}^{\gamma_3}]$$

这三个基本物理量在量纲上必须是独立的，它们不能组成一个无量纲量，也就是说，这三个基本物理量在量纲上必须满足的条件是：由这三个量的量纲指数组成的行列式不为 0，即

$$\begin{vmatrix} \alpha_1 & \beta_1 & \gamma_1 \\ \alpha_2 & \beta_2 & \gamma_2 \\ \alpha_3 & \beta_3 & \gamma_3 \end{vmatrix} \neq 0$$

③ 用这三个基本物理量的量纲组合，来表示其他 $(i-3)$ 个非基本物理量的量纲，这样可写出 $(i-3)$ 个量纲关系式

$$[x_j]=[x_1]^{\alpha_j}[x_2]^{\beta_j}[x_3]^{\gamma_j}\,(j=1,2,\cdots,i-3) \tag{5-23}$$

根据量纲和谐性原理，比较各量纲关系式等式两边 $[\mathrm{M}]$、$[\mathrm{L}]$、$[\mathrm{T}]$ 的量纲，可解出 α_j，β_j，γ_j。建立 $(i-3)$ 个无量纲的综合物理量，称为 π 项

$$\pi_{\mathrm{j}}=\frac{x_j}{x_1^{\alpha_j} x_2^{\beta_j} x_3^{\gamma_j}}\,(j=1,2,\cdots,i-3) \tag{5-24}$$

④ 写出描述物理现象的关系式，即将 i 个物理量之间的待求函数关系式可改写为 $(i-3)$ 个无量纲项之间的待求函数关系式

$$f(\pi_1 ,\pi_2 ,\cdots,\pi_{i-3})=0 \tag{5-25}$$

【例 5-4】 已知流体在圆管中流动时的压差 Δp 与下列因素有关：管道长度 l，管道直径

d，液体密度 ρ，流速 v，动力黏度 μ，管壁粗糙度 Δ，试用 π 定理证明水头损失 h_f 的计算公式为

$$h_f = \lambda \frac{l}{d} \frac{v^2}{2g}$$

解：①确定影响因素，共有 $i=7$ 个物理量，列出下列函数关系式

$$F(\Delta p, l, d, v, \rho, \mu, \Delta) = 0$$

② 在 7 个物理量中选取 3 个基本物理量：代表物性参量的 ρ，代表运动量的 v，代表几何尺度的 d，其量纲公式为

$$[\rho] = [L^{-3} T^0 M^1], \quad [v] = [L^1 T^{-1} M^0], \quad [d] = [L^1 T^0 M^0]$$

其量纲指数行列式为

$$\begin{vmatrix} \alpha_1 & \beta_1 & \gamma_1 \\ \alpha_2 & \beta_2 & \gamma_2 \\ \alpha_3 & \beta_3 & \gamma_3 \end{vmatrix} = \begin{vmatrix} -3 & 0 & 1 \\ 1 & -1 & 0 \\ 1 & 0 & 0 \end{vmatrix} = 1 \neq 0$$

所以上列这三个基本物理量的量纲是独立的，可以作基本量。

③ 写出 $i-3=4$ 个无量纲 π 项

$$\pi_1 = \frac{\Delta p}{\rho^{\alpha_1} v^{\beta_1} d^{\gamma_1}}, \quad \pi_2 = \frac{\mu}{\rho^{\alpha_2} v^{\beta_2} d^{\gamma_2}}, \quad \pi_3 = \frac{l}{\rho^{\alpha_3} v^{\beta_3} d^{\gamma_3}}, \quad \pi_4 = \frac{\Delta}{\rho^{\alpha_4} v^{\beta_4} d^{\gamma_4}}$$

由于 π_1 为无量纲量，则有

$$[\Delta p] = [\rho^{\alpha_1} v^{\beta_1} d^{\gamma_1}]$$

或

$$[L^{-1} T^{-2} M^1] = [L^{-3\alpha_1 + \beta_1 + \gamma_1} T^{-\beta_1} M^{\alpha_1}]$$

量纲指数构成的代数方程为

$$\left. \begin{array}{l} \alpha_1 = 1 \\ -3\alpha_1 + \beta_1 + \gamma_1 = -1 \\ -2 = -\beta_1 \end{array} \right\}$$

解得 $\alpha_1 = 1$，$\beta_1 = 2$，$\gamma_1 = 0$，所以

$$\pi_1 = \frac{\Delta p}{\rho v^2}$$

同理，根据量纲和谐性原理可得

$$\pi_2 = \frac{\mu}{\rho v d}, \quad \pi_3 = \frac{l}{d}, \quad \pi_4 = \frac{\Delta}{d}$$

④ 无量纲关系式为

$$f(\pi_1, \pi_2, \pi_3, \pi_4) = f\left(\frac{\Delta p}{\rho v^2}, \frac{\mu}{\rho v d}, \frac{l}{d}, \frac{\Delta}{d} \right) = 0$$

或

$$\frac{\Delta p}{\rho v^2} = f\left(\frac{\mu}{\rho v d}, \frac{l}{d}, \frac{\Delta}{d} \right)$$

可化为

$$\Delta p = f\left(\frac{\mu}{\rho v d}, \frac{l}{d}, \frac{\Delta}{d} \right) \rho v^2$$

水头损失为

$$h_{\mathrm{f}}=\frac{\Delta p}{\rho g}=f\left(\frac{\mu}{\rho v d},\frac{l}{d},\frac{\Delta}{d}\right)\frac{v^2}{2g}$$

引入雷诺数 $Re=\rho v d/\mu$ 和相对粗糙度 $\varepsilon=\Delta/d$，则有

$$h_{\mathrm{f}}=f(Re,\varepsilon)\frac{l}{d}\frac{v^2}{2g}$$

上式又可表示为

$$h_{\mathrm{f}}=\lambda\frac{l}{d}\frac{v^2}{2g}$$

上式就是水头损失的计算公式，称为达西公式。式中 $\lambda=f(Re,\varepsilon)$ 称为阻力系数，其值可由实验确定或经验公式等方法得到。

这里需要注意的是，始终使用的函数符号 f 并不表示明确的函数关系，而只是表示以其后括号里的物理量或无量纲量决定的一个量。例如，$f(1/Re)=2f(Re)$ 成立，而 $3\sin(1/x)=\sin x$ 不一定成立，因为"sin"是一个具有明确含义的函数，而 f 不是确定函数，如 $f(1/Re)$ 和 $2f(Re)$ 仅仅表示两者都是 Re 的函数而已。

【例 5-5】 已知有一直径为 d 的圆球，在黏性系数为 μ，密度为 ρ 的液体中以等速 v 下降，试求圆球受到的阻力 F？

解： ①确定影响因素，共有 $i=5$ 个物理量，列出下列函数关系式

$$F(F,d,v,\rho,\mu)=0$$

② 选取流体密度 ρ、流速 v 和管径 d 为基本量，它们的量纲公式为

$$[\rho]=[\mathrm{L}^{-3}\mathrm{T}^{0}\mathrm{M}^{1}],\ [v]=[\mathrm{L}^{1}\mathrm{T}^{-1}\mathrm{M}^{0}],\ [d]=[\mathrm{L}^{1}\mathrm{T}^{0}\mathrm{M}^{1}]$$

其指数行列式为 1，不等于 0，可以作为基本量。

③ 现在便可以用其他的 $i-3=2$ 个量与这 3 个基本量组成 4 个无量纲量了，即

$$\pi_1=\frac{F}{\rho^x v^y d^z}$$

由于 π_1 为无量纲量，则有

$$[F]=[\rho^x v^y d^z]$$

或

$$[\mathrm{M}^1\mathrm{L}^1\mathrm{T}^{-2}]=[\mathrm{M}^x\mathrm{L}^{-3x+y+z}\mathrm{T}^{-y}]$$

量纲指数构成代数方程为

$$\left.\begin{aligned}x&=1\\-3x+y+z&=1\\-y&=-2\end{aligned}\right\}$$

可解得 $x=1$，$y=2$，$z=2$，所以

$$\pi_1=\frac{F}{\rho v^2 d^2}$$

同理可得

$$\pi_2=\frac{\mu}{\rho v d}$$

④ 无量纲关系式为

$$f(\pi_1,\pi_2)=f\left(\frac{F}{\rho v^2 d^2},\frac{\mu}{\rho v d}\right)=0$$

或

$$\frac{F}{\rho v^2 d^2} = f\left(\frac{\mu}{\rho v d}\right)$$

可化为

$$F = \rho v^2 d^2 f\left(\frac{\mu}{\rho v d}\right)$$

等式右边分子分母均乘以 $\rho \mu$ 后，整理可得

$$F = \frac{\mu^2}{\rho} f\left(\frac{\rho v d}{\mu}\right) = \frac{\mu^2}{\rho} f\left(Re\right)$$

无量纲积为常数，故两个无量纲积相加减乘除仍为无量纲积，其任意方幂亦为无量纲积。在工程实际中，如何进行简化和处理，要视实际需要而定。通常尽可能使无量纲积的数目减至最少，以减轻实验的工作量，但又要能反映各量的物理本质。上例中 $f(Re)$ 是雷诺数的函数，μ^2/ρ 表明流体物理性质。

思考题

5-1 在工程流体力学中，学习量纲分析和相似理论有什么实际意义？

5-2 几何相似、运动相似、动力相似的含义是什么？

5-3 几何相似的实质是什么？流动相似的充分必要条件是什么？

5-4 动力相似的判据是什么？什么是相似准则？

5-5 为什么说牛顿准则是决定流动相似的基本准则？

5-6 各相似准则数的物理意义是什么？

5-7 什么是量纲？量纲与单位两者有何区别和联系？流体力学中量纲可划分为哪几类？

5-8 什么是量纲？在工程流体力学中，如果不考虑温度变化，一般选取哪些量纲作为基本量纲？

5-9 什么是无量纲数？其特点是什么？

5-10 什么是量纲和谐性原理？有什么用处？

5-11 什么是瑞利量纲分析法？瑞利量纲分析法有何优缺点？

5-12 什么是 π 定理？在应用 π 定理分析问题时，若基本物理量选择不同是否会导致其结果也不同？为什么？

习 题

5-1 油船长 60m，吃水面积 400m²，船速 6m/s。现用模型在水中进行实验，模型吃水面积 1m²，如果只计重力影响，求模型长度及船速。

5-2 一长为 3m 的模型船以 2m/s 的速度在淡水中拖曳时，测得的阻力为 50N，试求：
(1) 如果原型船长 45m，以多大的速度行驶才能与模型船动力相似。

(2) 当原型船以上面 (1) 中求得的速度在海中航行时，所需的拖曳力为多少？（海水密度为淡水的 1.025 倍。仅考虑船体的兴波阻力相似，不需考虑黏滞力相似，即仅考虑重力相似。）

5-3 实船的航速为 37km/s，欲在水池中用模型测定它的兴波阻力。设模型尺寸是实船的 1/30，问模型在水中的速度应为多少？若测得模型的阻力为 10N，则实船阻力为多少？

5-4 用长度比尺 $\lambda_l = 225$ 的模型进行游泳池放水模型实验，已知模型池开闸 10min，水全部放空，试求放空游泳池所需时间 t_t。

5-5 用长度比尺 $\lambda_l = 60$ 的模型进行防浪堤模型实验，若测得模型波压力为 $F_m = 130N$，试求作用在原型防浪堤上的波压力 F_t。

5-6 如图 5-4 所示，原型号溢流阀直径 $D_t = 25mm$，最大开度 $x_t = 2mm$ 时，压差 $\Delta p_t = 1.0 \times 10^3 kPa$，流量 $Q_{Vt} = 5L/s$，轴向作用力 $F_t = 150N$。用同种流体作为工作介质，拟研制新型号溢流阀，使其流量增大 4 倍而压差只增大 2 倍，并保证力学相似。试问新型号溢流阀的直径 D_m、最大开度 x_m 及最大开度时的轴向力 F_m。

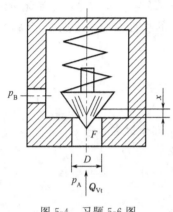

图 5-4 习题 5-6 图

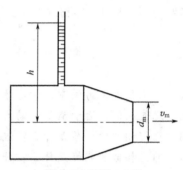

图 5-5 习题 5-7 图

5-7 用水试验如图 5-5 所示的管嘴，模型管嘴直径 $d_m = 30mm$，当 $h = 50mm$ 时，得流量 $Q_{Vm} = 18 \times 10^{-3} m^3/s$，出口射流的平均流速 $v_m = 30m/s$，为保证管嘴流量 $Q_V = 0.1m^3/s$ 及出口射流的平均流速 $v = 60m/s$，问原型管嘴直径及水头 h 应为多少？已知试验在阻力平方区（自模化区）。

5-8 判断下列综合数是否为量纲数：

(1) $\sqrt{\dfrac{\rho}{\Delta p}} \times \dfrac{Q}{L^2}$；(2) $\sqrt{\dfrac{\Delta p}{\rho}} \times \dfrac{Q}{L^2}$；(3) $\dfrac{\rho Q}{\Delta p L^2}$；(4) $\dfrac{\Delta p L Q}{\rho}$；(5) $\dfrac{\rho L}{\Delta p Q^2}$。

5-9 假定气体中的声速 c 依赖于气体的密度 ρ、压强 p 和动力黏度 μ，试应用量纲分析法求出声速 c 的函数关系。

5-10 试用量纲分析法验证通过薄壁小孔的气体流量 Q_m 等于

$$Q_m = d^2 \sqrt{\frac{\Delta p}{\rho}} f\left(\frac{\mu}{d\sqrt{\Delta p \rho}}\right)$$

式中，d 为小孔直径；Δp 为小孔两端压差；ρ 为气体密度；μ 为气体的动力黏度。

第六章

管路中流动阻力和水头损失

通过前面的学习已经知道，能量方程在解决工程实际问题中有极其重要的作用。然而实际流体由于具有黏性，在利用能量方程之前，就需要首先确定能量损失的大小，才能应用能量方程解决实际问题。流动过程中产生的能量损失在黏性流体管流中主要表现为水头损失。水头损失是伯努利方程中非常重要的一项，但是在第四章中并没有进行深入探讨。本章将在黏性流体运动方程以及流态判别的基础上，探讨水头损失的分类和计算方法。

第一节　管路中流体运动的两种状态及判别标准

经过长期的观察，哈根约在 1840 年发现并提出黏性流体的流动有两种截然不同的流动状态。直至 1883 年，英国物理学家雷诺用实验证明了两种流态的存在，确定了流态的判别方法及其与能量损失的关系。

一、雷诺实验

雷诺实验装置如图 6-1 所示。在尺寸足够大的水箱 1 中装有保证水位恒定的隔板和过滤杂质的滤网。实验用管嘴 2 把玻璃管 7 与水箱连接。玻璃管右端装有一个阀门 3，用以调节管中水的流速，流出的流量由量桶 8 来测定。为了观察流动变化，在水箱上再加装一个内装有色液体的容器 4，在容器 4 接出的小管上装有阀门 5，用以调节其流量。小管下部装有空心针头 6，通过空心针头 6 将有色液体导入玻璃管中，使有色液体随水流一起流动。

实验分为以下四个过程。

① 稍稍打开阀门 3 和阀门 5，这时可以看到有色液体在玻璃管内形成一条非常平稳的直线形状的流线。如图 6-1(a) 所示，说明管中的流体质点无横向运动，只是沿着管轴线在各自的流层中做各层间无相互混杂的直线流动，这种运动状态称为层流。

② 将玻璃管出口的阀门逐渐开大，增加管内的水流速度，可以看到，在一定范围内仍保持层流运动状态。当速度增加到某一数值时，可以发现有色的流线逐渐开始抖动，由直线变成曲线，而且局部地方出现了中断现象，如图 6-1(b) 所示。这说明管内的层流受到扰动，逐渐出现径向流动，管内水层之间出现了不稳定的振动现象。但是尽管此时有色流线变成曲线，但是仍处于轴线附近，此状态为过渡状态。

③ 继续开大玻璃管出口的阀门，玻璃管中的流量进一步增大，当管中的流速超过某一流速时，有色流线开始破裂，距玻璃管的入口段一定距离后完全消失，如图 6-1(c) 所示。

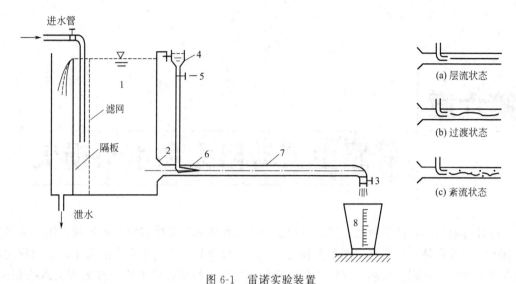

图 6-1　雷诺实验装置

1—水箱；2—管嘴；3,5—阀门；4—容器；6—空心针头；7—玻璃管；8—量桶

这表明玻璃管中的有色流体质点产生了显著的径向流动，完全扩散到水中。此时玻璃管中的流体已不再做有规律的层状流动，而是做径向和轴向混合的复杂运动，称此流动状态为湍流或紊流。阀门3继续开大，管中水流将一直处于这种状态。

④ 如果将玻璃管出口的阀门3由全开又逐渐关小，就会发现玻璃管中产生了由无色线再到清晰的直色线的过程，这表明玻璃管中的流动由湍流状态逐渐转变为层流状态。

通过雷诺实验人们认识到，流动存在以下三种流动状态：第一种，当流速小于某一值时，流动状态主要表现为流体质点的摩擦和变形，这种流体质点互不干扰各自成层的流动称为层流；第二种，当流速大于某一值时，流动状态则主要表现为流体质点的互相掺混，这种流体质点之间互相掺混杂乱无章的流动称为紊流；第三种，流动状态表现为层流到紊流的过渡，称为过渡状态。如果实验从大流速到小流速进行，会出现相反变化过程。

二、流态的判别

1. 临界流速

上述实验说明，当流速增大时，流动状态由层流转变为紊流是在某一流速时发生的，这个流速称为上临界速度，用符号 v_{cu} 表示；当流速减小到某一流速时，流动状态又由紊流转变为层流，这个速度称为下临界速度，用符号 v_{cd} 表示。实验发现，上临界速度的大小不稳定，而下临界速度则比较稳定。由实验测得 $v_{cu} > v_{cd}$。

由此可知，流动状态可以按管中速度值分为：当 $v > v_{cd}$ 时，管中流动为紊流状态；当 $v < v_{cu}$ 时，管中流动为层流状态；当 $v_{cd} < v < v_{cu}$ 时，管中液流既可能是紊流状态也可能是层流状态，在这个范围内流动处于不稳定的过渡状态。

对临界速度的大量实验研究总结出这样的规律：临界速度的大小取决于过流断面的几何尺寸（对于圆管为直径 d）和所研究流体的黏度 ν。其规律为：ν 增加，v_{cd} 增加；相反 ν 减小，v_{cd} 减小；d 增加，v_{cd} 减小；相反 d 减小，v_{cd} 增加。

2. 雷诺数

雷诺不仅设计了上述实验，将流动分为层流和紊流两类，而且通过大量实验得到了可以用来判断流动是层流还是紊流的雷诺数。

雷诺发现，黏性流体的流动是层流还是紊流不仅和流速有关，而且和流体的性质（密度、黏度）、管道的特征尺寸（管长、管径）有关。雷诺通过大量实验得到了这些参数组成的一个无量纲数 Re。

对应于上、下临界速度有

$$Re_{cu} = \frac{\rho v_{cu} d}{\mu} = \frac{v_{cu} d}{\nu} \text{（上临界雷诺数）}$$

$$Re_{cd} = \frac{\rho v_{cd} d}{\mu} = \frac{v_{cd} d}{\nu} \text{（下临界雷诺数）}$$

对于任一平均速度有

$$Re = \frac{v d}{\nu} \tag{6-1}$$

这样，对用平均速度 v 与临界速度 v_{cu} 和 v_{cd} 相比较来判断流态，转为以相应的雷诺数 Re_{cu} 和 Re_{cd} 与 Re 的比较决定流动状态。当 $Re < Re_{cd}$ 时，流动为层流；当 $Re_{cd} < Re < Re_{cu}$ 时流动为不稳定的过渡状态；当 $Re > Re_{cu}$ 时流动为紊流状态。

对圆管所进行的大量实验得出经验数值为：下临界雷诺数 $Re_{cd} = 2320$，上临界雷诺数 $Re_{cu} = 13800$，甚至更高些，它与实验的环境条件和流动起始状态有关。为使计算结果偏于安全，在工程实际中以下临界雷诺数 Re_{cd} 作为层流和紊流的流态判别准则。对于圆管将临界雷诺数取为 2000，因此当 $Re < 2000$ 时，即可认为流动为层流；当 $Re \geqslant 2000$，即可认为流动为紊流。

【例 6-1】　某一管路的管径为 20mm。若温度 15℃时的水通过此管时，平均流速为 1m/s，问流动状态是层流还是紊流？其他条件不变，又当黏度为 $0.6 \times 10^{-4} \, \text{m}^2/\text{s}$ 的石油通过此管路是层流还是紊流？

解：水在管路中流动的雷诺数为

$$Re = \frac{v d}{\nu} = \frac{0.02 \times 1}{0.0114 \times 10^{-4}} = 17500$$

因 $Re > 2000$，故为紊流。

石油在管中流动的雷诺数

$$Re = \frac{v d}{\nu} = \frac{0.02 \times 1}{0.6 \times 10^{-4}} = 333$$

因 $Re < 2000$，故为层流。

3. 损失与平均流速的关系

如图 6-2 所示，在雷诺实验装置的玻璃管上，距离为 l 处开两个测压小孔，安装两根测压管，流体在等直径的水平管路中稳定流动时，对两个测压管所在断面列能量方程可得

$$h_f = \frac{p_1 - p_2}{\rho g}$$

测压管测得压差为 l 长管段内的水头损失，不断改变管中的流速可得到一系列相应的水头损失，将实验结果整理可得出如图 6-2(b) 所示的曲线。无论是层流还是紊流状态，实验点都分别集中在不同斜率的直线上，其方程可以写成如下的形式

$$\lg h_f = \lg k + m \lg v$$

（1）对于层流区

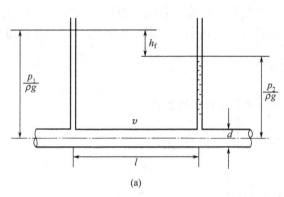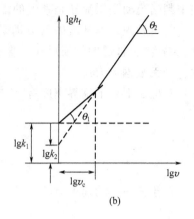

图 6-2 测压管

其中 $\theta_1 = 45°$, $m = 1$。则有 $\lg h_f = \lg k + \lg v$，因此

$$h_f = kv$$

该式说明，当流动处于层流状态时，沿程水头损失与平均速度的一次方成正比。

（2）对于紊流区

θ_2 实测为 $60°12' \sim 63°26'$，$m = 1.75 \sim 2$，则有

$$\lg h_f = \lg k + (1.75 \sim 2) \lg v = \lg k v^{1.75 \sim 2}$$

可以看出，当流动处于紊流状态时，沿程水头损失与平均速度的 $1.75 \sim 2$ 次方成正比。

上面的实验结果指出，在流动阻力和损失的计算中，必须按层流和紊流分别加以研究，找出各自不同的速度分布规律和损失计算方法。

第二节　管路中流动阻力与水头损失

流体在管路流动时，其压能的消耗主要包括两部分：一是用于克服地形高差所需要的位能，这与管道沿线地形高低起伏变化有关；二是由于流体在管道内流动过程中，其与管壁、管件设备之间存在的摩擦或撞击所引起的能量损失，称为摩阻损失，这部分损失与流体介质的性质及流速等因素有关。

黏性流体在管道中流动时，通常可将流动阻力分为沿程阻力和局部阻力两大类。

一、沿程阻力与沿程水头损失

黏性流体在管道中流动时，流体与管壁面以及流体之间存在摩擦力，所以沿着流动路程，流体流动时总是受到摩擦力的阻滞，这种沿流程的摩擦阻力称为沿程阻力；流体为克服沿程阻力而损失的能量称为沿程损失，即沿程水头损失。

沿程损失是发生在缓变流整个流程中的能量损失，它的大小与流动的管道长度成正比，即管道越长，沿程损失越大。造成沿程损失的原因是流体的黏性，因而沿程损失的大小与流体的黏度以及流动状态都有密切关系。

单位质量流体的沿程损失称为沿程水头损失，用 h_f 表示。在管道流动中的沿程损失可用下式求得

$$h_f = \lambda \frac{l}{d} \frac{v^2}{2g} \tag{6-2}$$

式中 λ——沿程阻力系数，或称沿程损失系数，是一个无量纲的系数；

l——管道长度，m；

d——管道内径，m；

v——管道中有效截面上的平均流速，m/s。

上式为达西-魏斯巴赫公式，简称为达西公式。需要说明的是，尽管达西公式是由水平管道这个特例推出的，但是对于倾斜直管照样成立。

二、局部阻力与局部水头损失

在液流断面急剧变化以及液流方向转变的地方会产生能量损失，称为局部水头损失。局部水头损失发生在局部管件中，是由于在局部管件中产生涡流、变形、加速或减速以及流体质点间剧烈碰撞而引起的动量减小所产生的能量损失。换句话说，管流中的局部水头损失是由于各种障碍破坏了流体的正常流动而引起的损失。局部水头损失的大小取决于各种障碍的类型，其特点是集中在管道中的较短的流程上。为了简化计算，近似地认为局部损失集中在管道的某一横截面上。

单位质量流体的局部水头损失用 h_ξ 表示，可用下式求得

$$h_\xi = \xi \frac{v^2}{2g} \tag{6-3}$$

式中 ξ——局部阻力系数，或称局部损失系数，是一个无量纲的系数。

从理论上计算局部阻力系数是较困难的，仅有极少量的局部阻力系数可用理论分析方法推得，而绝大多数的局部阻力都需要用实验方法来确定。石油工业中一些常见的管件的局部阻力系数见表 6-1。

表 6-1　石油工业中一些常见的管件的局部阻力系数

局部阻力	图示	$\frac{l_当}{d}$	ζ_0	局部阻力	图示	$\frac{l_当}{d}$	ζ_0
无保险门的油罐出口	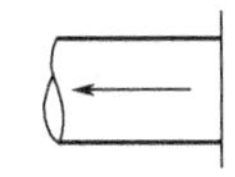	23	0.50	转弯三通	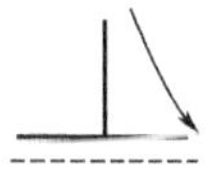	23	0.50
带保险门的油罐出口		40	0.90	转弯三通	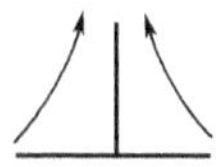	136	3.00
带起落管的油罐出口	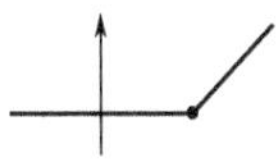	100	2.20	转弯三通	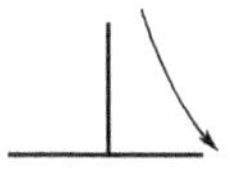	40	0.90
45°焊接弯头	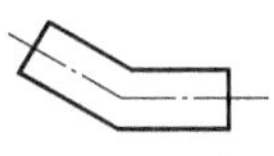	14	0.30	闸阀		18	0.40
90°单折焊接弯头	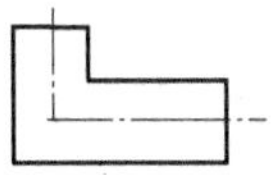	60	1.30	球心阀		320	7.00
90°双折焊接弯头	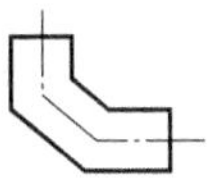	30	0.65	转心阀		23	0.50

局部阻力	图示	$\dfrac{l_当}{d}$	ζ_0	局部阻力	图示	$\dfrac{l_当}{d}$	ζ_0
圆弯头($R=3d$)	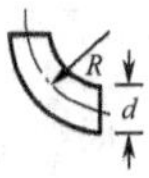	23	0.50	带滤网 止逆阀	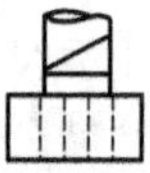	160	3.50
圆弯头($R=4d$)	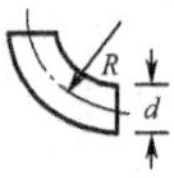	16	0.35	单流供给阀		360	8.00
通过三通	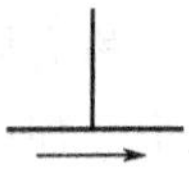	2	0.04	单流保险阀	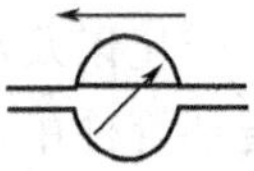	82	1.80
通过三通	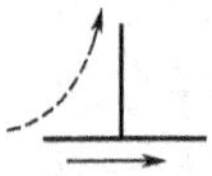	4.5	0.10	填料函式 伸缩阀	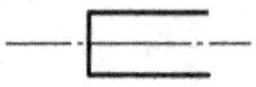	14	0.30
通过三通		18	0.40	波纹式 伸缩阀		14	0.30
转弯三通	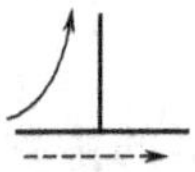	45	1.00	透明油品 过滤器		77	1.70
转弯三通	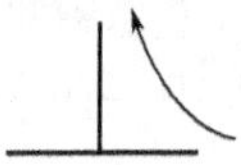	60	1.30	不透明油品 过滤器	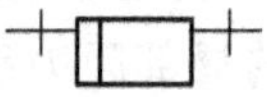	100	2.20

三、总水头损失

在工程实际中，流体在管道中流动总是要同时产生沿程水头损失和局部水头损失的。于是在某段管道上流体产生的总的能量损失应该是这段管路上各种能量损失的迭加，即等于所有沿程水头损失和局部水头损失的和，用公式表示为

$$h_w = \sum h_f + \sum h_\xi \tag{6-4}$$

第三节　圆管中的层流流动

虽然工程上的大多数流体运动为紊流，但是在某些小管径、小流量或黏性较大的输油管路中，也会出现层流。因此研究层流运动的规律不仅具有一定的实际意义，而且也是进一步研究紊流运动的基础。

一、均匀流动的基本方程

均匀流动是指过流断面的大小和形状沿程不变，并且过流断面上的流速分布也不变的流动。由此可见，均匀流是缓变流的极限情况，它应具有下列性质。

① 过流断面为平面，断面上的压强分布服从静力学规律，即：$z + \dfrac{p}{\rho g} =$ 常数。

② 各断面相应点的流速相等，并且断面平均流速也相等。

③ 能量损失只有沿程损失，而且流体在单位长度上的沿程损失都相等。

在实际工程中，流体在直径不变的管道中做稳定流动就属于均匀流动。如图 6-3 所示，现取一段长度为 L 的流体段，以任何两断面 1—1 和 2—2 列写能量方程

$$z_1 + \frac{p_1}{\rho g} + \frac{a_1 v_1^2}{2g} = z_2 + \frac{p_2}{\rho g} + \frac{a_2 v_2^2}{2g} + h_\mathrm{f}$$

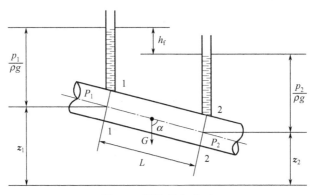

图 6-3　圆管均匀流动

根据均匀流性质，将 $\dfrac{a_1 v_1^2}{2g} = \dfrac{a_2 v_2^2}{2g}$ 代入上式得

$$\left(z_1 + \frac{p_1}{\rho g}\right) - \left(z_2 + \frac{p_2}{\rho g}\right) = h_\mathrm{f} \tag{6-5}$$

此式表明，均匀流两过流断面间的沿程损失等于这两个过流断面上的测压管水头之差。

由于沿程损失是流体克服沿程阻力所产生的，为了建立沿程损失与沿程阻力之间的关系，分析作用在过流断面 1—2 上的所有外力，即

端面压力：　　　　　　　　　　$p_1 A$；$p_2 A$

重力分量：　　　　　　　　　　$\rho g L A \cos\alpha$

管壁切力：　　　　　　　　　　$\tau X L$

式中　τ——管壁单位面积上的切应力；

　　　X——过流断面湿周。

因为均匀流动为等速运动，所以上述各力的合力沿流向为零，即

$$p_1 A - p_2 A + \rho g L A \cos\alpha - \tau X L = 0$$

由图 6-3 可知，$L\cos\alpha = z_1 - z_2$，将此代入上式，并用 $\rho g A$ 除各项可得

$$\left(z_1 + \frac{p_1}{\rho g}\right) - \left(z_2 + \frac{p_2}{\rho g}\right) = \frac{\tau X L}{\rho g A} \tag{6-6}$$

比较式 (6-5) 和式 (6-6) 得

$$h_\mathrm{f} = \frac{\tau X L}{\rho g A}$$

由于 $\dfrac{X}{A} = \dfrac{1}{R}$，$R$ 为水力半径，所以

$$\left. \begin{aligned} h_\mathrm{f} &= \frac{\tau L}{\rho g R} \\ \tau &= \rho g R \frac{h_\mathrm{f}}{L} = \rho g R i \end{aligned} \right\} \tag{6-7}$$

式中，$i=\dfrac{h_\mathrm{f}}{L}$ 为单位长度的沿程损失，称水力坡度。

公式(6-7) 就是均匀流动的基本方程。该方程表明：流体做均匀流动时，沿程损失 h_f 与切应力 τ 及流段长度 L 成正比，与水力半径 R 及流体的重度 γ（$\gamma=\rho g$）成反比。

二、层流的切应力及速度分布

如图 6-4 所示，圆管中的层流运动，就好像无数层很薄的圆筒，一个套着一个地相对滑动，而且愈靠近轴心，流速愈大，直接和管壁接触的那一层，因流体黏附在管壁上，所以流速为零，而管轴处流速最大，为 $u_{\max}$。现在分析一下在整个断面上的切应力和速度的分布规律。

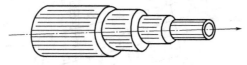

图 6-4　圆管的流层运动

1. 切应力分布

设圆管半径为 r，由均匀流动基本方程可得

$$\tau=\frac{r}{2}\rho gi=\frac{\Delta pr}{2L} \tag{6-8}$$

此式表明，在圆管流层中，过流断面上的切应力沿半径方向按直线规律分布的。当 $r=0$ 时，即在管轴处，$\tau=0$；当 $r=R$ 时，即在管壁处，$\tau=\tau_0=\rho g\dfrac{R}{2}i=\dfrac{\Delta pR}{2L}$，切应力最大，如图 6-5 所示。

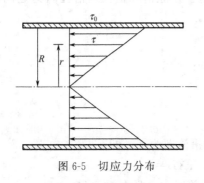

图 6-5　切应力分布

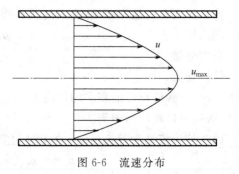

图 6-6　流速分布

2. 速度分布

在流层状态下，各流层间的切应力可以由牛顿内摩擦定律来确定，即

$$\tau=-\mu\frac{\mathrm{d}u}{\mathrm{d}r}$$

将此式与式(6-8) 比较，得

$$-\mu\frac{\mathrm{d}u}{\mathrm{d}r}=\frac{1}{2}\rho gir$$

即

$$\mathrm{d}u=-\frac{\rho gi}{2\mu}r\,\mathrm{d}r$$

在均匀流中，ρ、μ、i 都是常数。因此，上式积分得

$$u=-\frac{\rho gi}{4\mu}r^2+C$$

当 $r=R$ 时，$u=0$，$C=\dfrac{\rho g i}{4\mu}R^2$。

所以圆管层流的速度分布为

$$u=\frac{\rho g i}{4\mu}(R^2-r^2)=\frac{\Delta p}{4\mu L}(R^2-r^2)\qquad(6\text{-}9)$$

式(6-9)表明，流体在圆管内做流体运动时，断面上各点的流速按抛物线形状分布，如图 6-6 所示。

（1）最大速度

当 $r=0$ 时，即在管轴上，可达最大流速，其值为

$$u_{\max}=\frac{\rho g i}{4\mu}R^2=\frac{\rho g h_\lambda}{16\mu L}D^2=\frac{\Delta p}{16\mu L}D^2\qquad(6\text{-}10)$$

（2）流量

在过流断面上半径 r 处取一个厚度为 $\mathrm{d}r$ 的微型小圆环，如图 6-7 所示，此环面积的流量为 $\mathrm{d}Q=2\pi ur\mathrm{d}r$，在整个有效断面上积分后可得出管中的流量为

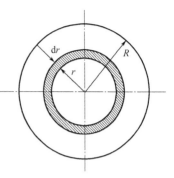

图 6-7　环面积

$$Q=\int_A \mathrm{d}Q=\int_A 2\pi ur\,\mathrm{d}r=2\pi\int_0^R\frac{\Delta p}{4\mu L}(R^2-r^2)r\,\mathrm{d}r=\frac{\Delta p\pi}{2\mu L}\int_0^R(R^2-r^2)r\,\mathrm{d}r=\frac{\Delta p\pi}{8\mu L}R^4$$

所以流量为

$$Q=\frac{\Delta p\pi}{128\mu L}d^4\qquad(6\text{-}11)$$

式(6-11)为哈根-泊谡叶定律。该式表明层流状态下圆管中流量与管径的四次方成比例。

（3）平均流速

由平均流速的定义可得

$$v=\frac{Q}{A}=\frac{\Delta p}{32\mu L}d^2=\frac{\rho g h_f}{32\mu L}d^2\qquad(6\text{-}12)$$

比较式(6-10)和式(6-12)，得

$$v=\frac{1}{2}u_{\max}$$

此式说明，牛顿流体圆管层流时的断面平均流速为管轴上最大流速的 1/2。

三、层流沿程损失计算

根据式(6-12)可得

$$h_f=\frac{32\mu L}{\rho g d^2}v\qquad(6\text{-}13)$$

公式(6-13)从理论上证明了层流沿程损失和平均流速的一次方成正比，这与雷诺实验结果是一致的。

将式(6-13)用流速水头的倍数来表示

$$h_f=\frac{32\mu L}{\rho g d^2}v=\frac{64\mu}{\rho vd}\times\frac{L}{d}\times\frac{v^2}{2g}=\frac{64}{Re}\times\frac{L}{d}\times\frac{v^2}{2g}$$

若令 $\lambda=\dfrac{64}{Re}$，则上式可写成

$$h_f=\lambda\frac{L}{d}\times\frac{v^2}{2g}\qquad(6\text{-}14)$$

式中，λ 称为沿程阻力系数（无量纲）。

公式(6-14) 即为圆管层流沿程损失计算公式，又称达西公式。该式表明：层流的沿程损失与管长、管径、断面平均流速以及沿程阻力系数有关。而圆管层流的沿程阻力系数 $\lambda = \frac{64}{Re}$ 则表明；λ 仅与雷诺数 Re 有关，且成反比。

若将式(6-14)用压强损失形式表式，则为

$$p_{\mathrm{f}} = \lambda \frac{L}{d} \times \frac{v^2}{2g} \rho g \qquad (6\text{-}15)$$

【例 6-2】 已知某冷冻机润滑油管的直径 $d = 10\mathrm{mm}$，管长 $L = 5\mathrm{m}$，油流量 $Q_V = 80\mathrm{cm}^3/\mathrm{s}$，润滑油的运动黏滞系数 $\nu = 1.802\mathrm{cm}^2/\mathrm{s}$，试求润滑油管道的沿程水头损失。

解： 管内润滑油的平均流速

$$v = \frac{80}{\frac{\pi}{4} \times 1^2} = 102 \text{（cm/s）}$$

相应流速下的雷诺数

$$Re = \frac{vd}{\nu} = \frac{102 \times 1}{1.802} = 56.6 < 2300$$

故为层流。

沿程阻力系数为

$$\lambda = \frac{64}{Re} = \frac{64}{56.6} = 1.13$$

沿程水头损失为

$$h_{\mathrm{f}} = \lambda \frac{L}{d} \times \frac{v^2}{2g} = 1.13 \times \frac{5}{0.01} \times \frac{(1.02)^2}{2 \times 9.8} = 30 \text{ [m（油柱）]}$$

【例 6-3】 用直径 $d = 305\mathrm{mm}$ 管道，输送 $\rho = 980\mathrm{kg/m}^3$，$\nu = 4\mathrm{cm}^2/\mathrm{s}$ 的重油。若流量 $Q_V = 60\mathrm{L/s}$，起点标高 $z_1 = 85\mathrm{m}$，终点标高 $z_2 = 105\mathrm{m}$，管长 $L = 1800\mathrm{m}$。试求管道中重力压力降为多少？

解： 题中所求压力降是指管道起点 1—1 断面与终点断面 2—2 间静压力差 $\Delta p = p_1 - p_2$。由于管道为等断面，流速不变，故有

$$z_1 + \frac{p_1}{\rho g} = z_2 + \frac{p_2}{\rho g} + h_{\mathrm{L}}$$

则

$$\Delta p = p_1 - p_2 = \rho g (z_2 - z_1 + h_{\mathrm{L}})$$

由连续性方程得

$$v = \frac{Q_V}{A} = 0.824\mathrm{m/s}$$

由于

$$Re = \frac{vd}{\nu} = 625 < 2320$$

所以为层流，可得沿程损失为

$$\Delta p = p_1 - p_2 = \rho g (z_2 - z_1 + h_{\mathrm{L}}) = \rho g \left(z_2 - z_1 + \lambda \frac{L}{d} \frac{v^2}{2g}\right) = 3.94 \times 10^5 \text{ （Pa）}$$

第四节　圆管紊流运动

在实际工程中，由于绝大多数的流体运动都是紊流，所以研究紊流运动的特征和规律更具有实际意义。本节将介绍有关紊流的一些基本概念，并着重讨论管内紊流沿程损失的计算

问题。

一、紊流的脉动现象和时均法

如前所示，紊流时流体质点的运动是极不规则的，各流层间的质点相互混杂、碰撞，必然导致流体质点除了具有平行于管轴方向的横向分速外，还有垂直于管轴方向的纵向分速。用精密仪器测量某一空间点瞬时流速可以发现，横向分速在纵向分速大小和方向的影响下随时间变化，如图 6-8 所示。但实验证明，这种变化在足够长时间内，始终围绕某一平均值而上下波动。同流速一样，紊流的压强和其他运动要素也有这样的现象。这种运动参数围绕某一平均值而上下波动的现象，称为脉动现象。这一平均值称为时间平均值，简称时均速度，用字母 $\bar{u}_x$ 表示，即

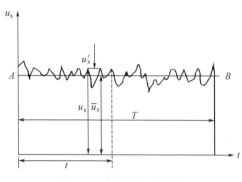

图 6-8 紊流速度的脉动

$$\bar{u}_x = \int_0^T \frac{1}{T} u_x \mathrm{d}t \tag{6-16}$$

显然，流体瞬时速度 u_x 可分成两部分：时均速度 $\bar{u}_x$ 和脉动速度 u_x'，即

$$u_x = \bar{u}_x + u_x' \tag{6-17}$$

流速的脉动必然导致密度、切应力和压强等其他流动参数也产生脉动，其瞬时值也可用类似的方法求得时均值。应该指出，时均速度与断面平均速度 v 是两个不同的速度概念，后者是指某流道断面上各点流体瞬时速度的几何平均值。

按瞬时值看，紊流运动属于非稳定流，但按时均值看，只要 $\bar{u}$ 和 $\bar{p}$ 等运动要素不随时间而变化，紊流运动就可以被看成是稳定流。这样的处理方法称为时均法，紊流运动要素的时均化，使上一章有关稳定流的基本方程都可以适用于紊流研究。在以后的讨论中，所提到的紊流运动要素一般都指它的时均值，但为了简便，不再用时均符号。

二、紊流结构

实验证明，管内紊流运动时，并非在整个过流断面上都是紊流。如图 6-9 所示，在贴近管壁处，存在一层极薄流体层，由于固体的阻滞作用，流速很小，仍然保持层流运动，其流速分布符合层流时的规律，这一流体薄层称为层流边界层。层流边界层的厚度以 δ 表示，一般层流边界层厚度很薄，只有几分之一毫米，但它对流体运动能量损失及其通过管壁的热交换，影响很大。如 δ 越厚，能量损失越小，但换热效果却越差。

层流边界层的厚度取决于流体运动速度和雷诺数，紊流运动越强烈，雷诺数越大，δ 就越薄。由分析、推导和实验得到厚度 δ 与雷诺数的关系为

$$\delta = 32.8 \frac{d}{Re\sqrt{\lambda}}$$

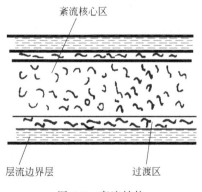

图 6-9 紊流结构

式中　d——管道直径；

　　　λ——紊流运动沿程损失系数。

上式表明层流边界层的厚度随雷诺数的增大而减小。

离壁面不远处到中心的绝大部分流速分布比较均匀。壁面对流体质点的影响逐渐减小，质点横向混杂能力逐渐增强，管流中心部分流体处于紊流状态，称为紊流核心区。紊流核心区与层流边界层之间的较薄区域称为过渡区。

三、水力光滑与水力粗糙

任何管道内壁面都不是绝对平整光滑的，总有凹凸不平的现象，如图 6-10 所示。通常把管壁表面粗糙凸出的平均高度叫做管壁的绝对粗糙度 ε，称为管壁的绝对粗糙度，而把绝对粗糙度 ε 与管径 d 的比值，即 $\dfrac{\varepsilon}{d}$ 称为管壁的相对粗糙度。

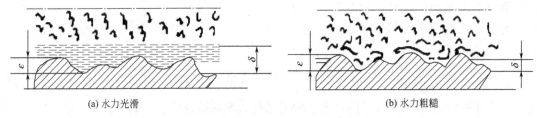

(a) 水力光滑　　　　　　　　　　　　　　　(b) 水力粗糙

图 6-10　水力光滑与水力粗糙

层流边界层的厚度 δ 和管壁的绝对粗糙度 ε 的大小，对能量损失的影响有较大影响。按 δ 和 ε 的大小，可将管道分为下述两种类型。

① 当 $\delta > \varepsilon$ 时，如图 6-10(a) 所示，管壁粗糙凸起部分完全被淹没在层流边界层中，这时紊流核心感受不到管壁粗糙的影响，就好像流体在完全光滑的管子中流动一样。沿程损失与 ε 无关，只与 Re 有关，这种情况的管内流动称为水力光滑，相应的管道称为水力光滑管或简称为光滑管。

② 当 $\delta < \varepsilon$ 时，如图 6-10(b) 所示，管壁粗糙凸起部分暴露在层流边界层之外，这时当流速较大的液体质点冲击粗糙凸起的部分时，在其后面就会形成微小旋涡，使能量损失急剧增加。这种情况下的管内流动称为水力粗糙，相应的管道称为水力粗糙管，或简称为粗糙管。

应注意，水力光滑管和水力粗糙管在概念上是相对的，它取决于层流边界层的厚度和管壁的绝对粗糙度。在管子一定时，随流动情况的改变，雷诺数 Re 也会随之增大或减小，δ 就会随之变薄或增厚。这样，原是水力光滑管也可能变成水力粗糙管，原是水力粗糙管也可能变成水力光滑管。

四、紊流的速度分布

在紊流情况下，由于流体质点有横向混杂、碰撞现象，所以当原处较快流层中的质点进入较慢流层中时，将会给慢层质点以向前的推力，使慢层质点加快；而原处较慢流层中的质点进入较快流层中时，便会给快层质点以运动方向相反的阻力，使快层质点减慢。其结果必然使过流断面上各点的流速分布不同于层流。紊流的速度分布如图 6-11 所示，在层流边界层和过渡区内，流速仍按抛物线规律分布，但速度梯度很大；而在紊流核心区内，因为流体

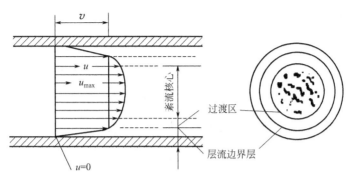

图 6-11　紊流速度分布

质点的相互混杂和动量交换，使各质点的速度趋向均匀化，速度梯度较小，速度大致按对数曲线规律分布。

紊流的最大值发生在管轴上，过流断面的平均流速 v 与管轴处最大流速 u_{max} 的比值随雷诺数 Re 的增加而改变。一般情况下 $\dfrac{v}{u_{max}}=0.80\sim0.85$ 时，随着 Re 的增加，$\dfrac{v}{u_{max}}$ 也逐渐增加而接近于 1，这说明 Re 越大，流速沿断面的分布较均匀，即平均速度和断面上大部分点的实际速度相差很小。也就是说 Re 越大，紊流程度越大，紊流核心区内的速度分布趋于均匀一致。所以，紊流时的动能修正系数 α 可取为 1。

水力光滑管速度分布有比较便于计算的指数式

$$\frac{u}{u_{max}}=\left(\frac{y}{R}\right)^{n}$$

式中，y 为距离固体壁面的距离；指数 n 随 Re 变化，当 $Re=1.1\times10^{5}$ 时 $n=1/7$，这就是著名的冯·卡门（Von Karman）1/7 次方规律，属于水力光滑管。对于水力粗糙管可取 $n=1/10$。

水力粗糙管紊流的速度分布一般采用如下经验公式

$$\frac{u}{u_{max}}=2.5\ln\frac{y}{e}+8.5$$

用与前面相同的方法可得水力粗糙管平均流速的计算式为

$$\frac{v}{u_{max}}=2.5\lg\frac{R}{e}+4.75$$

式中，u_{max} 为管轴处的最大速度；R 为圆管内径；指数随雷诺数变化，具体见表 6-2。

表 6-2　管内紊流流动指数速度分布特性

Re	4×10^{3}	2.3×10^{4}	1.1×10^{5}	1.1×10^{6}	2.4×10^{6}	3.2×10^{6}
n	1/6	1/6.6	1/7	1/8.8	1/10	1/10
u/u_{max}	0.79	0.81	0.82	0.85	0.86	0.86

表 6-2 还列出了平均流速 u 和最大流速 u_{max} 的比值，由表中数值知，随着雷诺数增大，u/u_{max} 不断增大。这是由于雷诺数的增大，使速度分布曲线中紊流核心区的速度分布更为平坦，层流边界层更薄，壁面速度变化更快，从而使 u/u_{max} 不断增大。另外，对圆管内层流，$u/u_{max}=0.5$，可见圆管内紊流的 u/u_{max} 要比层流大，这也是速度分布曲线变化的结果。

五、紊流沿程损失计算

1. 紊流沿程损失计算公式

可以证明，紊流沿程损失计算公式的形式与层流沿程损失计算公式的形式完全相同，即

$$h_f = \lambda \frac{L}{d} \times \frac{v^2}{2g} \tag{6-18}$$

但应注意，紊流时沿程阻力系数的分析和计算与层流时截然不同。对于层流，沿程阻力系数 $\lambda = \frac{64}{Re}$；对于紊流，沿程阻力系数 λ 则是雷诺数 Re 和相对粗糙度 $\frac{\varepsilon}{d}$ 的函数，即

$$\lambda = f\left(Re, \frac{\varepsilon}{d}\right) \tag{6-19}$$

公式(6-19)的具体形式由实验确定。

2. 沿程阻力系数 λ 的确定

紊流沿程损失的计算，关键在于沿程阻力系数的确定。由于紊流运动的复杂性，λ 的确定不能像层流那样严格地用数学方法推导出来，主要还是借助于实验，通过实验分析总结和归纳出 λ 的经验和半经验计算公式。

（1）尼古拉兹实验曲线及 λ 计算公式

为了探索沿程阻力系数 λ 的变化规律，确定 $\lambda = f\left(Re, \frac{\varepsilon}{d}\right)$ 的具体形式，1933 年尼古拉兹采用人工粗糙的办法，在直径不同的圆满管内敷上粒度均匀的砂粒制出了相对粗糙度 $\frac{\varepsilon}{d} = \frac{1}{1014} \sim \frac{1}{30}$ 的六种管道。而后测量不同流量时的断面平均流速度 v 和沿程水头损失 h_f，并根据 $Re = \frac{vd}{\nu}$ 和 $\lambda = \frac{d}{L} \times \frac{2g}{v^2} h_f$ 算出相应的 Re 和 λ 值，将其描绘在对数坐标纸上，便得到了 λ 与 Re 及 $\frac{\varepsilon}{d}$ 的关系曲线，如图 6-12 所示。该曲线称为尼古拉兹实验曲线。

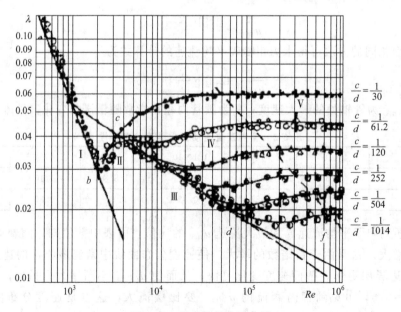

图 6-12　尼古拉兹实验曲线

由图 6-12 可以看出，尼古兹实验曲线可以分为五个区域。

① 第 I 区为层流区。$Re < 2300$，不论相对粗糙度如何，所有的实验点都分布在 ab 直线上。这表明该该区域的 λ 与相对粗糙度 $\frac{\varepsilon}{d}$ 无关，只是雷诺数 Re 的函数，即 $\lambda = f_1(Re)$，并遵从关系式 $\lambda = \frac{64}{Re}$。

② 第 II 区为层流到紊流的过渡区。$2300 < Re < 4000$ 区域，在这个区域内实验点开始分散，但由于该区域范围狭小，通常看成为从层流向紊流过渡的不稳定区域，称为过渡区域。λ 随 Re 增大而增大，与相对粗糙度 $\frac{\varepsilon}{d}$ 无关，即 $\lambda = f_2(Re)$。该区是层流向紊流过渡的不稳定区域，在工程上实际意义不大，所以对本区 λ 的计算研究很少，如果计算 λ 涉及此区域，通常按第 III 区 λ 计算处理。

③ 第 III 区为紊流光滑区。$4000 < Re < 59.6\left(\frac{d}{2\varepsilon}\right)^{8/7}$，此区域内，不同相对粗糙度的实验点都分布在 cd 直线上，这表明 λ 仍与相对粗糙度 $\frac{\varepsilon}{d}$ 无关，而只与 Re 有关，即 $\lambda = f_3(Re)$。因为在这个区域内层流边界的厚度 δ 大于管壁绝对粗糙度 ε，构成了水力光滑，使管壁粗糙对流动阻力和能量损失不产生影响。

上述分析说明，位于该区域的流动已为紊流状态，但管壁粗糙度为层流边界层所掩盖，对紊流没有影响，称为紊流光滑管区，又称为 1.75 次方阻力区。

该区内常用的计算经验公式如下。

- 当 $4000 < Re < 10^5$ 时，λ 值可采用布拉修斯公式计算

$$\lambda = \frac{0.3164}{Re^{0.25}} \tag{6-20}$$

该式称为布拉休斯（H. Blasius）公式。

- 当 $Re > 10^5$ 时，λ 值可采用卡门-普朗特公式计算

$$\frac{1}{\sqrt{\lambda}} = 2\lg Re\sqrt{\lambda} - 0.8 \tag{6-21}$$

- 当 $10^5 < Re < 3 \times 10^6$ 时，λ 值可采用尼古兹公式计算

$$\lambda = 0.0032 + 0.221 Re^{-0.237} \tag{6-22}$$

④ 第 IV 区为紊流过渡区。在这个区域内，随着雷诺数的增加，各不同相对粗糙度的实验曲线自 cd 曲线的不同位置开始离开，沿程阻力系数 λ 逐渐增大，当雷诺数增至图中虚线位置时与 $\lg Re$ 轴平行。在 cd 曲线与虚线中间的区域为第 IV 区，该区范围对不同相对粗糙度的实验曲线是不同的，其划分范围为

$$59.6\left(\frac{d}{2\varepsilon}\right)^{8/7} < Re < 4160\left(\frac{d}{2\varepsilon}\right)^{0.85}$$

由图可见，在该区内沿程损失系数 λ 值不仅与 Re 有关，而且还与相对粗糙度 $\frac{\varepsilon}{d}$ 有关，即 $\lambda = f_4\left(Re, \frac{\varepsilon}{d}\right)$。这是因为随着 Re 增大，层流边界层的厚度变薄，以至于不能遮盖管壁粗糙凸起的高度 ε，因而开始向水力粗糙管过渡，使流动阻力和能量损失增加，本区域内的 λ 值可采用柯列勃洛克公式计算，即

$$\frac{1}{\sqrt{\lambda}} = -2\lg\left(\frac{\varepsilon}{3.7d} + \frac{2.51}{Re\sqrt{\lambda}}\right) \tag{6-23}$$

⑤ 第 V 区为紊流粗糙区。雷诺数继续增大超过图示虚线位置，即

$$Re > 4160\left(\frac{d}{2\varepsilon}\right)^{0.85}$$

在这个区域内，相对粗糙度不同的实验点各自分布在 cd 线以右不同的水平线上。这表明 λ 与 Re 无关，而只与相对粗糙度 $\frac{\varepsilon}{d}$ 有关，即 $\lambda = f_5\left(\frac{\varepsilon}{d}\right)$。因为 Re 的进一步增大，层流边界层的厚度 δ 变得更薄，使管壁粗糙凸起的高度几乎全部暴露在紊流核心区中，使粗糙的扰动作用成为影响流动阻力的主要因素，而 Re 对紊流强度的影响和粗糙的影响相比已微不足道了。当 λ 与 Re 无关时，由 $h_f = \lambda \frac{L}{d} \times \frac{v^2}{2g}$ 可见，沿程损失就与流速的平方成正比，因此第 V 区又称为阻力平方区。由相似理论可知，此区内黏性力自动相似，人们又称其为自动模拟区。该区内 λ 计算可采用尼古拉兹经验公式，即

$$\lambda = \frac{1}{\left(1.74 + 2\lg\frac{d}{2\varepsilon}\right)^2} \tag{6-24}$$

或采用希弗林松公式

$$\lambda = 0.11\left(\frac{\varepsilon}{d}\right)^{0.25} \tag{6-25}$$

应该指出，在上述讨论中柯列勃洛克公式(6-22)，不仅适用于紊流过渡区，而且也可以适用于 $Re > 2300$ 的全部紊流区。因此，柯氏公式又称为紊流区的通用公式。此外，还有一些学者为了简化计算，在柯列勃洛克公式的基础上提出了一些简化公式。这里又推荐一个较有代表性的阿里特苏里公式，即

$$\lambda = 0.11\left(\frac{\varepsilon}{d} + \frac{68}{Re}\right)^{0.25} \tag{6-26}$$

它的形式简单，计算方便。当 Re 很小时，括号中的第一项可忽略，公式实际上就是紊流光滑区的布拉修斯公式(6-20)；当 Re 较大时，括号中的第二项可忽略，公式和紊流粗糙区的希弗林松公式(6-24) 一致，所以，阿里特苏里公式也是适用于全部紊流区的通用公式。

还应该指出，尼古拉兹实验采用的是人工粗糙管，其管壁粗糙情况比较均匀一致，而实际管道内壁粗糙的高度、形状及分布则是不均匀的，与人工粗糙管有一定的差别。为了修正这一差别，在计算实际管道的 λ 值时，上述各经验公式中的 ε，不是用管壁的实际粗糙度，而是用当量粗糙度。当量粗糙度，是指具有同一 λ 值时实际管道与同径人工粗糙管相当的绝对粗糙度，其值可以事先针对管材和内壁情况经实验确定。表 6-3 列出了常用管道的当量粗糙度 ε 值。

表 6-3　常用管道的当量粗糙度 ε 值

管材	ε/mm	管材	ε/mm
新铜管	0.0015~0.01	新铸铁管	0.20~0.30
新无缝钢管	0.04~0.19	旧铸铁管	0.50~1.6
旧无缝钢管	0.2	镀锌铁管	0.25
新焊接钢管	0.06~0.33	橡胶软管	0.01~0.05
镀锌钢管	0.15	混凝土管	0.30~3.0
生锈钢管	0.50~3.0	钢板制风管	0.15
白铁皮管	0.15	矿渣混凝土板风道	1.5

【**例 6-4**】　用直径 $d=200\text{mm}$、管长 $L=3000\text{m}$ 的无缝钢管（已用了几年了）输送石油，其平均流速 $v=0.9\text{m/s}$，平均运动黏度为 $\nu=0.355\times10^{-4}\text{m}^2/\text{s}$，石油的密度 $\rho=890\text{kg/m}^3$。试求该段输油管道的沿程阻力损失。

解： 由已知条件可得

$$Re=\frac{vd}{\nu}=5070$$

因为 $4000<Re<10^5$，流体位于水力光滑区，可用式（6-20）计算 λ 值，即

$$\lambda=\frac{0.3164}{Re^{0.25}}=\frac{0.3164}{5070^{0.25}}=0.0375$$

若用通用公式（6-26）计算，按表 6-3 取当量粗糙度 $\varepsilon=0.2\text{mm}$，则

$$\lambda=0.11\left(\frac{\varepsilon}{d}+\frac{68}{Re}\right)^{0.25}=0.0374$$

二者在结果上很相似，取 $\lambda=0.0375$，则沿程阻力损失为

$$\Delta p=\rho g h_{\text{L}}=\rho g\lambda\frac{L}{d}\times\frac{v^2}{2g}=205\ (\text{kPa})$$

（2）莫迪图

1944 年莫迪在尼古拉兹实验的基础上对实际管道进行了研究，得到了实际管道沿程阻力系数 λ 与雷诺数 Re 及相对粗糙度 $\dfrac{\varepsilon}{d}$ 之间的关系曲线，如图 6-13 所示，称为莫迪图。

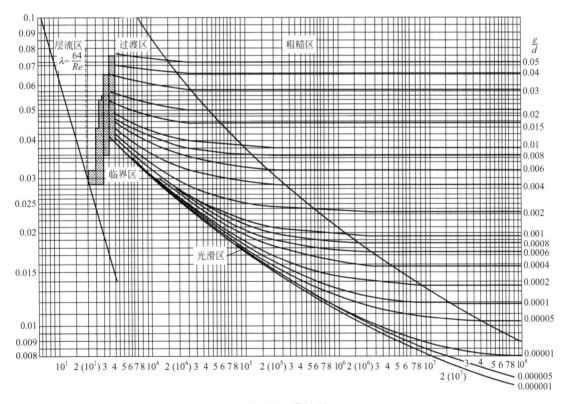

图 6-13　莫迪图

莫迪图曲线与尼古拉兹实验曲线规律基本相同。主要差别在紊流过渡区内，莫迪图

得到的规律是 λ 随 Re 的增大而连续减小。造成差别的原因在于实际管道内壁粗糙度的不均匀性。

应用莫迪图确定 λ 值时，应首先计算出雷诺数 Re，并根据管道的当量粗糙度 ε，计算出 $\frac{\varepsilon}{d}$，然后由 Re 和 $\frac{\varepsilon}{d}$ 在莫迪图中可直接查取实际管道的沿程阻力系数 λ 值。

应该指出，在确定沿程阻力系数时，无论是采用公式计算还是查莫迪图，其所得结果应接近或相等。

【例 6-5】 在管径 $d=100\text{mm}$、管长 $L=300\text{m}$ 的光滑铜管中，流动着 $t=10℃$ 的水，其雷诺数 $Re=80000$，试求沿程水头损失。

解： 在 $Re<10^5$ 时可采用布拉修斯公式，即

$$\lambda=\frac{0.3164}{Re^{0.25}}=\frac{0.3164}{80000^{0.25}}=0.0188$$

查表 1-4，当水温 $t=10℃$ 时，水的运动黏度 $\nu=1.308\times10^{-6}\text{m}^2/\text{s}$。由 $Re=\frac{vd}{\nu}$ 可得

$$v=\frac{Re\nu}{d}=\frac{80000\times1.308\times10^{-6}}{0.1}=1.05\ (\text{m/s})$$

所以，沿程水头损失

$$h_{\text{f}}=\lambda\frac{L}{d}\times\frac{v^2}{2g}=0.0188\times\frac{300}{0.1}\times\frac{1.05^2}{2\times9.8}=3.17\ (\text{mH}_2\text{O})$$

【例 6-6】 设水在管径 $d=0.1\text{m}$ 的旧钢管中流动，钢管的当量粗糙度 $\varepsilon=0.2\text{mm}$，水的运动黏度 $\nu=1.31\times10^{-6}\text{m}^2/\text{s}$，水的流速 $v=5\text{m/s}$，试求 50m 管长的沿程水头损失。

解： 雷诺数 $Re=\frac{vd}{\nu}=\frac{5\times0.1}{1.31\times10^{-6}}=3.8\times10^5$

故流动形态为紊流。

据阿里特苏里公式(6-26) 有

$$\lambda=0.11\left(\frac{\varepsilon}{d}+\frac{68}{Re}\right)^{0.25}=0.11\left(\frac{0.2}{100}+\frac{68}{3.8\times10^5}\right)^{0.25}=0.11\times0.216=0.0238$$

如果查莫迪图，当 $Re=3.8\times10^5$、$\frac{\varepsilon}{d}=\frac{0.2}{100}=0.002$ 时，查得 $\lambda=0.024$，与上述计算结果相近。

管路的沿程水头损失为

$$h_{\text{f}}=\lambda\frac{L}{d}\times\frac{v^2}{2g}=0.0238\times\frac{50}{0.1}\times\frac{5^2}{2\times9.8}=15.2\ (\text{mH}_2\text{O})$$

第五节　非圆形管中的层流流动

在工程上大多数管道都是圆截面的，但也常用到非圆形截面的管道，如方形和长方形截面的风道和烟道。此外，锅炉尾部受热面中的管束（如空气预热器）也属非圆形截面的管道。通过大量试验证明，圆管沿程阻力的计算公式仍可用于非圆形管道中紊流流动沿程力的计算，但需找出与圆管直径 d 相当的，代表非圆形截面尺寸的当量值，工程上称其为当量直径 d_{e}。

当量直径用下式求得

$$d_e = \frac{4A}{X} = 4R$$

式中 A——有效截面积；

$\quad\quad X$——湿周，即流体湿润有效截面的周界长度；

$\quad\quad R$——水力半径。

对充满流体流动的圆形管道

$$d_e = \frac{4A}{X} = \frac{\pi d_2}{\pi d} = d$$

即圆形管道的当量直径就是该圆管的直径。

对边长为 a 的正方形管道，当量直径为

$$d_e = \frac{4a^2}{4a} = a$$

如图 6-14 所示，充满流体的长方形、圆环形管道和管束等几种非圆形管道的当量直径可分别按下式求得。

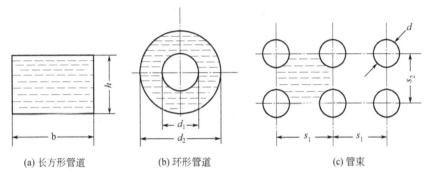

图 6-14 几种非圆形管道的截面

长方形管道

$$d_e = \frac{4hb}{2(h+b)} = \frac{2hb}{h+b}$$

圆环形管道

$$d_e = \frac{4\left(\frac{\pi}{4}d_2^2 - \frac{\pi}{4}d_1^2\right)}{\pi d_1 + \pi d_2} = d_2 - d_1$$

管束

$$d_e = \frac{4\left(S_1 S_2 - \frac{\pi}{4}d^2\right)}{\pi d} = \frac{4S_1 S_2}{\pi d} - d$$

为避免计算时误差过大，长方形截面的长边最大不超过短边的 8 倍，圆环形截面的大直径至少要大于小直径 3 倍。

有了当量直径 d_e，非圆形截面管道的沿程阻力损失及雷诺数为

$$h_f = \lambda \frac{L}{d_e} \times \frac{v^2}{2g} \tag{6-27}$$

$$Re = \frac{v d_e}{\nu} \tag{6-28}$$

【例 6-7】 有一长方形风道长 $L = 40\mathrm{m}$，截面积 $A = 0.5 \times 0.8\mathrm{m}^2$，管壁绝对粗糙度 $\varepsilon = 0.19\mathrm{mm}$，输送 $t = 20℃$ 的空气，体积流量 $Q_V = 21600\mathrm{m}^3/\mathrm{h}$，试求在此段风道中的沿程损失。

解： 平均流速

$$v=\frac{Q_V}{A}=\frac{21600}{3600\times0.5\times0.8}=15\ (\text{m/s})$$

当量直径

$$d_e=\frac{2hb}{h+b}=\frac{2\times0.5\times0.8}{0.5+0.8}=0.615\ (\text{m})$$

因 20℃空气的运动黏度 $\nu=1.63\times10^{-5}\,\text{m}^2/\text{s}$，密度 $\rho=1.2\text{kg/m}^3$。

雷诺数 $$Re=\frac{vd_e}{\nu}=\frac{15\times0.615}{1.63\times10^{-5}}=565950$$

相对粗糙度 $$\frac{\varepsilon}{d_e}=\frac{0.19}{615}=0.00031$$

查莫迪曲线图 6-13 得 $\lambda=0.0165$，故沿程损失为

$$h_f=\lambda\frac{L}{d_e}\times\frac{v^2}{2g}=0.0165\times\frac{40}{0.615}\times\frac{15^2}{2\times9.81}=12.3\ [\text{m(空气柱)}]$$

沿程压力损失 $\Delta p_f=h_f\gamma=h_f\rho g=12.3\times9.81\times1.2=144.8\ (\text{Pa})$

第六节　局部阻力系数

计算局部损失的公式为

$$h_\zeta=\xi\frac{v^2}{2g}$$

由此式可知计算局部损失的问题归结为寻求局部阻力系数 ξ 的问题。ξ 值除少数局部阻力件可用分析方法求得外，大部分局部阻力件都是由实验测定的。现以截面突然扩大的管道为例推导出计算局部损失的公式。图 6-15 中流体从小截面的管道流向截面突然扩大的大截面管道时，由于流体质点有惯性，流体质点的运动轨迹不可能按照管道的形状突然转弯扩大，即整个流体在离开小截面管后只能向前继续流动，逐渐扩大，这样在管壁拐角处流体与管壁脱离形成旋涡区。旋涡区外侧流体质点的运动方向与主流的流动方向不一致，形成回转运动，因此流体质点之间发生碰撞和摩擦，消耗流体的一部分能量。同时旋涡区本身也不是稳定的，在流体流动过程中旋涡区的流体质点将不断被主流带走，也不断有新的流体质点从主流中补充进来，即主流与旋涡之间的流体质点不断交换，发生剧烈的碰撞和摩擦，在动量交换中，产生较大的能量损失，这些能量损失转变为热能而消失。

现推导管道截面突然扩大的能量损失，即局部损失的计算公式。

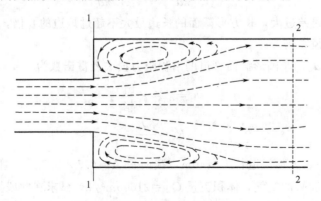

图 6-15　管道突然扩大的流线分布

取图 6-15 中大管道的起始截面 1—1 和流道全部扩大后流速重又均匀的截面 2—2 以及它们之间的管壁为控制面。设截面 1—1 和 2—2 的中心点的压力各为 p_1 和 p_2，平均流速各为 v_1 和 v_2，截面积各为 A_1 和 A_2，且不可压缩流体在管中做稳定流动。根据一元流动不可压缩流体的连续方程得

$$v_2=\frac{A_1}{A_2}v_1 \text{ 或 } v_1=\frac{A_2}{A_1}v_2 \tag{6-29}$$

截面 1—1 和 2—2 间管壁对流体的切向力（即总摩擦力）忽略不计，则根据动量方程有

$$p_1A_1-p_2A_2+p(A_2-A_1)=\rho Q(v_2-v_1)$$

式中，$p(A_2-A_1)$ 是作用于扩大管凸肩圆环面上的总压力。由于圆环面上的径向加速度非常小，实验证明圆环面上的压力可按静压力规律分布，即 $p\approx p_1$，于是上式可写为

$$(p_1-p_2)A_2=\rho Q(v_2-v_1)$$

或

$$p_1-p_2=\rho v_2(v_2-v_1) \tag{6-30}$$

列出截面 1—1 和 2—2 的伯努利方程

$$\frac{p_1}{\rho g}+\frac{v_1^2}{2g}=\frac{p_2}{\rho g}+\frac{v_2^2}{2g}+h_{\mathrm f}$$

于是

$$h_{\mathrm f}=\frac{1}{\rho g}(p_1-p_2)+\frac{1}{2g}(v_1^2-v_2^2) \tag{6-31}$$

将式(6-30)代入式(6-31)，得

$$h_{\mathrm f}=\frac{1}{g}v_2(v_2-v_1)+\frac{1}{2g}(v_1^2-v_2^2)=\frac{(v_1-v_2)^2}{2g} \tag{6-32}$$

此式表明，截面突然扩大的局部水头损失，等于"损失速度"(v_1-v_2) 的速度水头。式(6-32)可利用式(6-29)改写成

$$\left.\begin{array}{l}h_{\mathrm f}=\left(1-\frac{v_2}{v_1}\right)^2\frac{v_1^2}{2g}=\left(1-\frac{A_1}{A_2}\right)^2\frac{v_1^2}{2g}=\xi_1\frac{v_1^2}{2g}\\h_{\mathrm f}=\left(\frac{v_1}{v_2}-1\right)\frac{v_2^2}{2g}=\left(\frac{A_2}{A_1}-1\right)^2\frac{v_2^2}{2g}=\xi_2\frac{v_2^2}{2g}\end{array}\right\} \tag{6-33}$$

即

$$h_{\mathrm f}=\xi_1\frac{v_1^2}{2g}=\xi_2\frac{v_2^2}{2g} \tag{6-34}$$

这就是截面突然扩大的局部水头损失的计算公式。ξ_1 和 ξ_2 称为截面突然扩大的局部阻力系数，它们是各相对于流速 v_1 和 v_2 而言的，即

$$\left.\begin{array}{l}\xi_1=\left(1-\frac{A_1}{A_2}\right)^2\\\xi_2=\left(\frac{A_2}{A_1}-1\right)^2\end{array}\right\} \tag{6-35}$$

在计算时要注意，必须按照所用的速度水头来确定其对应的局部阻力系数；或按照已有局部阻力系数的数据，选取对应的速度水头来进行计算，否则计算是错误的。

尽管各种局部装置在形式上有千差万别，然而产生局部损失的原因和物理本质基本上是相同的，即外因是流道几何形状的变化，内因是由于流体的黏性而产生旋涡区，以及主流与旋涡之间的动量交换，从而造成能量损失。因此确定各种局部装置的局部损失的计算公式形

式上应当是一样的。但是公式中的局部阻力系数 ξ 值对各种局部装置有各种不同的数值，目前还很难进行理论分析和计算，多靠实验测定。所以局部阻力的普遍计算公式仍采用下式

$$h_\xi = \xi \frac{v^2}{2g}$$

各种不同局部装置的局部阻力系数 ξ 值可查相关的资料。

【例 6-8】　如图 6-16 所示水平短管，从水深 $H=16\text{m}$ 的水箱中排水至大气中，管路直径 $d_1=50\text{mm}$，$d_2=70\text{mm}$，阀门阻力系数 $\xi_门=4.0$，只计局部损失，不计沿程损失，并认为水箱容积足够大，试求通过此水平短管的流量。

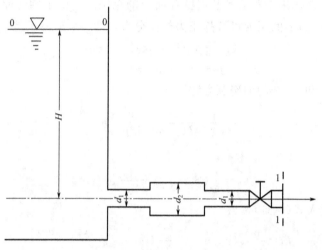

图 6-16　水平管道流量计算

解：列截面 0—0 和 1—1 的伯努利方程

$$H+0+0 = 0+0+\frac{v_1^2}{2g} + (\xi_入 + \xi_{扩1} + \xi_{缩2} + \xi_门)\frac{v_1^2}{2g}$$

由表 4-6 查得 $\xi_入=0.5$，$\xi_{扩1}=0.24$，$\xi_{缩2}=0.30$，故

$$v_1 = \frac{1}{\sqrt{1+\xi_入+\xi_{扩1}+\xi_{缩2}+\xi_门}}\sqrt{2gH}$$

$$= \frac{1}{\sqrt{1+0.5+0.24+0.30+4.0}}\sqrt{2\times9.81\times16} = 7.2 \ (\text{m/s})$$

通过水平短管的流量

$$Q_V = v_1 \frac{\pi}{4}d_1^2 = 7.2\times\frac{\pi}{4}\times0.05^2 = 0.01413 \ (\text{m}^3/\text{s})$$

【例 6-9】　如图 6-17 所示，水从密闭水箱沿一直立管路压送到上面的敞口水箱中，已知 $d=25\text{mm}$，$L=5\text{m}$，$h=0.5\text{m}$，$Q_V=5.4\text{m}^3/\text{h}$，阀门 $\xi_门=6$，水温 $t=50℃$（$\rho=969\text{kg/m}^3$，$\nu=0.556\times10^{-6}\text{m}^2/\text{s}$），壁面绝对粗糙度 $\varepsilon=0.2\text{mm}$，求压力表的读数。

解：列截面 1—1 和 2—2 的伯努利方程

$$0+\frac{p_M}{\rho g}+0 = L+0+0+h_w$$

$$h_w = \sum h_f + \sum h_\xi = \lambda\frac{L}{d}\times\frac{v^2}{2g} + (\xi_入+\xi_门+\xi_出)\frac{v^2}{2g}$$

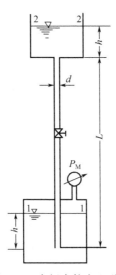

图 6-17 密闭水箱向上送水

$$v = \frac{4Q_V}{\pi d^2} = \frac{4 \times 5.4}{3600 \times 3.14 \times 0.025^2} = 3.06 \ (\text{m/s})$$

$$Re = \frac{vd}{\nu} = \frac{3.06 \times 0.025}{0.556 \times 10^{-6}} = 137590$$

$$\frac{\varepsilon}{d} = \frac{0.2}{25} = 0.008$$

根据 Re 和 ε/d 查莫迪图得 $\lambda = 0.036$，查表 6-1 得 $\xi_\lambda = 0.5$，$\xi_{\text{出}} = 1.0$，故

$$h_w = \left(0.036 \times \frac{5}{0.025} + 0.5 + 6 + 1.0\right) \times \frac{3.06^2}{2 \times 9.81} = 7 \ (\text{mH}_2\text{O})$$

压力表读数为

$$p_M = (L + h_w)\rho g = (5+7) \times 969 \times 10 = 116.28 \ (\text{kPa})$$

思考题

6-1 两种流态各有什么特点？如何判别流态？

6-2 管中层流运动有哪些规律？

6-3 能否用临界流速作为判别流体流态的依据？为什么？

6-4 怎样运用阻力实验来确定沿程水力摩阻系数 λ 和局部阻力系数 ζ 值？

6-5 流动阻力分为哪几类？能量损失分为哪几类？试写出计算能量损失的表达式。

6-6 试说明绝对粗糙度、相对粗糙度的区别。

6-7 紊流的光滑管区及其过渡区的沿程阻力系数有什么不同的变化特点？为什么？

6-8 流速增加，粗糙区阻力系数是否增大？沿程损失是否也增大？为什么？

6-9 怎样由莫迪图得到紊流的沿程阻力系数？

6-10 水力光滑管和水力粗糙管如何划分？

6-11 流体经突然扩大或突然缩小后，管径不变。问这两个局部阻力引起的局部水头损失是否相等？为什么？

习 题

6-1　用直径为 0.1m 的管路输送密度为 $850kg/m^3$ 的柴油，在温度 20℃ 时，其运动黏度为 $\nu=6.7\times10^{-6}m^2/s$，欲保持层流，平均流速不能超过多少？最大输送量为多少？

6-2　相对密度为 0.88 的柴油，沿内径 100mm 的管路输送，流量为 $Q_V=1.66\times10^{-3}m^3/s$。求临界状态时柴油应有的黏度？

6-3　管径 400mm，测得层流状态下管轴心处最大速度为 4m/s，求断面平均流速。此平均流相当于半径为多少处的实际流速？

6-4　水管直径 $d=0.25m$，长度 $l=300m$，绝对粗糙度 $\Delta=0.25mm$。设已知流量 $Q_V=95\times10^{-3}m^3/s$，运动黏度为 $1\times10^{-6}m^2/s$，求沿程水头损失。

6-5　输水管长 1.8km，设计输送量 $100m^3/h$，管径 200mm，计算水力坡降及沿程水头损失。

6-6　铸铁管直径 $D=100mm$，流量 $Q_V=7.5L/s$，全长 2km，求水力坡降及沿程水头损失。

6-7　如图 6-18 所示的给水管路。已知 $L_1=25m$，$L_2=10m$，$D_1=0.15m$，$D_2=0.125m$，$\lambda_1=0.037$，$\lambda_2=0.039$，闸门开启 1/4，其阻力系数 $\zeta=17$，流量为 $15\times10^{-3}m^3/s$。试求水池中的水头 H。

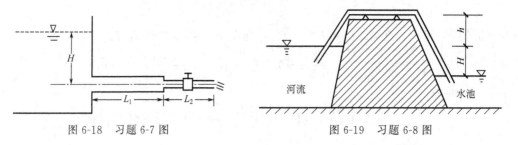

图 6-18　习题 6-7 图　　　　　　　图 6-19　习题 6-8 图

6-8　如图 6-19 所示，采用直径 $d=350mm$ 的虹吸管将河水引入堤外水池供给灌溉。已知河堤内外水位差 $H=3m$，虹吸管的吸水管段长 $l_1=15m$，压水管段长 $l_2=20m$，沿程阻力系数 $\lambda=0.04$，局部阻力系数：进口 $\zeta_1=5.7$，弯道 $\zeta_2=0.6$，虹吸管顶的安装高度 $h=4m$，若虹吸管顶的允许真空度 $p_V=7.5mH_2O$，试确定该虹吸管的输水量 Q_V，并校核管顶的安装高度 h。

6-9　有直径 $d=100mm$、长 $L=100m$ 的圆管水平放置，管中有运动黏度 $\nu=1cm^2/s$，相对密度 $d=0.85$ 的油，以 $Q_V=10L/s$ 的流量通过。问此管两端的压强差是多少？

6-10　如图 6-20 所示，管径 $d=50mm$、长 $L=6m$ 的水平管中，有密度 $\rho=900kg/m^3$ 的液体在流动，U 形差压计中水银的高度差 $h=14.2cm$，3min 内从管中流出液体的质量为 509.7kg，求液体的动力黏度 μ。

6-11　如图 6-21 所示，水从水箱中通过直径为 d、长度为 L、沿程阻力系数为 λ 的立管向大气中泄水。问 h 多大时，流量 Q_V 的表达式与 h 无关。

6-12　如图 6-22 所示，一水平放置的突然扩大管路，直径由 $d_1=50mm$ 扩大至 $d_2=100mm$，在扩大前后断面接入的双液比压计中，上部为水，下部为重度 $\gamma=15.7kN/m^3$ 的

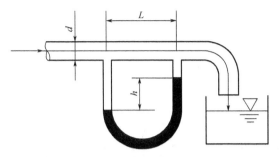

图 6-20 习题 6-10 图

四氯化碳，当流量 $Q_V = 16\text{m}^3/\text{h}$ 时的比压计读数 $\Delta h = 173\text{mm}$ 时，求突然扩大的局部阻力系数 ξ，并与理论计算值进行比较。

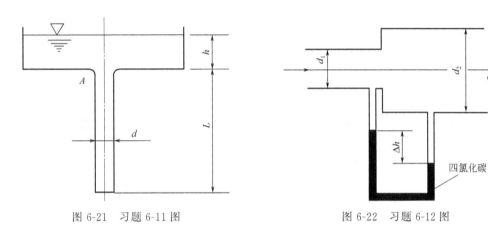

图 6-21 习题 6-11 图   图 6-22 习题 6-12 图

第七章

管路的水力计算及分析

前面几章已经介绍了工程流体力学的基本理论和方法。但是，在实际的工程设计计算中这些方法显得有些烦琐。因此，有必要对管路进行分类，再根据不同情况对理论方法进行简化，总结出比较简便实用的方法，以提高设计计算工作的效率。本章讨论管路（系统）水力计算和设计问题。

工业上的管道按输送流体的不同可分为水管和油管、蒸汽管道以及烟风管道等。水管、油管以及蒸汽管道一般较长而管径较小，故阻力损失主要是沿程阻力损失。水管和油管中的液体都是用泵来输送的，也就是靠外界消耗机械能来克服摩擦阻力；蒸汽管道则依靠蒸汽本身的压力降来克服流动阻力。烟风管道一般较短而管径较大，故阻力损失以局部阻力损失为主，依靠外界不断加入机械能来克服阻力，即用送风机和引风机来输送气体。

工业上的管道可分为串联管道、并联管道以及由串联和并联管道合成的复合管道等几种形式。

第一节 管路系统的分类

一、按能量损失类型分类

液体充满整个过流断面，在一定的压差作用下流动的管路，称为压力管路。在进行压力管路的水力计算时，可以根据沿程水头损失和局部水头损失所占比例的大小，把压力管路分为两类。

（1）长管

凡局部水头损失和出流的速度水头之和与其沿程损失相比较所占的比重较小（通常以小于 5% 为界限），以致在计算中可以忽略不计的压力管路。

（2）短管

局部水头损失或流速水头之和与其沿程损失相比较所占的比重相近，以致在计算中不能忽略的压力管路。

由此可见，长管和短管并不是按照几何长度来划分，而是按照局部水头损失以及流速水头所占的比例来划分的。一般来说，室外管路多属于长管，如油田的集输管路和外输管路。室内管线多属于短管，如联合站、计量间内管件较多的管路。

二、按组成结构分类

（1）简单管路

简单长管是指液体从入口到出口均在同一等直径管道中流动，没有出现流体的分支或汇合的管路，如图 7-1 所示。

图 7-1　简单管路

（2）复杂管路

除简单管路以外的其他管路称为复杂管路。按管路组合形式、出流情况等，复杂管路通常又分四种类型：串联管路、并联管路、分支管路和网状管路，如图 7-2 所示。

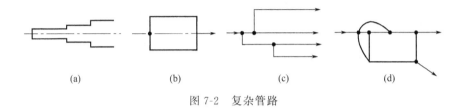

图 7-2　复杂管路

① 串联管路。串联管路是指由不同直径的管段依序连接而成的管路系统，如图 7-2(a) 所示。

② 并联管路。并联管路指有共同的起始及汇合点（通常称为节点）的管段所组成的管路系统，如图 7-2(b) 所示。

③ 枝状管路。如图 7-2(c) 所示，在枝状管路中，各不同的出流管段在不同位置分流。显然，在给排水工程中多属枝状管路。

④ 网状管路。如图 7-2(d) 所示，在网状管路中，不同管段组成网状的不规则输送系统。

管路水力计算的目的在于设计合理的管路系统，尽量减少动力消耗，节约能源，最大限度地节省原材料、降低成本。因此，应计算确定流量、管道几何尺寸和流动损失之间的定量关系。通常将在工程中遇到的问题分为以下三类。

① 已知已有的管道尺寸和所需的流量，确定所需的供液水头或计算压力降。

② 已知供液水头、管道的尺寸和允许的压降 Δp，确定实际流量。

③ 按照所需要的流量和实际具有的水头，设计计算最佳管径（这种情况下，长度一般是给定的，只需计算管道直径）。

结构不同的管路计算方法一般也是不同的，对于第一类问题，根据已知条件可以直接计算得到结果。对于后两类问题，由于输送量或者管径未知，无法求取流动流体的雷诺数，即无法判断流态又不能确定摩擦因数，需要采用试算法或迭代法求解，下面分别予以讨论。

第二节　简单长管水力计算

图 7-3 为一简单长管。根据长管的定义，局部水头损失和速度水头损失在计算中可以忽略不计，因此能量方程可简化为

$$\left(z_1+\frac{p_1}{\rho g}\right)-\left(z_2+\frac{p_2}{\rho g}\right)=h_f \tag{7-1}$$

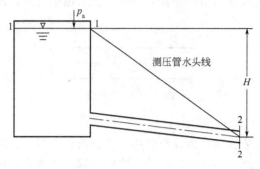

图 7-3 简单长管

上式左边的两项表示能量供应，等号右边一项表示能量消耗。对于长管，由于速度水头可以忽略不计，所以其总水头线和测压管水头线重合，而且是一条沿程倾斜向下的直线。为了便于工程计算，常把沿程水头损失的达西公式作如下的转换

$$Re = \frac{vd}{\nu} = \frac{\rho vd}{\mu} = \frac{4Q}{\pi d\nu} = \frac{4\rho Q}{\pi d\mu} \tag{7-2}$$

$$h_f = \lambda \frac{L}{d} \times \frac{v^2}{2g} = \lambda \frac{L}{d} \times \frac{Q^2}{(\pi d^2/4)^2 2g} = 0.0826\lambda \frac{Q^2 L}{d^5} \tag{7-3}$$

（1）层流动

$$\lambda = \frac{64}{Re} = \frac{64}{\dfrac{4Q}{\pi d\nu}} = \frac{16\pi d\nu}{Q}$$

将上式代入式(7-3)，可得

$$h_f = 4.15 \frac{Q\nu L}{d^4} \tag{7-4}$$

（2）紊流的水力光滑区

$$\lambda = \frac{0.3164}{Re^{0.25}} = 0.3164 \left(\frac{\pi d\nu}{4Q}\right)^{0.25}$$

将上式代入式(7-3)，得

$$h_f = 0.0246 \frac{Q^{1.75} \nu^{0.25} L}{d^{4.75}} \tag{7-5}$$

综合式(7-4)、式(7-5) 得

$$h_f = \beta \frac{Q^{2-m} \nu^m L}{d^{5-m}} \tag{7-6}$$

式中，系数 m 和指数 β 的数值，可以根据流态由表 7-1 查得。

表 7-1 不同流态的系数 β 和指数 m 值

流动状态	m	β
层流	1	4.15
紊流水力光滑区	0.25	0.0246
紊流混合摩擦区、完全粗糙区	0	0.0826λ

【例 7-1】 一水平管道，内径 $d=500\text{mm}$、长度 $L=800\text{m}$，绝对粗糙度 $\varepsilon=1.2\text{mm}$，体积流量 $Q_V=1000\text{m}^3/\text{h}$ 的输送量输水，其中水的动力黏度 $\mu=1.0\times10^{-3}\text{Pa}\cdot\text{s}$，试求压降 Δp？

解： 根据已知条件可得

$$Q_V = \frac{1000}{3600} = 0.2778 \ (\text{m}^3/\text{s})$$

由式(7-2) 有

$$Re = \frac{4\rho Q_V}{\pi d \mu} = \frac{4 \times 1000 \times 0.2778}{3.14 \times 0.5 \times 0.001} = 7.077 \times 10^5$$

$$\frac{\varepsilon}{d} = \frac{0.0012}{0.5} = 0.0024$$

由莫迪图可查得 $\lambda = 0.025$，则

$$\Delta p = \rho g h_f = 0.0826 \rho g \lambda \frac{Q_V^2 L}{D^5} = 39980 \ (\text{Pa})$$

【例 7-2】 有一长度为 2000m、规格为 $\phi 108\text{mm} \times 4\text{mm}$ 的水平管道输送密度为 $\rho = 850\text{kg/m}^3$ 的原油，其绝对粗糙度 $\varepsilon = 0.02\text{mm}$，已知原油的黏度为 $\mu = 5.0 \times 10^{-3}\text{Pa} \cdot \text{s}$，允许的压降为 $\Delta p = 0.2\text{MPa}$。试求原油的输送的体积流量。

解： 根据题意得

$$h_f = \frac{\Delta p}{\rho g} = \frac{200000}{850 \times 9.8} = 24 \ (\text{m})$$

用试算法计算，设 $\lambda = 0.03$，式(7-3) 可写成

$$24 = 0.0826 \times 0.03 \times \frac{Q_V^2 \times 2000}{0.1^5}$$

解得 $Q_V = 0.00696\text{m}^3/\text{s}$，则

$$Re = \frac{4\rho Q_V}{\pi d \mu} = \frac{4 \times 850 \times 0.00696}{3.14 \times 0.1 \times 0.005} = 15072$$

$$\frac{\varepsilon}{d} = \frac{0.0002}{0.1} = 0.002$$

查莫迪图可得，$\lambda = 0.031$，与假设的初值不同，故需重新试算

$$24 = 0.0826 \times 0.031 \times \frac{Q_V^2 \times 2000}{0.1^5}$$

解得 $Q_V = 0.00684\text{m}^3/\text{s}$，则

$$Re = \frac{4\rho Q_V}{\pi d \mu} = \frac{4 \times 850 \times 0.00684}{3.14 \times 0.1 \times 0.005} = 14813$$

查莫迪图可得，$\lambda = 0.031$，与假设的值相同，原油的输送量为 $Q_V = 0.00684\text{m}^3/\text{s}$。

【例 7-3】 一管路总长为 70m，要求输水量为 30m^3/h，允许的水头损失为 4.5m。假设管材的绝对粗糙度为 0.2mm，水的黏度为 0.001Pa·s，试求管径。

解： 由已知条件可得

$$Q_V = \frac{30}{3600} = 0.00833 \ (\text{m}^3/\text{s})$$

假设 $\lambda = 0.025$，式(7-3) 可得

$$4.5 = 0.0826 \times 0.025 \times \frac{0.00833^2 \times 70}{d^5}$$

解之可得，$d = 0.074\text{m}$，则

$$Re = \frac{4\rho Q_V}{\pi d \mu} = \frac{4 \times 1000 \times 0.00833}{3.14 \times 0.074 \times 0.001} = 143398$$

$$\varepsilon = \frac{\Delta}{d} = \frac{0.0002}{0.074} = 0.0027$$

查莫迪图可得，$\lambda = 0.027$，与假设的初值不同，故需以此 λ 值重新计算，由式(7-3) 可得

$$4.5 = 0.0826 \times 0.027 \times \frac{0.00833^2 \times 70}{d^5}$$

解之可得，$d = 0.075m$，则

$$Re = \frac{4\rho Q_V}{\pi d \mu} = \frac{4 \times 1000 \times 0.00833}{3.14 \times 0.075 \times 0.001} = 141486$$

重新查莫迪图可得，$\lambda = 0.027$，与假设的初值相同，故管径的计算结果为 0.075m。按照管道产品的规格，可选尺寸为 $\phi88.5mm \times 4mm$ 的管道，其内径为 80.5mm，此管可满足水头损失不超过 4.5m 的要求。

第三节　复杂管路的水力计算

一、串联管路

串联管路是指不同直径的长管的串联，各段管路均按长管计算，只有沿程损失，如图7-4 所示，其特点如下。

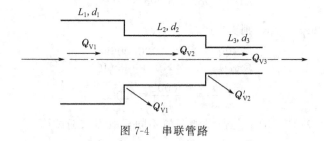

图 7-4　串联管路

(1) 若连接点处无泄漏，则各段流量相等，即

$$Q_{V1} = Q_{V2} = Q_{V3} \tag{7-7}$$

若连接点处有泄漏，则

$$Q_{V2} = Q_{V1} - Q'_{V1}, \quad Q_{V3} = Q_{V2} - Q'_{V2} \tag{7-8}$$

(2) 总水头损失为各段损失之和，即

$$h_w = \sum h_f + \sum h_\zeta \tag{7-9}$$

【例 7-4】 有一串联管道，如图 7-5 所示，已知 $H = 5m$，$d_1 = 0.1m$，$L_1 = 10m$，$d_2 = 0.2m$，$L_2 = 20m$，若沿程阻力系数 $\lambda_1 = \lambda_2 = 0.02$，试求通过该管道的流量 Q_V 为多少？

解： 列截面 a—a 和 2—2 的伯努利方程

$$H + \frac{P_a}{\rho g} + \frac{v_a^2}{2g} = 0 + \frac{p_2}{\rho g} + \frac{v_2^2}{2g} + h_w$$

因容器较大，上式中 $v_a \approx 0$，又因开式水箱中的水沿管道流入大气中，所以 $p_2 = p_a$。阻力损失为

$$h_w = \xi_\lambda \frac{v_1^2}{2g} + \lambda \frac{L_1}{d_1} \times \frac{v_1^2}{2g} + \frac{(v_1 - v_2)^2}{2g} + \lambda_2 \frac{L_2}{d_2} \times \frac{v_2^2}{2g}$$

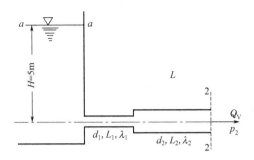

图 7-5 串联管道

于是有

$$H=\left(\xi_{\mathrm{f}}+\lambda_1\frac{L_1}{d_1}\right)\frac{v_1^2}{2g}+\frac{(v_1-v_2)^2}{2g}+\left(1+\lambda_2\frac{L_2}{d_2}\right)\frac{v_2^2}{2g}$$

对串联管道有

$$Q_{\mathrm{V1}}=Q_{\mathrm{V2}},\ v_2=v_1\left(\frac{d_1}{d_2}\right)^2$$

故

$$H=\left(\xi_\lambda+\lambda_1\frac{l_1}{d_1}\right)\frac{v_1^2}{2g}+\frac{\left[v_1-v_1\left(\frac{d}{d_2}\right)^2\right]^2}{2g}+\left(1+\lambda_2\frac{l_2}{d_2}\right)\frac{v_1^2}{2g}\left(\frac{d_1}{d_2}\right)^4$$

将已知数据代入上式

$$5=\left(0.5+0.02\times\frac{10}{0.1}\right)\frac{v_1^2}{2\times9.81}+\frac{\left[v_1-v_1\left(\frac{100}{200}\right)^2\right]^2}{2\times9.81}+\left(1+0.02\times\frac{20}{0.2}\right)\times\frac{v_1^2}{2\times9.81}\times\left(\frac{100}{200}\right)^4$$

解得 $v_1=5.49$。

通过管道的流量为

$$Q_{\mathrm{V}}=v_1A_1=v_1\frac{\pi}{4}d_1^2=5.49\times\frac{3.14}{4}\times0.1^2=0.043\ (\mathrm{m^3/s})$$

二、并联管路

并联管路如图 7-6 所示，其特点如下。

图 7-6 并联管路

① 由流量连续性原理可知，总流量等于各分支点流量之和，即

$$Q_{\mathrm{V}}=Q_{\mathrm{V1}}+Q_{\mathrm{V2}}+Q_{\mathrm{V3}} \tag{7-10}$$

② 并联管段中，单位质量流体所产生的水头损失相等（因为并联管段具有共同的联接点，联结点间的压强差即为各并联管路的水头损失），即有

$$h_{\lambda1}=h_{\lambda2}=h_{\lambda3}=h_{\lambda i}\frac{L_i}{d_i}\frac{v_i^2}{2g}(i=1,2,3) \tag{7-11}$$

这是因为在稳定流状况下，A，B 两点处的测压管水头必须维持稳定，因而能够自动调

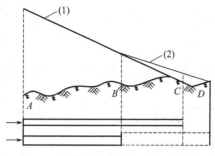

图 7-7 沿输送距离增大管径示意图

节各管的流量,使各管的水头损失都相等。

由于大管径管路上的水力坡度要比小管径的小,所以在长输管路上常在某一区间加大管径来降低水力坡度(图 7-7),以达到延长输送距离或加大输送量的目的。同样,铺设并联的副管也可以降低该段的水力坡度,以达到延长输送距离或加大输送量的目的。总之,使用部分加大串联管径或部分铺设并联副管的方法,都是为了降低水力坡度,达到增大流量或延长输送距离,以减少中间泵站的目的。

需要注意的是:并联管段上的水头损失相等,并不意味着各管段上的总能量损失也相等。因为各段阻力不同,流量也不同,以同样的水头损失乘以不同的质量流量所得到的各段功率损失是不同的。

三、串联管和并联管的水力计算

串联管路在多数情况中,都是在给定流量条件下,按合理流速选定管径。然后根据管径、管长和地形(管线起点和终点的标高),确定管路中的压力降,或确定起点所需的压头,或计算水力坡降。

并联管路则涉及各条并联管路中的流量分配问题。因为总流量一般是已知的,但各并联的流量则都是未知数。同时,水头损失也是未知数。如果有 n 条管线并联,就有 $n+1$ 个未知数,需列出 $n+1$ 个方程求解。

以三条并联管为例,可列出以下四个方程。

$$h_f = \beta_1 \frac{Q_1^{2-m_1} v^{m_1} L_1}{d_1^{5-m_1}}$$

$$h_f = \beta_2 \frac{Q_2^{2-m_1} v^{m_2} L_2}{d_2^{5-m_2}}$$

$$h_f = \beta_3 \frac{Q_3^{2-m_3} v^{m_3} L_3}{d_3^{5-m_3}}$$

$$Q = Q_1 + Q_2 + Q_3$$

一般做法是先设定流态,确定 β 和 m 值。然后以某管线为准,求出与其他管线的流量比,再代入流量方程即可求解。若设三管流态相同,则 $\beta_1 = \beta_2 = \beta_3$,$m_1 = m_2 = m_3$,这时公式中 β 可消掉,v^m 亦可约掉,则其时

$$\left(\frac{Q_2}{Q_1}\right)^{2-m} = \left(\frac{d_2}{d_1}\right)^{5-m} \frac{L_1}{L_2}; \quad \left(\frac{Q_3}{Q_1}\right)^{2-m} = \left(\frac{d_3}{d_1}\right)^{5-m} \frac{L_1}{L_3}$$

这样,计算起来就比较方便了。

【例 7-5】 已知管径 $d = 150\text{mm}$,流量 $Q_V = 15\text{L/s}$,液体温度为 10℃,其运动黏度 $\nu = 0.415\text{cm}^2/\text{s}$。试确定:(1)在此温度下的流动状态;(2)在此温度下的临界速度;(3)若过流面积改为面积相等的正方形管道,则其流动状态如何?

解:(1)设管中平均速度为 v,由连续性方程得

$$v = \frac{4Q_V}{\pi d^2} = \frac{4 \times 15 \times 10^{-3}}{\pi \times 0.15^2} = 0.85 \ (\text{m/s})$$

流动的雷诺数

$$Re=\frac{vd}{\nu}=\frac{0.85\times0.15^2}{0.415\times10^{-4}}=3068>2320$$

所以流动状态为紊流状态。

（2）当 $Re=2320$ 时，为层流、紊流的界限，设临界流速为 v_c，即

$$v_c=\frac{Re\nu}{d}=\frac{2320\times0.145}{0.15}=0.64\ (\text{m/s})$$

（3）设正方形管道边长为 a，由题设

$$a^2=\frac{\pi d^2}{4},\ a=\frac{d}{2}\sqrt{\pi}=0.133\ (\text{m})$$

当量直径

$$d_H=\frac{4a^2}{L}=\frac{4a^2}{4a}=a=0.133\ (\text{m})$$

所以

$$Re=\frac{vd_H}{\nu}=\frac{0.85\times0.133}{0.415\times10^4}=2724>2320$$

即流动状态仍为紊流。

【例 7-6】 有一并联管道如下图所示。若已知 $Q_V=30\text{m}^3/\text{h}$，$d_1=100\text{mm}$，$l_1=40\text{m}$，$d_2=50\text{mm}$，$l_2=30\text{m}$，$d_3=150\text{mm}$，$l_3=50\text{m}$，$\lambda_1=\lambda_2=\lambda_3=0.03$。试求各支管中的流量 Q_{V1}、Q_{V2}、Q_{V3} 及并联管道中的水头损失。

解： 根据并联管道的流动规律

$$Q_V=Q_{V1}+Q_{V2}+Q_{V3}$$
$$h_{f1}=h_{f2}=h_{f3}$$

因此有

$$\lambda_1\frac{l_1}{d_1}\times\frac{v_1^2}{2g}=\lambda_2\frac{l_2}{d_2}\times\frac{v_2^2}{2g}=\lambda_3\frac{l_3}{d_3}\times\frac{v_3^2}{2g}$$

$$0.03\times\frac{40}{0.1}\times\frac{1}{2\times9.81}\left(\frac{4Q_{V1}}{\pi\times0.1^2}\right)^2=0.03\times\frac{30}{0.05}\times\frac{1}{2\times9.81}\left(\frac{4Q_{V2}}{\pi\times0.05^2}\right)^2$$
$$=0.03\times\frac{50}{0.15}\times\frac{1}{2\times9.81}\left(\frac{4Q_{V3}}{\pi\times0.15^2}\right)^2$$
$$9898.98Q_{V1}^2=238873.79Q_{V2}^2=1634.8Q_{V3}^2$$

所以

$$\left.\begin{array}{l}Q_{V2}=0.2Q_{V1}\\Q_{V3}=2.46Q_{V1}\end{array}\right\}$$

则有

$$Q_V=Q_{V1}+0.2Q_{V1}+2.46Q_{V1}$$
$$Q_V=3.66Q_{V1}$$
$$Q_{V1}=\frac{Q_V}{3.66}=\frac{300}{3.66}=81.97\ (\text{m}^3/\text{h})$$
$$Q_{V2}=0.2Q_{V1}=0.2\times81.97=16.39\ (\text{m}^3/\text{h})$$
$$Q_{V3}=2.46Q_{V1}=2.46\times81.97=201.65\ (\text{m}^3/\text{h})$$

并联管道的水头损失

$$h_{f_{a-b}} = h_{f_1} = \lambda_1 \frac{l_1}{d_1} \times \frac{v_1^2}{2g} = 0.03 \times \frac{40}{0.1} \times \frac{1}{2 \times 9.81} \times (\frac{4 \times 81.97}{3600x \times 0.1^2})^2 = 5.15 \ (mH_2O)$$

【**例 7-7**】 今有输原油两条并联管路（图 7-8）。已知总输量为 $Q_m = 182t/h$，原油密度 $\rho = 0.895t/m^3$，运动黏度 $\nu = 0.42St$，管径和管长分别为 $d_1 = 156mm$，$l_1 = 10km$，$d_2 = 203mm$，$l_2 = 8km$，试求各支管中的流量 Q_{V1}、Q_{V2} 及并联管道中的水头损失。

解： 由于 Q_{V1} 和 Q_{V2} 都是未知数，流动状态无法确定。先假设都为水力光滑区，因流态相同，则

$$\left(\frac{Q_{V2}}{Q_{V1}}\right)^{1.75} = \left(\frac{d_2}{d_1}\right)^{4.75} \frac{L_1}{L_2}$$

有

$$Q_{V2} = \sqrt[1.75]{\frac{L_1}{L_2}\left(\frac{d_2}{d_1}\right)^{4.75}} \quad Q_{V1} = \sqrt[1.75]{\frac{10}{8}\left(\frac{203}{156}\right)^{4.75}} \quad Q_{V1} = 2.33Q_{V1}$$

$$Q_{V1} + Q_{V2} = Q_{V1} + 2.33Q_{V1} = 3.33Q_{V1} = Q_V$$

于是

$$Q_{V1} = \frac{Q_V}{3.33} = \frac{182}{3.33 \times 0.895 \times 3600} = 0.017 \ (m^3/s)$$

$$Q_{V2} = 2.33 \times 0.017 = 0.0396 \ (m^3/s)$$

校核流态

$$v_1 = \frac{4Q_{V1}}{\pi d_1^2} = \frac{4 \times 0.017}{3.14 \times 0.156^2} = 0.89 \ (m/s)$$

$$Re_1 = \frac{v_1 d_1}{\nu} = \frac{89 \times 15.6}{0.42} = 3300$$

$$v_2 = \frac{4Q_{V2}}{\pi d_2^2} = \frac{4 \times 0.0396}{3.14 \times (0.203)^2} = 1.22 \ (m/s)$$

$$Re_2 = \frac{v_2 d_2}{\nu} = \frac{121 \times 20.3}{0.42} = 5850$$

可见均在水力光滑区，与假设相符，流量均可用，最后求水头损失

$$h_f = 0.0246 \frac{Q_{V1}^{1.75} v_1^{0.25} L_1}{d_1^{4.75}} = \frac{0.0246 \times 0.017^{1.75} \times (0.42 \times 10^{-4})^{0.25} \times 10^4}{0.156^{4.75}} = 108 \ (m)$$

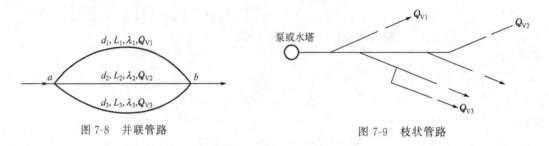

图 7-8 并联管路   图 7-9 枝状管路

四、枝状管路的水力计算

枝状管路是工程中常用的一种管路形式，它将流体自主干管路供向各用水点。它较环状管网便于安装，省费用，但可靠性差一些。一般用于生活用水、工地施工用水和农田喷灌用水。

对于图 7-9 所示枝状管路，能量方程不能在总干管和分支管之间建立，必须对各管段逐

一计算。

设计枝状管路时，一般已知的是各管段长度 l_i，各处使用要求的水头 h_i 和流量 Q_{Vi}，而所使用的管材和管径也应是按工程条件和允许流速来确定的。因此，往往设计的主要任务是计算水塔的高度和泵的扬程。其原则是要满足损失最大分枝管路的供水要求。

若各段干管和分枝管路能量损失按下式计算

$$h_{fi} = \frac{Q_{Vi}^2 l_i}{K_i^2}$$ (7-12)

则自水塔至各分枝管末端的总损失为

$$h = \sum h_{fj} + \sum h_{fi}$$ (7-13)

式中，j 为各主干管，i 为相应的分枝管段。

五、环状管网的水力计算

环状管网在给水、通风等工程系统中被广泛采用。它显著的优点是能使流量自行分配，如果任一管段出现局部损坏都可由其他管路补给，保证各用户的使用要求，提高系统运行的可靠性。但环状管网布局较复杂，管段多，投资成本较高。

环状管网设计的布局要根据地域和工程要求确定，各处的供水量应由用户提出。环状管网需要通过水力计算确定的通常是各管段的流量分配并设计选择适当的管径。

不难看出，环状管网的设计计算要比前面介绍的几种管路复杂得多。

环状管网的设计计算依据以下两个基本原则。

① 由连续性原理，在每个节点上流出、流入的流量应相等。如以流入节点的流量为正，流出为负，则有

$$\sum Q_{Vi} = 0$$

② 由并联管路的水力计算特点，在任何一封闭环路中，若设顺环路方向流动的水头损失为正，逆方向为负，则应有

$$\sum h_{fi} = 0$$

不难证明，由上述原则建立的独立方程个数与未知流量的个数相等，因此，原则上可解。但由于方程组的非线性，使求解复杂、困难。通常采用迭代法，逐次逼近求解，以求得满足精度要求的结果。

第四节　有压管路中的水击

在有压管路中流动的液体，由于某种原因（如阀门突然动作或泵突然停止工作等）引起管内液体流速突然改变，这种因液体动量的变化都会引起管内压力的突然变化（急剧交替上升或下降）现象称为水击现象。这种压力变化由于管壁和液体的弹性作用使压力波在管内迅速传播，压力的交替变化对管壁或阀门、仪表等产生类似于锤击的作用，因此，水击亦称"水锤"。

水击是由液体的惯性造成的，所造成的压力升高可以达到管路中正常压力的许多倍，而且频率很高。因此，水击现象将影响管道系统的正常工作，严重时甚至引起管道破裂，仪表损坏。下面主要介绍水击现象的物理过程、压力升高值计算以及限制和利用水击的一般措施。

一、水击现象的基本过程

前面几章讨论的均为不可压缩流体，但是，对于非稳定流动的水击现象，必须考虑流体的可压缩性。因为水击现象会使压力升高，因此还必须考虑管壁的膨胀。研究水击现象的装置如图 7-10 所示。

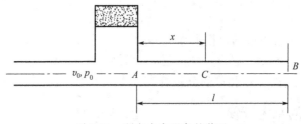

图 7-10　研究水击现象的装置

在管道 A 处装有容量足够大的蓄能器，这样，所产生的水击波被截止于 A 处。液体自 A 流向 B。为使讨论简化，做如下假设：液体为无黏性液体；假设管道长为 l，直径不变；假设 B 处的阀门瞬时关闭（关闭时间为零）；假设管中的液体由无数微段组成，彼此间互相紧挨着，但相互间又无联系。

可以按以下四个过程来研究水击现象，设管中原流动状态下压力为 p_0，流速为 v_0。

① 压力升高过程——如果突然关闭阀门 B 时，临近闸门的微段液体首先停止流动。随后，与之相邻的另一微段将随之停止流动，这样，管 AB 中的液体依次逐段停止下来。当液体突然停止流动时，在这瞬间液体的全部动能转化为液体的压力能和管壁的变形能，使已停止的液体中压力增加，这种压力称为水击压力。压力升高使液体被压缩，同时也将使围绕这段液体的管壁膨胀。液流的突然停止和由此造成压力升高的现象以波的形式沿管路向上游 A 处传播。这一波称为压力升高波，即当经过 $t=l/c$ 时刻后，AB 段中的流速 $v=0$，压力 $p=p_0+\Delta p$。

② 压力恢复过程——因为蓄能器的容量足够大，压力波不会引起蓄能器中压力有明显的变化。当压力升高波传至 A 点时，A 左端压力认为是不变的。A 点两侧由于压差 Δp 的作用将使流体从 B 向 A 流动，使压力恢复到原来的 p_0。在这个过程中，AB 段内液体逐段自右向左运动，其压力从 $p_0+\Delta p$ 降至 p_0。

③ 压力降低过程——当压力恢复波传至闸门处时，整个 AB 管中的液体具有自右向左的运动速度，在紧靠闸门处的液体会出现离开闸门的趋势，但在闸门处没有液体给予补充，其结果将使紧靠闸门的液体静止，压力降低，密度减小，压力为 $p=p_0-\Delta p$。

④ 压力恢复过程——压力降低波传至 A 时，为蓄能器所截止，此时出现 A 点左侧压力比右侧高 Δp 值的状态。在 Δp 的作用下，A 左侧的液体又开始向右侧管中流动，流动速度仍为原始初速度 v_0，而 A 右侧的压力亦恢复至原压强 p_0。

当压力恢复波传至 B 处时，若闸门仍然关闭，则重又造成升压波，随之重复出现恢复→降低→恢复过程。对于理想流体，液体没有黏性阻力损失，且管子没有变形，因此在压力波传播过程中能量没有消耗，整个水击现象将依次以上面四个波动过程往复、交替地在管中 AB 段一直重复下去。

这里需要注意的是，引起管路中速度突然变化的因素只是水击现象产生的外界条件，而液体本身具有可压缩性和惯性是发生水击的内在原因。

二、水击压力的计算

1. 水击的分类

在实际过程中，不可能在瞬间将阀门突然关闭，总有一个时间，根据关闭阀门的时间长短可将水击分为直接水击和间接水击。

（1）直接水击

当压力传递一个往返时间 $t_0 = 2L/c$ 之前已经把阀门全部关死的情况，称为直接水击。

（2）间接水击

如果关闭阀门的时间 T_M 大于时间 $t_0 = 2L/c$，称为间接水击。

2. 水击压力的计算公式

（1）水击压力的计算公式

当阀门突然关闭时，在无限小的 Δt 时刻内，与阀门紧靠的一层液体首先停止流动，则一层液体的质量为 $\rho A \Delta s$，由动量定理可以写出水击压力的计算公式为

$$\Delta p A = \frac{\rho A \Delta s v_0}{\Delta t}$$

$$\Delta p = \rho \frac{\Delta s}{\Delta t} v_0 = \rho c v_0 \tag{7-14}$$

式中 c——压力的传播速度。

该式称为儒可夫斯基公式，在水击压力计算中十分重要。

（2）压力传播速度 c

设 E 为管材的弹性模量，K 为液体的体积模量，δ 为管壁厚度，ρ 为密度，d 为管道内直径。

压力波传播的速度 c 为

$$c = \frac{\sqrt{K/\rho}}{\sqrt{1 + dK/\delta E}} \tag{7-15}$$

对于无弹性管壁 $E \to \infty$，有

$$c = c_0 = \sqrt{\frac{K}{\rho}} \tag{7-16}$$

对于水 $c_0 = \sqrt{\dfrac{K}{\rho}} = 1416\text{m/s}$，相当于声音在无边界水中的传播速度。

将上两式代入式（7-14）中，即可求得水击压力。

间接水击的压力要比直接水击小，一般可用经验公式计算，即

$$\Delta p = \rho c v_0 \frac{t_0}{T_M} \tag{7-17}$$

常见管材和液体的弹性模量值见表 7-2。

表 7-2　常见管材和液体的弹性模量

管材	E/Pa	液体	K/Pa
钢管	2.06×10^{11}	水	2.06×10^9
铸铁管	9.8×10^{10}	石油	3.32×10^9

【例 7-8】 用 $\phi108\text{mm}\times4\text{mm}$ 的钢管输水时，水击压力传播速度为多少？若管内流速 $v_0=1\text{m/s}$，可能产生的最大水击压力为多少？若输水总管长 2000m，则避免直接水击的关阀时间应为多少？

解：（1）先计算水击传播速度，由管材和液体的弹性系数表 7-3 可知：$E=2.06\times10^{11}\text{Pa}$
$K=2.06\times10^{9}\text{Pa}$。
依题意可知，$d=0.1\text{m}$，$\delta=0.004\text{m}$，水的密度 $\rho=1000\text{kg/m}^3$，则

$$c_0=\sqrt{\frac{K}{\rho}}=\sqrt{\frac{2.06\times10^9}{1000}}=1435\ (\text{m/s})$$

水击的传播速度

$$c=\frac{\sqrt{K/\rho}}{\sqrt{1+dK/\delta E}}=\frac{c_0}{\sqrt{1+dK/\delta E}}=1281\ (\text{m/s})$$

（2）若流速 $v_0=1\text{m/s}$，则最大的水击压力

$$\Delta p=\rho c v_0=1000\times1281\times1=1.28\ (\text{MPa})$$

（3）若管长 $L=2000\text{m}$，则

$$t_0=\frac{2L}{c}=\frac{4000}{1281}=3.123\ (\text{s})$$

所以要避免产生直接水击时，关闭阀门的时间必须大于 3.123s。

三、减弱水击的措施

水击压力值常常是很大的，如果突然关闭闸门（管内水流速度 $v=1\text{m/s}$）时，其水击压力升高可达 $\Delta p=10^6\text{Pa}$，约为 10atm。若管内流速增加时，水击压力会更大。这样高的压力将可能使管路破裂。水击现象发生，对管路系统十分有害，为了避免或者减轻水击带来的危害，可采取如下措施。

① 在靠近水击产生处装设安全阀、调节塔、溢流阀和蓄能器等用以缓冲或减小水击压力。

② 尽可能延长闸门、阀门的启闭时间，缩短管道长度，避免直接水击发生。

③ 增加管道弹性，例如液压系统中，铜管和铝管就比钢管有更好的防水击性能，或采用弹性较大的软管，如橡胶或尼龙管吸收冲击能量，则可更明显减轻水击。

④ 限制管道中的流速，从而减小水击压力。可采用增大管道直径或限制流速的办法（一般液压系统中最大流速限制在 5～7m/s）。

当然，对于水击现象所产生的压力升高现象人们尽量想方设法加以利用，例如水锤泵就是利用水击能量将水提升至一定高度的装置。

第五节 空化与汽蚀的概念

空化和汽蚀往往发生在液体的节流装置和液体机械中，一旦产生空化和汽蚀现象，将会带来不利的影响。

一、空化

液体通过阀口、阻尼孔及其他节流装置处时，速度很高，压力降低。当压力下降到

空气分离压时，溶解在液体中的空气以气泡形式逸出，形成充满空气的气泡；如果压力继续降低到液体的饱和蒸汽压时，液体本身开始汽化而形成大量的气泡，形成空化现象。

压力低到什么程度会产生空化，这要视液体中是否溶解气体以及气体溶解量的多少而定。一般水中气体不超过 2%，因而水中空化往往以 $p=p_v$（液体饱和蒸汽压）为标准。油中溶解气体可达 6%～12%，因而油中空化往往以 $p=p_g$（空气分离压）为标准。

空化产生的条件是局部地区的高速和低压。孔口面积很小，是典型的高速部位，高速必然表现为低压。

二、汽蚀

当已产生空化的液体流动到了高压区时，气泡被击破，导致局部的压力和温度升高，并伴有振动和噪声以及液体的氧化变质等。如果气泡的溃灭发生在流道的壁面附近，那么该处壁面材料在这种局部高温高压的反复作用下，将会发生剥蚀和破坏，这种现象称为汽蚀。

空化和汽蚀是比较复杂的现象，在这里只是作些简单的介绍，感兴趣的读者可参阅有关资料。

思考题

7-1 什么是压力管路？长管和短管如何区别？这种分法有何实际意义？

7-2 长管的水力计算通常有哪几类问题？计算方法和步骤如何？

7-3 什么是串联管路？什么是并联管路？两者的水力计算特点有何不同？

7-4 分支管路应如何进行水力计算？

7-5 什么是管路中水击压力？如何产生的？问题的实质是什么？

7-6 怎样计算水击压力？有哪些种类？

7-7 管路中的水击现象是如何产生的？问题的实质是什么？有哪些种类？怎样计算水击压力的大小？

7-8 水击对管道和设备有哪些危害？防止和减小水击危害的措施有哪些？

7-9 什么是空化？什么是汽蚀？它们是如何产生的？

习题

7-1 如图 7-11 所示，一中等直径钢管并联管路，流过的总水量 $Q_V=0.08\text{m}^3/\text{s}$，钢管的直径 $d_1=150\text{mm}$，$d_2=150\text{mm}$，长度 $L_1=500\text{m}$，$L_2=500\text{m}$。求并联管中的流量 Q_{V1}、Q_{V2} 及 A、B 两点间的水头损失（设并联管路沿程阻力系数均为 $\lambda=0.039$）。

7-2 如图 7-12 所示水平输液系统（A、B、C、D 在同一水平面上）；终点均通大气，被输液体相对密度 $\delta=0.96$，输送量为 200t/h。设管径，管长，沿程阻力系数如下：$L_1=1000\text{m}$，$L_2=L_3=4000\text{m}$，$D_1=200\text{mm}$，$D_2=D_3=150\text{mm}$；$\lambda_1=0.025$，$\lambda_2=\lambda_3=0.03$。

求：（1）各管流量及沿程水头损失；

（2）如果泵前真空表读数为 450mmHg，则泵的扬程为多少？（按长管计算）

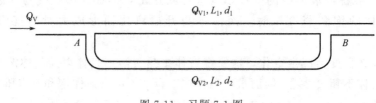

图 7-11 习题 7-1 图

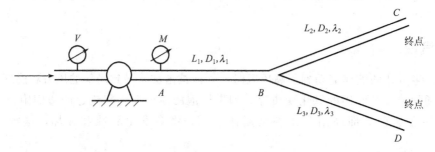

图 7-12 习题 7-2 图

7-3　实验室中有一连接高低水池的简单直管，若在靠近上游和下游处各装一个阀门，当两阀门全开时，全管的测压管水头线接近于直线。试问：

（1）若关小下游阀门，测压管水头线位置将怎样移动？

（2）若关小上游阀门，测压管水头线位置将怎样移动？

（3）实验开始时，为了排除管道和测压管中积存的气体，应当如何处理？

7-4　如图 7-13 所示为输水管路中的水力测试实验装置，已知 $d=25\text{mm}$，$l=750\text{mm}$，$v=3.0\text{m/s}$，$\lambda=0.020$，$\zeta=0.50$，试计算压差计的水银柱高 h_p。

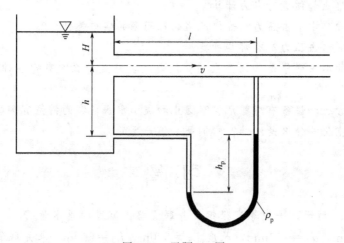

图 7-13 习题 7-4 图

7-5　图 7-14 所示一管径不同的管道，水从水箱以 $Q_V=25\text{L/s}$ 流量流入管内，若 $d_1=150\text{mm}$，$d_2=125\text{mm}$，$d_3=100\text{mm}$，$L_1=25\text{m}$，$L_2=10\text{m}$，$\lambda_1=0.037$，$\lambda_2=0.039$，各局部的阻力系数为：水流进口 $\xi_1=0.5$，渐缩管 $\xi_2=0.15$，阀门 $\xi_3=2.0$，管嘴 $\xi_4=0.1$（ξ 值均按局部阻力后的流速水头考虑），试求各管段的沿程水头损失、局部水头损失和水流所需的总水头 H。

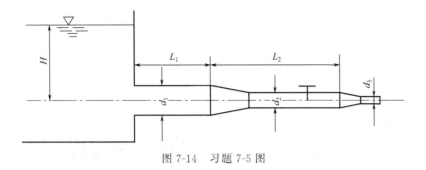

图 7-14 习题 7-5 图

第八章

孔口出流和缝隙流动

孔口出流在工程实际中有着广泛的应用，常遇到液体经孔口的出流问题。例如，水利工程上的闸孔，黏度机上的针孔，水箱、蓄水池、堤坝的孔洞，汽车发动机的化油器，柴油机的喷嘴，以及液压技术中阀的节流边、阻尼孔等都属于孔口出流问题。

本章讨论液体孔口出流的基本概念、类型，研究流体出流的特征，根据流体运动基本规律确定孔口出流速度、流量和影响因素，通过对这些问题进行研究，以进一步掌握流体运动规律在孔口出流应用。

第一节　孔口出流的分类

在工程实际中，常遇到液体流经孔口的出流问题，如水箱、蓄水池、堤坝的孔洞以及储液池容器的泄水孔等。液体自容器侧壁或底板上的孔洞泄出，称为孔口出流，孔洞称为孔口。根据孔口的结构形状和出流条件的不同，孔口出流分为：薄壁孔口和厚壁孔口；大孔口和小孔口；自由出流和淹没出流。

一、薄壁孔口和厚壁孔口

若孔口具有尖锐的边缘，液体流过孔口时仅有线接触，此时边缘厚度的变化对于液体出流不产生影响，这种孔口称为薄壁孔口。当孔口的壁面厚度 L 与孔口直径 d 的比值小于或等于 2，即 $L/d \leqslant 2$ 时，可视为薄壁孔口，如图 8-1（a）所示，薄壁孔口边缘尖锐，而流线又不能突然转折，经过孔口后射流要发生收缩，在孔口下游附近的 c—c 断面处，射流断面积达到最小，称为收缩断面，用字母 C_c 表示。该处断面面积 A_c 与孔口的几何断面积 A 之比，称为收缩系数，即 $C_c = A_c/A$。在收缩断面 c—c 处，流线近似于平行，可以认为是缓变流动。液体从薄壁孔口出流时，没有沿程能量损失，只有收缩而产生的局部能量损失。

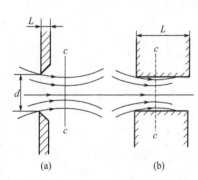

图 8-1　薄壁孔口和厚壁孔口示意图

如果液体具有一定的速度，能形成射流，此时虽然孔口也具有尖锐的边缘，射流亦可以形成收缩断面，但由于孔壁较厚，则液体出流时，将为面接触，这种孔口称为厚壁孔口或长孔口，有时也称为管嘴。厚壁孔口的壁面厚度 L 与孔口直径 d 的比值大于 2 而小于或等于 4，即 $2 < L/d \leqslant 4$，如图 8-1（b）所示，液体从厚壁孔

口出流时不仅有收缩的局部能量损失，而且还有沿程能量损失。

二、大孔口和小孔口

当孔口的高度 e 小于孔口形心在液面以下深度 H 的 1/10 时，称为小孔口。这时作用在小孔口过流断面上各点的水头可以认为都等于其形心点处的水头 H，而近似地认为孔口断面上各点的流速都相等。反之，当孔口高度 $e > H/10$ 时，称为大孔口，其孔口断面上部、下部的水头有明显不同，因而速度也不同。

三、自由出流和淹没出流

以出流的下游条件为衡量标准，如果流体经过孔口后出流于大气中时，称为自由出流；如果出流于充满液体的空间，则称为淹没出流；液体经孔口出流过程中，若液面位置不变，则称为定水头（稳定）出流。

第二节　薄壁小孔的稳定自由出流

图 8-2 所示为自薄壁圆形小孔的稳定自由出流。根据流线特性可知，小孔出流时所形成的流线不能转折，只能是一条光滑曲线，故从孔口出流后形成收缩断面。如图 8-2 中 $c—c$ 处，其位置一般在距孔口高度或直径的 1/2 处。根据孔口所在位置的不同，收缩状况将有所不同，见图 8-3。位置 1 和 2 紧贴容器边壁或容器底，这时，液流将仅在靠近壁或底以外的周界处发生收缩，称为部分收缩；而在位置 3 和 4 的孔口，其周界全部远离壁或底，液流将在全部周界处发生收缩，称为全部收缩。

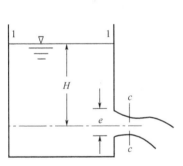

图 8-2　大孔口和小孔口示意图

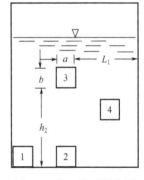

图 8-3　孔口的不同位置
1～4—位置

如果孔口周界距壁的距离 $L_1 > 3a$ 及距底的距离 $h_2 > 3b$，则出流丝毫不受边界的影响，称为完善收缩；否则称为非完善收缩。显然全面收缩和完全收缩时，收缩断面的面积最小。

一、薄壁圆形小孔的稳定自由出流的水力计算

取图 8-2 中的 1—1 面和 $c—c$ 面，计算点取在液面上和收缩的中心，列伯努利方程，则

$$H + \frac{p_1}{\rho g} + \frac{a_1 v_1}{2g} = H + \frac{p_c}{\rho g} + \frac{a_c v_c^2}{2g} + h_g \tag{8-1}$$

其中，$h_\xi = \xi_c \dfrac{v_c^2}{2g}$，$\xi_c$ 为孔口出流局部流动阻力系数。

由连续性方程

$$A_1 v_1 = A_c v_c$$

得

$$v_1 = \frac{A_c}{A_1} v_c$$

式中，A_1 为容器的截面积，代入式（8-1）得

$$H + \frac{p_1 - p_c}{\rho g} = \left[\alpha_c - \alpha_1 \left(\frac{A_c}{A_1}\right)^2 + \xi_c\right] \frac{v_c^2}{2g}$$

或

$$v_c = \frac{1}{\sqrt{\alpha_c - \alpha_1 \left(\dfrac{A_c}{A_1}\right)^2 + \xi_c}} \sqrt{2\left(gH + \frac{p_1 - p_c}{\rho}\right)} \tag{8-2}$$

当 $A_1 \gg A_c$，并注意到 $\alpha_c \approx 1$，则得

$$v_c = C_v \sqrt{2\left(gH + \frac{p_1 - p_c}{\rho}\right)} \tag{8-3}$$

式中 $C_v = \dfrac{1}{\sqrt{1 + \xi_c}}$ 称为流速系数。通过孔口的流量为

$$Q_V = v_c A_c = C_c A v_c = C_c C_v A \sqrt{2\left(gH + \frac{\Delta p}{\rho}\right)} = C_d A \sqrt{2\left(gH + \frac{\Delta p}{\rho}\right)} \tag{8-4}$$

式中，$C_d = C_c C_v$ 称为流量系数，A 为孔口的面积，$\Delta p = p_1 - p_c$，为孔口前后的压力差。

若容器上部为自由液面，即 $p_1 = p_a$，小孔自由出流时 $p_c - p_a$，则 $\Delta p = 0$，于是有

$$v_c = C_v \sqrt{2gH} \tag{8-5}$$

$$Q_V = C_d A \sqrt{2gH} \tag{8-6}$$

若 $\dfrac{\Delta p}{\rho} \gg gH$ 时（液压系统就是这种情况），则有

$$v_c = C_c \sqrt{\frac{2\Delta p}{\rho}} \tag{8-7}$$

$$Q_V = C_d A \sqrt{\frac{2\Delta p}{\rho}} \tag{8-8}$$

二、孔口出流系数

由上述公式可知，出流速度和流量与流速系数、流量系数、收缩系数和阻力系数有着密切的关系。它们影响孔口出流的性能，所以有必要对这四个系数加以讨论。

1. 流速系数 C_v

流速系数 $C_v = \dfrac{1}{\sqrt{1 + \xi_c}}$，是考虑液体从孔口出流时的局部阻力损失而得到的系数，但出流的局部阻力损失很难由理论计算，只能通过实验得到。

孔口出流射入大气后成为平抛运动，将 xoy 坐标原点取在收缩断面上，测量射流上任

一点 $A(x，y)$ 的坐标，如果忽略射流四周的空气阻力，则

$$\begin{cases} x = v_c t \\ y = \dfrac{1}{2} g t^2 \end{cases}$$

式中，g 为重力加速度，t 是射流到达 A 点的时间。消去时间 t，得收缩断面 $c—c$ 上的平均流速

$$v_c = x \sqrt{\dfrac{g}{2y}}$$

注意到 $v_c = C_v \sqrt{2gH}$，H 为自由液面到原点的铅垂距离，则得

$$C_v = \dfrac{x}{2\sqrt{Hy}} \tag{8-9}$$

根据实测数据 $C_v = 0.97 \sim 0.99$。如果取平均值 0.98 计算，则孔口局部阻力系数，由 $C_v = \dfrac{1}{\sqrt{1+\xi_c}}$ 可知

$$\xi_c = \dfrac{1}{C_v^2} - 1 = 0.042$$

2. 流量系数 C_d

由式(8-4) 可以得到

$$C_d = \dfrac{Q_V}{A\sqrt{2\left(gH+\dfrac{\Delta p}{\rho}\right)}} = \dfrac{Q_实}{Q_理} \tag{8-10}$$

可见流量系数的物理意义就是实际流量与理论流量之比。

通过对 Q_V、H、Δp 和 A 的测定，很容易得到流量系数的实验值。C_d 和雷诺数 Re 的关系见图 8-4。

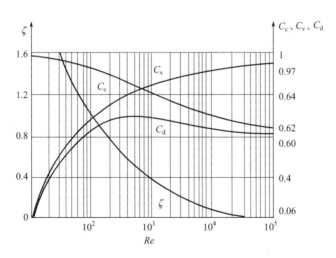

图 8-4　孔口出流系数与雷诺数关系图

当 $Re_T > 10^5$，C_d 基本上是不变的常数，$C_d = 0.60 \sim 0.62$。

3. 收缩系数与阻力系数

由式(8-4) 可以得到

$$C_c = \frac{C_d}{C_v} \qquad (8\text{-}11)$$

用实验得出的 C_d 与 C_v，可以算出收缩系数 C_c，与 Re 的关系亦表示在图 8-4 上，当 $Re \geqslant 10^5$，$C_c = 0.63$。

用实验测得的 C_v，可以算出孔口的阻力系数

$$\xi_c = \frac{1}{C_v^2} - 1 \qquad (8\text{-}12)$$

ξ_c 与 Re 的关系也表示在图 8-4 上，当 $Re \geqslant 10^5$，$\xi_c = 0.06$。

【例 8-1】 有一水箱，如图 8-5 所示，在水深 $H = 1.8\text{m}$ 处开有 $d = 12\text{mm}$ 的圆孔，测得水的流量 $Q_V = 0.4 \times 10^4 \text{m}^3/\text{s}$，射流某一断面中心的坐标 $x = 2.6\text{m}$，$y = 1\text{m}$，试确定该圆孔的流量系数 C_d，流速系数 C_v，断面收缩系数 C_c，阻力系数 ζ_c。

解： 由孔口出流公式(8-6) 有

$$Q_V = C_d A \sqrt{2gH}$$

得：

$$C_d = \frac{Q_V}{A\sqrt{2gH}} = \frac{0.0004}{\frac{\pi}{4} \times 0.012^2 \times \sqrt{2 \times 9.81 \times 1.8}} = 0.595$$

由流速系数公式得

$$C_v = \frac{x}{2\sqrt{yH}} = 0.969$$

则收缩系数

$$C_c = \frac{C_d}{C_v} = 0.614$$

由 $C_v = \dfrac{1}{\sqrt{a_c + \zeta_c}}$ 得阻力系数

$$\zeta_c = \frac{1}{C_v^2} - a_c = \frac{1}{C_v^2} - 1 = 0.065$$

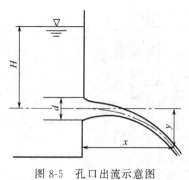

图 8-5　孔口出流示意图

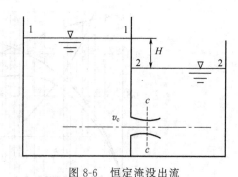

图 8-6　恒定淹没出流

三、薄壁孔口恒定淹没出流

图 8-5 表示薄壁孔口的淹没出流，即流经孔口的水股出流于下游液体之中。在液压技术中常遇到图 8-6 所示的恒定淹没出流，如节流器或阻尼器等用于控制流量和压力，流体出流后，水股先收缩后扩散。淹没孔口也有薄壁与厚壁之分，这里主要讨论薄壁的情况。

如图 8-6 所示，液流通过进口为锐缘的孔口时，形成射流并产生断面收缩，然后扩散。在收缩断面处速度最大，压力最低，随着射流的扩散，流速降低而压力升高，但由于有阻力而产生损失，压力不能完全恢复。取 1—1、c—c 两缓变流断面，并以管轴线所在平面为基准面列伯努利方程，得

$$\frac{p_1}{\rho g}+\frac{a_1 v_1^2}{2g}=\frac{p_c}{\rho g}+\frac{a_2 v_c^2}{2g}+\xi_c \frac{v_c^2}{2g}$$

由连续性方程，$v_1 A_1 = v_c A_c = v_c C_c A_0$，代入上式，得

$$v_c=\frac{1}{\sqrt{a_c-a_1\left(\dfrac{C_c A_c}{A_1}\right)^2+\zeta_c}}\sqrt{\frac{2\Delta p}{\rho}}$$

其中 $\Delta p = p_1 - p_c$，A_0 为孔口的面积。

对小孔口来说，收缩断面处流速是均匀的，可取 $a_c = 1$。而收缩断面面积 A_c 比上游截面积 A_1 小得多，$A_c/A_1 \approx 0$，所以有

$$v_c=\frac{1}{\sqrt{1+\zeta_c}}\sqrt{\frac{2\Delta p}{\rho}}=C_v \sqrt{\frac{2\Delta p}{\rho}} \tag{8-13}$$

$$Q_V=A_c v_c=v_c C_c A=C_c C_v A \sqrt{\frac{2\Delta p_c}{\rho}}=C_d A \sqrt{\frac{2\Delta p_c}{\rho}} \tag{8-14}$$

在图 8-5 中，$\Delta p = \rho g H$，代入式（8-14）得

$$Q_V=C_d A \sqrt{2gH} \tag{8-15}$$

式中，C_d 为薄壁小孔淹没出流的流量系数，可由实验测得，在 Re 数较大的情况下，薄壁锐缘孔口收缩系数 C_c 取 $0.61 \sim 0.63$，流速系数 C_v 取 $0.97 \sim 0.98$，则流量系数 C_d 约为 $0.60 \sim 0.61$。

第三节　圆柱外伸管嘴稳定自由出流

圆柱外伸管嘴是在上述薄壁小孔口上安装一段长度 $L=(3 \sim 4)d$（d 为孔口直径）的圆柱形短管，称为管嘴，如图 8-7 所示。相对于薄壁孔口而言，它也称为后壁孔口出流。

采用管嘴的主要目的在于增大流量。

管嘴中液体的流动情况与孔口出流有着明显的差别。当液体经管嘴出流时，如同孔口出流一样先发生液流的收缩现象，然后逐渐扩大充满全管嘴后流出，如图 8-7 所示。由于管嘴壁的作用使液体出流时的流线都将有同一方向，因此液体从管嘴流出时不再发生收缩，其收缩系数 $C_c = 1$。而在管嘴内有一个收缩断面 c—c，液体在随后扩大时将出现旋涡区，常称这种收缩为内部收缩。厚壁孔口只有内收缩而无外收缩，这是它与薄壁孔口的区别之一。区别之二是流体在管嘴内流动时，阻力损失由下列三部分组成：一是孔口阻力损失；二是 c—c 断面后的扩大阻力损失；三是后半段上沿程阻力损失，损失主要发生在收缩以后的部分。

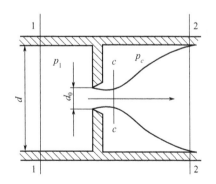

图 8-7　液压技术中常见的淹没孔口

一、圆柱外伸管嘴稳定自由出流的水力计算

在图 8-7 中，设水箱自由表面为 p_a，自由表面到管嘴中心线的高度，即作用水头 H，管嘴直径为 d，管嘴长度为 L。

以管嘴中心线为基准，对图中 1—1 和 2—2 断面列能量方程

$$H+\frac{p_a}{\rho g}+\frac{\alpha_1 v_1^2}{2g}=\frac{p_a}{\rho g}+\frac{\alpha_2 v_2^2}{2g}+h_w$$

式中，h_w 表示液体流经管嘴时总的水头损失，则

$$h_w=\xi_c\frac{v_c^2}{2g}+\xi_2\frac{v_2^2}{2g}+\lambda\frac{L}{d}\times\frac{v_2^2}{2g}$$

可笼统地表示为

$$h_w=\sum\xi\frac{v_2^2}{2g}$$

认为自由液面 1—1 为无限大，即认为 $v_1=0$，取 $\alpha_2=1$，方程化简为

$$H=\frac{v_2^2}{2g}+\sum\xi\frac{v_2^2}{2g}$$

整理得

$$v_2=\frac{1}{\sqrt{1+\sum\xi}}\sqrt{2gH}$$

取

$$C_v=\frac{1}{\sqrt{1+\sum\xi}} \tag{8-16}$$

为流速系数，则

$$v_2=C_v\sqrt{2gH} \tag{8-17}$$

液体自管末端流出时不产生收缩，因而流量为

$$Q_V=Av_2=C_vA\sqrt{2gH}$$

或

$$Q_V=C_dA\sqrt{2gH} \tag{8-18}$$

式中 A——管嘴截面积。

二、管嘴出流时流量系数 C_d 的计算

在圆柱形外伸管嘴出流的情况下，流量损失由三部分组成，即流量损失系数也可以看成由三部分组成

$$\sum\xi=\xi_c'+\xi_2+\lambda\frac{L}{d}$$

这里需要注意的是，上式中所有的损失系数均是对出口流速而言的。因此，上节中孔口出流局部流动阻力系数 ξ_c 必须按水头损失相等的原则换算为 ξ_c'，即

$$\xi_c\frac{v_c^2}{2g}=\xi_c'\frac{v_2^2}{2g}$$

因此

$$\xi_c'=\xi_c\left(\frac{v_c}{v_2}\right)^2=\xi_c\left(\frac{A}{A_c}\right)=\xi_c\left(\frac{1}{C_c^2}\right)$$

由上节分析可知

$$\xi_c = 0.06; \quad C_c = 0.63$$

因此

$$\xi'_c = 0.06\left(\frac{1}{0.63}\right)^2 \approx 0.15$$

由突然扩大损失计算知，按扩大后的速度计算的损失系数为

$$\xi_2 = \left(\frac{A}{A_c} - 1\right)^2 = \left(\frac{1}{C_c} - 1\right)^2 = \left(\frac{1}{0.63} - 1\right)^2 \approx 0.34$$

对于扩大后的一段流动，取 $\lambda = 0.02$，$L = 3d$，则

$$\lambda \frac{L}{d} = 0.06$$

代入总损失系数表达式可得

$$\sum \xi = \xi'_c + \xi_2 + \lambda \frac{L}{d} \approx 0.55$$

结合实验测定，取 $\sum \xi = 0.5$，代入式（8-16）可得圆柱外伸管嘴的流速系数为

$$C_v = \frac{1}{\sqrt{1 + \sum \xi}} = 0.82$$

即

$$C_v = C_d = 0.82$$

比较式（8-6）和式（8-18）可以知道，在淹深和断面积相同的情况下，薄壁孔和圆柱外伸管嘴的流量都仅取决于流量系数。当液体从薄壁圆孔口出流时，其流量系数 $C_d = 0.61$，而对于管嘴 $C_d = 0.82$，为薄壁孔的 1.34 倍，所以管嘴出流量大于薄壁孔的出流量。

按照流体力学的基本原理，加装管嘴后，就相当于在孔口之后又增加了一个局部阻力构件，其流量应该变小。那么为什么流量会变大呢？下面就来分析流量变大的原因。对液面上的一点和 c—c 断面形心建立能量平衡方程式，有

$$H + \frac{p_a}{\rho g} + \frac{\alpha_1 v_1^2}{2g} = \frac{p_a}{\rho g} + \frac{\alpha_c v_c^2}{2g} + \xi_c \frac{v_c^2}{2g}$$

如图 8-8 所示，认为自由液面 1—1 为无限大，即认为 $v_1 = 0$，取 $\alpha_c = 1$，得

$$h_{真空} = \frac{p_a - p_c}{\rho g} = (1 + \xi_c)\frac{v_c^2}{2g} - H$$

由于

$$v_c = \frac{Q_V}{A_c} = \frac{C_d A \sqrt{2gH}}{C_c A} = \frac{C_d \sqrt{2gH}}{C_c}$$

于是

$$h_{真空} = \left[(1 + \xi_c)\frac{C_d^2}{C_c^2} - 1\right]H$$

取 $\xi_c = 0.06$；$C_c = 0.63$；$C_d = 0.82$，则

$$h_{真空} \approx 0.75H$$

上式表示在管嘴出流时，收缩断面 c—c 处的压力小于大气压力，即产生真空，而孔口出流时 c—c 断面处的压力为大气压。由真空作用所产生的水头为 $0.75H$，这是个不小的数值，该数值远大于加装管嘴增加的液流阻力所引起的损失的水头，因而在同样 H 和 A 的条件下，管嘴流量大于孔口流量。

管嘴出流流量的增加还要取决于管嘴的长度。由大量实验证明，使管嘴正常工作的长度以 $L = (3 \sim 4)d$ 为宜。如果管嘴太短，在管嘴起始处收缩的液流来不及扩大就已流出管外，或者此真空区已非常接近于管嘴出口端而被破坏，因而也就达不到增加流量的目的。另外，若管嘴太长，扩大后的沿程阻力损失势必增加，结果也将使流量减小。

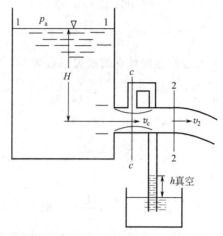

图 8-8 管嘴出流

为了增大管嘴流量，是否真空值越大越好呢？其实不然。这个真空度也是有一定限制的，它取决于出流液体的饱和蒸汽压。如果管中的真空值过大，使其压力低于或接近于液体的饱和蒸汽压时，将使液体汽化产生气体，从而破坏了液体流动的连续性。同时，外部空气在大气压力的作用下，会沿着管嘴内壁冲进管嘴，使管嘴内的液流脱离内壁，而不再是满管嘴出流。这时虽然有管嘴存在，可是出流将与薄壁孔口出流相仿，达不到增加流量的目的。因此，要保证圆柱形外管嘴的正常工作，必须满足以下两个条件。

① 最大真空度不能超过 7m，即 $H=7/0.75=9.3 mH_2O$。

② $L=(3\sim4)d$。

第四节　各种管嘴的液体出流系数

在工程应用中，按具体的使用目的和要求不同，常用的孔口与管嘴如图 8-9 所示。就其流速、流量计算公式形式而言，对于各种出流形式都是一样的，所差的仅是流速系数 C_v 和流量系数 C_d 不同，这些系数的数值，当然将取决于各种管嘴的出流特性和管内的阻力情况。应用管嘴的目的是增加孔口出流的流量，或者是增加或减少孔口外面水股的流速。

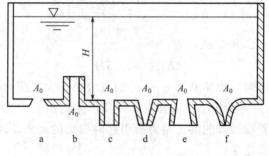

图 8-9　管嘴的类型
a—薄壁管嘴；b—内伸管嘴；c—外伸管嘴；d—收缩管嘴；e—扩张管嘴；f—流线型管嘴

为了便于比较，假定这些管嘴在器壁上的面积皆为 A_0，则各种形式的管嘴出流系数的实验值如表 8-1 所示。在 H 和 A_0 相同的条件下，根据表中系数，可对各种类型的管嘴的流

量及速度 v 的特点与圆柱外伸管嘴型 c 进行比较如下。

表 8-1　管嘴出流系数的实验值

种　类		阻力系数 ξ_c	收缩系数 C_c	流速系数 C_v	流量系数 C_d
a	薄壁管嘴	0.06	0.64	0.97	0.62
b	内伸管嘴	1	1	0.71	0.71
c	外伸管嘴	0.5	1	0.82	0.82
d	收缩管嘴 $\theta=13°\sim14°$	0.09	0.98	0.96	0.95
e	扩张管嘴 $\theta=5°\sim7°$	4	1	0.45	0.45
f	流线型管嘴	0.04	1	0.98	0.98

薄壁管嘴、外伸管嘴，前面已做过详细讨论。

圆柱内深管嘴：其出流类似于外伸管嘴，阻力较大，流速系数 C_v 和流量系数 C_d 较小，所以它的流速和流量大约要降低 15% 左右，其优点是适合装置于外形需要平整、隐蔽的地方。

外伸收缩管嘴：流动特点是在入口收缩后，不需要充分扩张，所以其损失相应较小，因而流速系数 C_v 较大，所以流速大，是几种管嘴中出口流速最高的。虽然 C_d 也很大，但因它是对出口断面积 A 而言的，由于 $A_0>A$，故流量比外伸管嘴小。此类管嘴的 C_v 随 θ 角增加而增加，至 $\theta=13°\sim14°$ 时达到最大值，这时的动能达到最大值。应用这种管嘴的目的不在于增加流量，而在于增加出口的流速和动能。例如将其用于消防水龙头等处。

外伸扩张管嘴：由于收缩断面小于出口断面，收缩断面的流速大于出口断面上的流速，在该断面处也产生真空，真空值随圆锥角的增大而增大，当圆锥角为 $\theta=5°\sim7°$ 时达到最佳值。这种管嘴的真空值比外伸管嘴大，因而吸力较大，流量较大，但出口流速较小，适用于人工降雨喷头等。

流线型外伸管嘴：消除了上述几种管嘴的缺点，在管嘴内部不形成离壁收缩断面，因而阻力大为减少，所以将具有最大的流量系数，出口动能最大。但由于曲线形状加工困难，在实际中采用较少。

为分析、比较和选用方便，在表 8-1 中列出了所讨论的薄壁孔口和各种管嘴的出流参数，选用时须注意，流速系数大的其出流速度必然大，但流量系数的大小并不直接反映出流流量的大小，因为流量除与流量系数和作用水头有关外，还要取决于出口断面的面积。

【**例 8-2**】　如图所示出水管路，$d_1=50\text{mm}$，$d=70\text{mm}$，水位高 $h=16\text{m}$，节门损失系数 $\xi=4.0$，水流入大气。若不计沿程损失，问流量 Q_V 为多少？

解：若忽略沿程损失，有

$$h=(1+\sum\xi_i)\frac{v_1^2}{2g}$$

这里的局部损失共有下述四处。

① 入口损失：$\xi_1=0.5$。

② 突然扩大损失：用扩大前速度 v_1，则

$$\xi_2=\left(1-\frac{d_1^2}{d^2}\right)=0.24$$

③ 突缩损失

$$\xi_3 = 0.5\left(1 - \frac{d_1^2}{d^2}\right) = 0.245$$

④ 节门损失

$$\xi = 4.0$$

所以

$$\sum \xi_i = \xi_1 + \xi_2 + \xi_3 + \xi_4 = 4.985$$

因此

$$v_1 = \sqrt{\frac{2gh}{1 + \sum \xi_i}}$$

$$Q_V = v_1 A = 0.0142 \ (\text{m}^3/\text{s})$$

【例 8-3】 水从封闭的立式容器中经管嘴流入开口水池中，如图 8-10 所示。已知管嘴直径 $d = 80\text{mm}$，容器与水池水面高度差 $h = 3.0\text{m}$，要求通过管嘴的流量为 $Q_V = 50\text{L/s}$，求作用于容器水面上的气体相对压力 p_0。

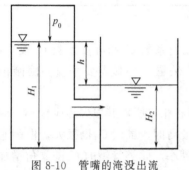

图 8-10 管嘴的淹没出流

解： 根据式(8-6)，有

$$Q_V = C_d A \sqrt{2gH}$$

取 $C_d = 0.82$，故实际作用水头为

$$H = \frac{Q_V^2}{C_d^2 A^2 2g} = 7.5 \ (\text{mH}_2\text{O})$$

由于容器和水池的水流断面积很大，可认为流速水头为零，故作用水头只是压力水头与位置水头差之和，即

$$H = \frac{p_0}{\rho g} - \frac{p_a}{\rho g} + H_1 - H_2$$

则 $p_0 = 44.1\text{kPa}$。

第五节 液体在缝隙中的流动

在化工设备及油气储运设备中，存在着充满油液的各种形式的配合间隙，如轴与轴承间的环形间隙，往复式泵、压缩机活塞运动间隙，液压元件中的各种活动配合面形成的间隙等。这些间隙的高度比宽度和长度小很多，故称为缝隙。只要配合机件间发生相对运动，或缝隙两端存在压差，液体在缝隙中就会产生流动。由配合机件间相对运动引起的流动通常称为剪切流，由压差引起的流动通常称为压差流。

由于缝隙较小，这种流动一般受固体壁面的影响很大，而液体本身又有一定的黏性，因此在缝隙中的雷诺数很小，往往属于层流流动。下面仅对几种常见的缝隙流动进行讨论。

一、平行平板间的缝隙流动

如图 8-11 所示，设下平板以速度 v' 沿着 x 方向运动，上平板不动，间隙高为 h，垂直纸面方向的间隙宽很大，因此可视为一元流动。忽略惯性力的作用，压力沿流动方向均匀降落。

取单位宽度水平缝隙中厚 dy、长 dx 的微元体为研 x 对象。由于流动是等速的，作用在微元体上的外力平衡，其中沿 x 轴方向可列为

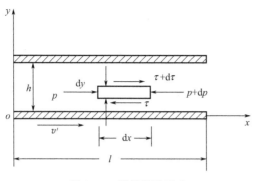

图 8-11　平板缝隙流动

$$p\mathrm{d}y+(\tau+\mathrm{d}\tau)\mathrm{d}x=(p+\mathrm{d}p)\mathrm{d}y+\tau\mathrm{d}x$$

整理得

$$\frac{\mathrm{d}\tau}{\mathrm{d}y}=\frac{\mathrm{d}p}{\mathrm{d}x}$$

对层流流动有 $\tau=\mu\dfrac{\mathrm{d}u}{\mathrm{d}y}$，代入上式得

$$\frac{\mathrm{d}p}{\mathrm{d}x}=\mu\frac{\mathrm{d}^2u}{\mathrm{d}y^2}$$

沿 x 方向压降 $\dfrac{\mathrm{d}p}{\mathrm{d}x}$ 与 y 无关，可将上式对 y 求两次积分，得

$$u=\frac{1}{2\mu}\left(\frac{\mathrm{d}p}{\mathrm{d}x}\right)y^2+c_1y+c_2 \tag{8-19}$$

根据边界条件：$y=0$，$u=v'$；$y=h$；$u=0$ 代入上式求得 c_1、c_2，则

$$u=\frac{1}{2\mu}\frac{\mathrm{d}p}{\mathrm{d}x}(y-h)y+\frac{v'}{h}(h-y) \tag{8-20}$$

根据以上分析，讨论剪切流动和压差流动。

1. 剪切流动

剪切流动，即压力差 $\mathrm{d}p=0$，仅在下平板的拖曳作用下产生的流动，式(8-21) 可写成

$$u=\frac{v'}{h}(h-y) \tag{8-21}$$

式(8-21) 表明，流速呈线性分布 [图 8-12(a)]。这种流动称为库塔（Couette）流。设平板宽度为 b，则其流量为

$$Q_{\mathrm{V}}=\int_0^h ub\,\mathrm{d}y=\frac{bh}{2}v' \tag{8-22}$$

断面平均流速

$$v=\frac{Q_{\mathrm{V}}}{A}=\frac{v'}{2} \tag{8-23}$$

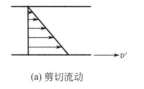
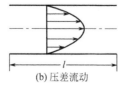

(a) 剪切流动　　　　　　　　(b) 压差流动

图 8-12　剪切流动与压差流动示意图

2. 压差流动

压差流动，即下板不动（$v'=0$），仅由压力差产生的流动。式(8-20)可写成

$$u=\frac{1}{2\mu}\frac{\mathrm{d}p}{\mathrm{d}x}(y-h)y \tag{8-24}$$

上式表明，流速按抛物线分布［图 8-12(b)］。这种流动是均匀流，所以$\frac{\mathrm{d}p}{\mathrm{d}x}$为常数。如果缝隙长为$l$，缝隙前后压力分别为$p_1$、$p_2$（且$p_1>p_2$），则$\frac{\mathrm{d}p}{\mathrm{d}x}=\frac{-(p_1-p_2)}{l}=-\frac{\Delta p}{l}$，代入式(8-24)可得

$$u=\frac{1}{2\mu}\frac{\Delta p}{l}(y-h)y \tag{8-25}$$

将式(8-25)代入下式可得切应力

$$\tau=\mu\frac{\mathrm{d}p}{\mathrm{d}x}=-\frac{1}{2}\frac{\Delta p}{l}(2y-h) \tag{8-26}$$

上式表明切应力沿间隙高度呈线性分布，当$y=\frac{h}{2}$时，$\tau=0$；$y=0$或$y=h$时，$\tau=\tau_{\max}=\pm\frac{h}{2}\frac{\Delta p}{l}$。设平板宽度为$b$，其流量为

$$Q_V=\int_0^h ub\,\mathrm{d}y=\frac{bh^3}{12\mu l}\Delta p \tag{8-27}$$

上式表明，缝隙泄漏量与间隙h的三次方成正比，所以h对Q_V的影响很大。

断面平均流速为

$$v=\frac{Q_V}{A}=\frac{h^2}{12\mu l}\Delta p \tag{8-28}$$

对式(8-25)，取$\frac{\mathrm{d}u}{\mathrm{d}y}=0$，得$y=\frac{h}{2}$时有最大流速，即

$$u_{\max}=\frac{h^2}{8\mu l}\Delta p=\frac{3}{2}v \tag{8-29}$$

应用式(8-28)得水头损失，即

$$h_f=\frac{\Delta p}{\rho g}=\frac{12\mu vl}{\rho gh^2}=\lambda\frac{l}{h}\times\frac{v^2}{2g} \tag{8-30}$$

剪切流动和压差流动是最基本的平行平板间的缝隙流动，在讨论了这两种流动后，再来分析式(8-20)。显然，当$v'\neq0$和$\mathrm{d}p\neq0$时，该式所表示的速度分布为剪切流动与压差流动的合成（图 8-13）。其中平均流速v和流量也可看成是它们相应量的合成，即

$$v=\frac{h^2}{12\mu l}\Delta p\pm\frac{v'}{2} \tag{8-31}$$

$$Q_V=\frac{bh^3}{12\mu l}\Delta p\pm\frac{bhv'}{2} \tag{8-32}$$

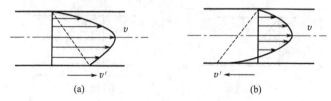

图 8-13 剪切流动与压差流动合成示意图

这里需要注意的是，当缝隙中压差流动方向与剪切流动方向相同时［图 8-13(a)］，式（8-31）和（8-32）的第二项取正号，当缝隙中压差流动方向与剪切流动方向相反时［图 8-13(b)］则取负号。

二、环形间隙中的层流流动

1. 同心圆柱环形间隙流动

如图 8-14 所示，设内圆柱直径为 d，同心环形间隙为 h，在 $h/d \ll 1$ 的情况下，就可以将环形间隙流动近似看成平行平板间隙中的流动。因此上述关于平行平面缝隙流的结论，均可近似用于环形间隙流动，此时间隙的宽度 $b = \pi d$，所以通过的流量可写成

$$Q_V = \frac{\pi d h^3}{12 \mu l} \Delta p \pm \frac{\pi d h v'}{2} \tag{8-33}$$

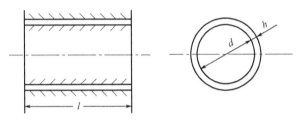

图 8-14　同心圆柱环形间隙流动

【**例 8-4**】　如图 8-15 所示，一封闭液压缸充满油液，内有活塞受到 180N 的作用力向下移动。活塞直径 $d = 70$mm，活塞长 $l = 80$mm，径向间隙 $h = 1$mm，油的黏度 $\mu = 0.1$Pa·s，试分析活塞移动的速度。

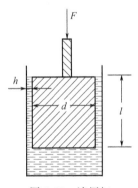

图 8-15　液压缸

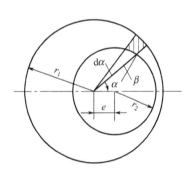

图 8-16　偏心圆柱环形间隙流动

解：此为同心圆柱环形间隙流动。缝隙中的流动为活塞向下移动引起的剪切流动与因作用力 F 对油加压引起的压差流动之和。

设活塞的面积为 A_1，径向间隙面积为 A_2 $\left[A_2 = \pi \left(\dfrac{d+2h}{2} \right)^2 - \pi \left(\dfrac{d}{2} \right)^2 \right]$，活塞的移动速度为 v'，缝隙流的平均流速为 v，方向向上。根据连续性方程有

$$v' = \frac{A_2}{A_1} v$$

根据式（8-31）可得

$$v = \frac{h^2}{12 \mu l} \Delta p - \frac{v'}{2} = \frac{h^2 F}{12 \mu l A_1} - \frac{v'}{2}$$

代入连续性方程可得

$$v' = \frac{h^2}{12\mu l} / \frac{F}{A_1}\left(\frac{A_1}{A_2} + \frac{1}{2}\right) = 0.0274 \ (\text{m}^2/\text{s})$$

在本题中 $A_2 \ll A_1$，则 $v' \ll v$，所以可以忽略剪切流，只按压差流近似计算。

2. 偏心圆柱环形间隙的流动

实际工程中同心环形缝隙的情况并不多见，如液压缸缸筒与活塞间形成的间隙，由于活塞受力不均匀，往往是偏心的。对图 8-16 所示的偏心环形间隙，设 r_1 和 r_2 分别为圆柱和圆孔的半径，e 为偏心距，圆柱和圆孔所形成的间隙是 α 角的函数，可由几何关系近似为

$$h = r_1 - (r_2 + e\cos\alpha) \tag{8-34}$$

在 $d\alpha$ 每对应的缝隙流量 dQ_V，可近似应用平行平板缝隙流公式(8-32)，缝隙宽 b 以 $r_1 d\alpha$ 代替，则

$$dQ_V = \frac{\Delta p h^3 r_1 d\alpha}{12\mu l} + \frac{v' h r_1 d\alpha}{2} \tag{8-35}$$

将式(8-34) 代入式(8-35)，且设 $\delta = r_1 - r_2$，$\dfrac{e}{\delta} = \varepsilon$，则式(8-35) 可写成

$$dQ_V = \frac{r_1 \Delta p}{12\mu l}\delta^3 (1 - \varepsilon\cos\alpha)^3 d\alpha + \frac{v'\delta}{2}(1 + \varepsilon\cos\alpha)r_1 d\alpha$$

积分得环缝总泄漏量为

$$Q_V = \int dQ_V = \frac{\pi r_1 \delta^3 \Delta p}{6\mu l}(1 + 1.5\varepsilon^2) + \frac{v'\delta}{2}\pi(2r_1) = \frac{\pi D \delta^3 \Delta p}{12\mu l}(1 + 1.5\varepsilon^2) + \frac{v'\delta}{2}\pi D \tag{8-36}$$

上式中 $D = 2r_1$，等号右边第二项为剪切流量，与同心环状缝隙流类同。右边第一项为压差流流量，它随 ε 变化。当 $\varepsilon = 0$ 时，与同心环状缝隙相同；当 $\varepsilon = 1$ 时，偏心距 e 达到最大值，流量也最大 $Q_{V_{\max}} = 2.5\dfrac{\pi D}{12\mu l}\Delta p \delta^3$，完全偏心时的流量将为同心时流量的 2.5 倍。

思考题

8-1 孔口出流有何特点？当水头一定时，孔口的位置、大小及形状对流量系数有何影响？

8-2 为什么孔口淹没出流时，其流速或流量的计算既与孔口位置无关，也无"大"孔口、"小"孔口之分？

8-3 收缩系数、流速系数和流量系数的物理意义各如何？三者的关系怎样？

8-4 管嘴出流有何特点？管嘴正常工作的条件是什么？

8-5 为什么在薄壁小孔口上安装一个长度为 $(2\sim4)d$ 的管嘴，出流量可以增大？

8-6 在小孔口上安装一段圆柱形管嘴后，流动阻力增加了，为什么反而流量增大？是否管嘴越长，流量越大？

8-7 如何理解圆柱形管嘴收缩断面出现真空相当于把管嘴的作用水头增大了 $0.75H$？

8-8 为使管嘴正常工作，应注意哪些问题？

习 题

8-1 如图 8-17 所示，水从薄壁小孔口射出，已知 $H = 2\text{m}$，$d = 10\text{mm}$，射流的某断面

中心坐标为 $x=2\text{m}$，$y=1.2\text{m}$。如测得流量 $Q_V=2.94\times10^{-4}\,\text{m}^3/\text{s}$，试求：流量系数 C_d，流速系数 C_v，断面收缩系数 C_c，阻力系数 ξ。

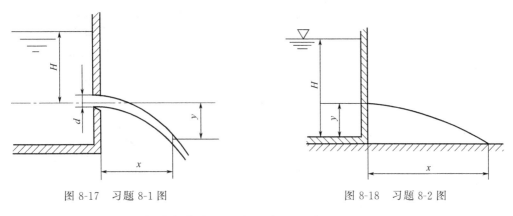

图 8-17　习题 8-1 图　　　　　　　　图 8-18　习题 8-2 图

8-2　如图 8-18 所示，水箱自由液面距地面为 H，试问：

（1）在侧壁何处开口，可使射流的水平射程为最大？

（2）最大射程 $x_{\max}$ 是多少？

8-3　如图 8-19 所示，密度为 $\rho=850\text{kg/m}^3$ 的油从直径 20mm 的孔口射出，孔口前的表压力为 $4.5\times10^4\text{Pa}$，射流对挡板的冲击力为 20N，出流流量为 2.29L/s，试求孔口的出流系数。

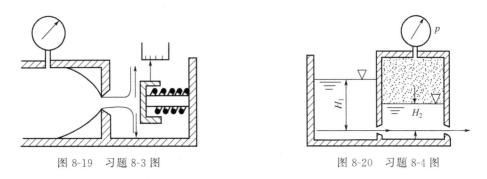

图 8-19　习题 8-3 图　　　　　　　　图 8-20　习题 8-4 图

8-4　如图 8-20 所示，水箱上有两个完全相同的孔口。已知 $H_1=6\text{m}$，$H_2=2\text{m}$，试求密封容器上的压力 p。

8-5　如图 8-21 所示，上下两圆柱容器，用短管相连。已知两圆柱形容器和短管的截面积分别为 $A_1=0.1\text{m}^2$，$A_2=0.2\text{m}^2$，$A=0.002\text{m}^2$，短管流量系数 $C_d=0.8$。求自两液面起始高差 $H=2\text{m}$ 至两液面齐平时止所需时间为多少？

8-6　飞机起落架着地时的减振器如图 8-22 所示，已知液压缸上受到的载荷为 $F=5\times10^4\text{N}$，活塞直径 $D=120\text{mm}$，孔口直径 $d=3\text{mm}$，孔口流量系数 $C_d=0.78$，液压缸上部空气的初始表压力 $p_0=3.2\text{MPa}$，初始高度 $h_0=150\text{mm}$，空气的体积弹性模数 $K=10\text{MPa}$，油液密度 $\rho=900\text{kg/m}^3$。试求：

（1）液压缸下降距离 h。

（2）液压缸下降时间 t。

8-7　如图 8-23 所示，两水箱中间的隔板上有一直径 $d_0=80\text{mm}$ 的薄壁小孔口，两水箱底部分别外接一直径为 $d_1=60\text{mm}$ 和 $d_2=70\text{mm}$ 的管嘴。若将流量 $Q_V=60\text{L/s}$ 的水连续注入左侧水箱，试求在恒定出流时：

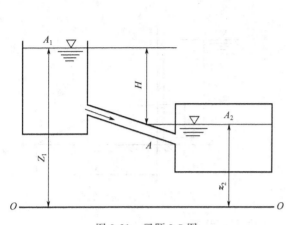

图 8-21 习题 8-5 图

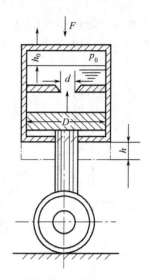

图 8-22 习题 8-6 图

（1）孔口及两管嘴的作用水头 H_0、H_1、H_2；

（2）孔口及管嘴的出流流量 Q_{V0}、Q_{V1}、Q_{V2}。

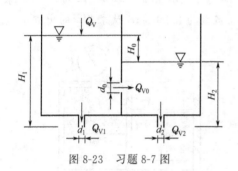

图 8-23 习题 8-7 图

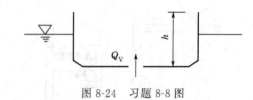

图 8-24 习题 8-8 图

8-8　如图 8-24 所示，平底船的底面积 $A=8m^2$，船舷高 $h=0.5m$，自重 $G=9.8kN$。由于驾驶不慎，船底触礁，船底破损，出现一直径 $d=10cm$ 的小孔，试问经过多少时间后船将沉没？

8-9　如图 8-25 所示，直径 $D=60mm$ 的活塞受力 $F_p=3kN$ 后，将密度 $\rho=900kg/m^3$ 的油从直径 $d=20mm$ 的薄壁小孔口挤出，若孔口的流速系数、流量系数分别为 $C_v=0.97$ 和 $C_b=0.62$，试求孔口出流流量 Q_V 和作用在液压缸上的力 F。

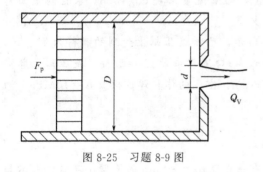

图 8-25 习题 8-9 图

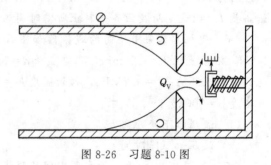

图 8-26 习题 8-10 图

8-10　如图 8-26 所示，密度 $\rho=900kg/m^3$ 的液体由直径 $d=20mm$ 的薄壁小孔口射出，已知孔口前表压 $p=62kPa$，射流对挡板的冲击力 $F=23.47N$，射流流量 $Q_V=2.29L/s$，试求孔口的出流系数（包括流量系数、流速系数等）。

8-11 如图 8-27 所示，阻尼活塞直径 $d=20\text{mm}$，在 $F=40\text{N}$ 的正压力作用下运动，活塞与缸体的间隙为 $\delta=0.1\text{mm}$，密封长度 $L=70\text{mm}$，油液的动力黏度 $\mu=0.08\text{Pa·s}$，试求活塞下降速度 u。

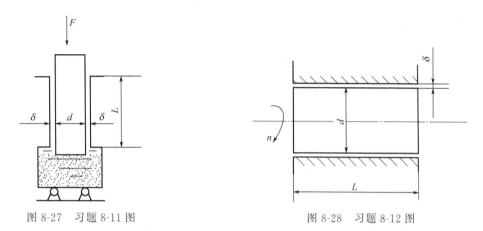

图 8-27 习题 8-11 图　　　　　图 8-28 习题 8-12 图

8-12 如图 8-28 所示，直径 $d=5\text{cm}$ 的轴在内径为 5.004cm 的轴承内同心旋转，转速为 $n=110\text{r/min}$，间隙中充满动力黏度 $\mu=0.08\text{Pa·s}$ 的油液，轴承长度 $L=20\text{cm}$，两端压强差为 3.924MPa，试求：（1）沿轴向的泄漏量；（2）作用在轴上的摩擦力矩 M。

8-13 如图 8-29 所示，活塞直径为 d，长度为 L，同心缝隙为 δ，活塞位移 x 与时间 t 的函数关系是 $x=a\sin\omega t$，式中 a 为常数，ω 为活塞曲柄角速度。假定活塞两端压强相等，油液动力黏度为 μ，不计惯性力，试求活塞运动所需要的功率。

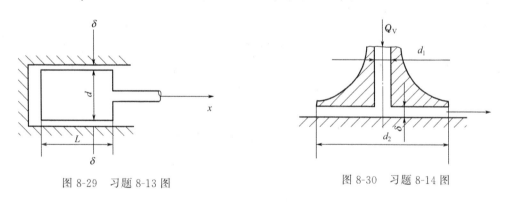

图 8-29 习题 8-13 图　　　　　图 8-30 习题 8-14 图

8-14 如图 8-30 所示，动力黏度 $\mu=0.147\text{Pa·s}$ 的油液，从直径 $d_1=10\text{mm}$ 的小管进入圆盘缝隙，然后经缝隙 $\delta=2\text{mm}$ 从 $d_2=40\text{mm}$ 的圆盘外缘流入大气，流量 $Q_V=4\text{L/s}$，试求小管与圆盘交界处的压力 p_1 及流体作用在圆盘上的力。

第九章

可压缩流体的一元流动

气体动力学是研究气体与物体之间有相对运动时，气体的运动规律以及气体和物体间相互作用的一门学科，随着航空航天等技术的发展，气体动力学早已成为流体力学中最为活跃的一个独立分支。气体的一元流动不研究气体流场的空间变化情况，仅研究气体流动参数在过流断面上的平均值的变化规律。

与液体相比，气体显著特点是它具有较大的压缩性，但这并不意味着所有的情况下气体的密度都会有明显的变化。在这里必须区别开可压缩流体与可压缩流动这两个概念。当气体的流动速度 $v \leqslant 70 \sim 100 \text{m/s}$ 时，气体的可压缩性很不明显，其密度变化不大，气体可以看成是不可压缩流体，此时可把液体流动规律直接用到气体上；当气体的流动速度 $> v > 70 \sim 100 \text{m/s}$ 时，气体可压缩性将明显增加，其密度要发生明显变化。此时还必须考虑热效应。因为当气流速度比较大时，由摩擦生成的热必然引起气体的热状态变化，这样气体动力学就与热力学有着密切的关系。

由于可压缩流动要比不可压缩流动复杂得多，所以本章只能简单介绍有关气体的一元稳定流动的一些基本知识，并讨论气体在管道和喷管中的运动规律。这些基本知识与工程热力学的关系非常密切，有些内容可互为参考。工程热力学着重分析气流的焓熵特性，而工程流体力学着重分析气流的机械能转化特性。

第一节 基 本 概 念

当气流速度比较大时，必须考虑压缩性效应。气体压缩性对流动性能的影响，是用气流速度接近声速的程度来决定的，这就涉及声速和马赫数两个概念。

一、声速

在气体动力学中，声速泛指微弱扰动波在流体介质中的传播速度，而不仅仅指声音的传播速度。例如，弹拨琴弦，振动了空气，空气的压强、密度等参数发生了微弱的变化，这种状态变化在空气中形成一种不平衡的扰动，扰动又以波的形式迅速外传，其传播速度就是声速。下面通过一个简单的例子来推求声速的公式。

如图 9-1 所示，在充满静止空气的刚性光滑的长直管道内，有一面积为 A 的活塞以微小的匀速 $\text{d}v$ 向右运动，即给管道中的气体一个微弱扰动，使得紧靠活塞的一层气体受压，压强和密度增大，并以声速 c 向右传播。因为 c 远大于 $\text{d}v$，所以经过 $\text{d}t$ 时间虽然活塞只移动

了 $\mathrm{d}v\mathrm{d}t$ 距离，而扰动波却传播了 $c\mathrm{d}t$ 距离。由于波前气体处于静止状态，$v=0$，其状态参数为 p、ρ、T，而波后气体处于受扰动状态，并在活塞推动下产生了一个随活塞一起缓慢运动的速度变化 $\mathrm{d}v$。其状态参数也有微小变化，分别变为 $p+\mathrm{d}p$、$\rho+\mathrm{d}\rho$、$T+\mathrm{d}T$。

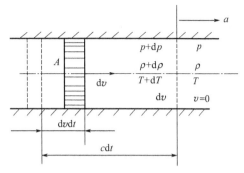

图 9-1　小扰动波的传播

1. 受到扰动气体的质量守恒表达式

$\mathrm{d}t$ 时间前气体的质量为 $\rho c\mathrm{d}tA$，$\mathrm{d}t$ 时间后气体的质量为 $(\rho+\mathrm{d}\rho)(c-\mathrm{d}v)\mathrm{d}tA$，根据质量守恒可得受到扰动的这部分气体在 $\mathrm{d}t$ 时间前和 $\mathrm{d}t$ 时间后的质量守恒表达式为

$$\rho c\mathrm{d}tA=(\rho+\mathrm{d}\rho)(c-\mathrm{d}v)\mathrm{d}tA$$

消去 $\mathrm{d}tA$ 并略去高阶微量，得

$$\mathrm{d}v=\frac{c\mathrm{d}\rho}{\rho+\mathrm{d}\rho} \tag{9-1}$$

2. 受到扰动气体的动量变化

$\mathrm{d}t$ 时间前气体动量为零，$\mathrm{d}t$ 时间后气体的动量为 $\rho c\mathrm{d}tA\mathrm{d}v$，这部分气体左端压强为 $p+\mathrm{d}p$，右端压强为 p，合外力为

$$(p+\mathrm{d}p)A-pA=\mathrm{d}pA$$

受到扰动这部分气体在 $\mathrm{d}t$ 时间前后沿活塞运动方向的动量方程为

$$\mathrm{d}pA\mathrm{d}t=\rho c\mathrm{d}tA(\mathrm{d}v-0)$$

方程两边同除以 $A\mathrm{d}t$，并化简得

$$\mathrm{d}v=\frac{\mathrm{d}p}{\rho c} \tag{9-2}$$

3. 弱扰动波传动的速度

根据式(9-1)、式(9-2) 得

$$\frac{c\mathrm{d}\rho}{\rho+\mathrm{d}\rho}=\frac{\mathrm{d}p}{\rho c}$$

即

$$c=\sqrt{\frac{\mathrm{d}p}{\mathrm{d}\rho}\left(1+\frac{\mathrm{d}\rho}{\rho}\right)} \tag{9-3}$$

如图 9-1 所示，由于活塞移动速度很小，扰动也很微弱，气体状态参数的变化量较小，$\frac{\mathrm{d}\rho}{\rho}$ 可以忽略不计，所以微弱扰动的压力波的传播速度即为声速 c

$$c=\sqrt{\frac{\mathrm{d}p}{\mathrm{d}\rho}}=\sqrt{\frac{K}{\rho}} \tag{9-4}$$

式中，K 为流体的体积弹性模量，以上的讨论对于液体和气体都适用。

由于流体能承受压力，而不能抵抗微弱的剪切力，所以声波是纵波。声波（微弱扰动波）传播速度很快，所引起的气体的压力，密度和温度等参数变化极小，可以认为声波的传播过程是可逆的绝热过程（等熵过程），由此

$$\frac{\mathrm{d}p}{\mathrm{d}\rho}=\frac{K}{\rho}=\frac{\gamma p}{\rho} \tag{9-5}$$

式中，γ 为等熵指数，$\gamma = c_p/c_V$。

对于完全气体，$\dfrac{p}{\rho} = RT$，则

$$c = \sqrt{\frac{\mathrm{d}p}{\mathrm{d}\rho}} = \sqrt{\frac{\gamma p}{\rho}} = \sqrt{\gamma RT} \tag{9-6}$$

对于空气，等熵指数 $\gamma = 1.4$，气体常数 $R = 286.9 \mathrm{J/(kg \cdot K)}$（表 9-1），于是空气中的声速为

$$c = \sqrt{1.4 \times 287T} \approx 20.1\sqrt{T} \ (\mathrm{m/s}) \tag{9-7}$$

表 9-1　常用气体常数

气体名称	空气	氮	氩	氢	氧	氮	一氧化碳	二氧化碳
$R/\mathrm{J \cdot kg^{-1} \cdot K^{-1}}$	286.9	2077	208.1	4124	259.8	269.8	269.8	188.9

有上述分析可以得出以下结论

① 声速 c 的大小与扰动过程中压力的变化量同密度的变化量的比值有关，流体越容易压缩则声速就越小，反之就越大。特别是对于不可压缩流体来说，$\rho =$ 常数，$\mathrm{d}\rho = 0$ 时，$c \rightarrow \infty$，所以声速也是反映流体压缩性的参数。

② 气体中的声速与等熵指数 k 和气体常数 R 有关。不同的气体有各自的声速。液体中的声速与体积弹性模量 K 有关，不同的液体有各自的声速。

③ 气体中的声速随气体状态参数的变化而变化。于是在同一流场中，如果各点的状态参数不同，则各点的声速也不同。所以声速指的是流场中某一点在某一瞬时的声速，称为当地声速。

④ 式(9-7)说明，在同种介质中声速只是当地绝对温度的函数。不同地点不同位置气体的温度不同，声速也就不同，这一点在机械中尤其重要。气体机械的不同位置均有不同的温度，因而各处都有不同的声速。

【例 9-1】　计算标准大气压下，15℃空气中的声速和15℃纯水中的声速。

解： 标准大气压下，15℃空气中的声速，$R = 286.9 \mathrm{J/(kg \cdot K)}$，$\gamma = 1.4$，则

$$c = \sqrt{\gamma RT} = \sqrt{1.4 \times 286.9 \times (273 + 15)} = 340.1 \ (\mathrm{m/s})$$

标准大气压下，15℃纯水中的声速

$$c = \sqrt{\frac{\mathrm{d}p}{\mathrm{d}\rho}} = \sqrt{\frac{K}{\rho}} = \sqrt{\frac{2.1 \times 10^9}{1000}} = 1449.1 \ (\mathrm{m/s})$$

从计算结果来看，水中的声速要比空气中声速要大。

二、马赫数

气体运动速度 v 与介质中声速 c 之比，称为马赫数，用 Ma 表示

$$Ma = \frac{v}{c} = \frac{v}{\sqrt{\gamma RT}} \tag{9-8}$$

马赫数是一个无量纲数，也是气体动力学中的一个重要参数，常作为判断气体压缩性对流动影响的一个标准。在流速一定的情况下，当地声速越小，Ma 越大，气体压缩性就越大，反之亦然。当 Ma 较小时，气体的压缩性可以忽略不计。

不同马赫数气流的流动特征不同，人们常根据马赫数的大小给气流分类：若 $Ma < 1$，称为亚声速流动，即气流速度小于声速的流动；若 $Ma \approx 1$，称为跨声速流动，即气流速度

近似等于声速的流动；若 $1<Ma<3$，称为超声速流动；若 $Ma>3$，称为高超声速流动。

亚声速流动和超声速流动有许多显著的差别，将在以后逐一介绍。下面进一步讨论微弱扰动波在空间流场中的传播。为了便于分析问题，假设流场中某点有一固定的扰动源，每隔 1s 发生一次微弱扰动，现在分析前 3s 产生的微弱扰动波在空间的传播情况。不论流场是静止的还是运动的，是亚声速的还是超声速，都将对微弱扰动波在空间的传播情况产生影响，所以下面分 4 种情况进行讨论。

① 在静止流场中（$v=0$），扰动源产生的微弱扰动波以声速 c 向四周传播，形成以扰动源所在位置为中心的同心球面波，微弱扰动波在 3s 末的传播情况如图 9-2(a) 所示。如果不考虑微弱扰动波在传播过程中的损失，随着时间的延续，扰动必将传遍整个流场。也就是说，微弱扰动波在静止气体中的传播是无界的。

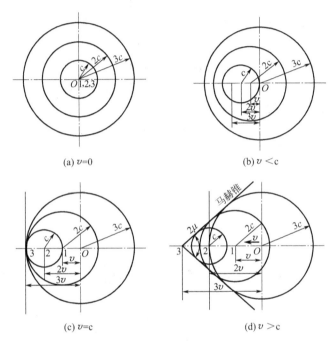

(a) $v=0$　　(b) $v<c$　　(c) $v=c$　　(d) $v>c$

图 9-2　弱扰动在气流中的传播

② 在亚声速流场中（$v<c$），扰动源以小于声速的速度 v 向左做等速直线运动，经过一段时间后，例如 $t=1s$，2s，3s，扰动源位于左方 1，2，3 点，前进距离为 v，$2v$，$3v$，此时，扰动源运动瞬时发出的波在 $t=3$ 的时刻已到达 $3c$ 的位置，而在 $t=1$、$t=2$ 时刻发出的扰动波 c、$2c$ 的位置，如图 9-2(b) 所示。可以看出，在这种情况下，扰动将始终走在扰动源的前面，即在扰动源尚未到达时，空气已被扰动了。在亚声速运动中，其微小扰动可以传到空间任何一点。

③ 扰动源的运动速度等于声速（$v=c$）。这种情况下，扰动源将同它所产生的扰动同时到达同一空间的任何位置，即出现了一个与扰动波相切的分界面，在该面左面，空气静止不动，而在界面的右面，气体受到了扰动，如图 9-2(c) 所示。

④ 扰动源以大于声速的速度运动（$v>c$）。此时，扰动源将永远走在所产生的扰动之前。在相继运动中所产生的扰动波面形成了一个空间圆锥面，通常称为马赫锥，锥顶就是扰动源。显然，锥外的空气未受扰动，而锥内的气体已被扰动，如图 9-2(d) 所示。马赫锥半

顶角 μ 称为马赫角，由几何关系可知

$$\sin\mu=\frac{c}{v}=\frac{1}{Ma}\tag{9-9}$$

显然，马赫数越大，马赫角越小。极限情况为 $\mu=90°$ 时，$v=c$。

三、冲击波

冲击波通常简称为激波。激波是当超声速气流流过障碍物时（如飞行的子弹、炮弹、超声速飞机等），在其前方，气流受急剧压缩，压力、密度突然明显增加，这种变化形成一个扰动波，它以极高的速度传播开来，波面所到之处气体的参数将急剧变化，这种极强的压力扰动波就称为冲击波。从另一个角度，也可以把激波看成一个极薄的气体层（或一个面），当气流流过该气体层时，流动参数将发生突然、急剧的变化。激波的强度常以压力的变化值来衡量，通常称为"激波强度"。显然，激波强度越大，参数变化越大。

若气流通过激波时，速度方向不变，这种激波称为正激波（或正冲波）；若气流通过激波后，速度的方向发生变化，则称为斜激波（或斜冲波）。

气体做超声速流动时，在某些情况下会产生激波。在亚声速气流中不会产生激波，激波与通常说的等熵流动、微小扰动传播等是不同的。

【例 9-2】 在风洞中，空气流速 $v=150\text{m/s}$，其温度为 25℃，试求其马赫数。

解：当空气为 20℃，其声速为

$$c=20.1\sqrt{T}=20.1\sqrt{273+25}=346\;(\text{m/s})$$

则其马赫数

$$Ma=\frac{v}{c}=0.434$$

第二节　可压缩气体一元流动的基本方程式

气体流动时，若过流断面上各参数均匀分布，其状态参数只是流程的函数，这种流动称为一元流动。气体沿管道、喷管或节流器的流动等都可近似认为是一元流动。若流动是非稳定流动，状态参数还是时间的函数，下面来讨论一元流动的基本方程式。

一、连续性方程

如图 9-3 所示，可压缩性气体在流管内做稳定流动，在流管上任取两个断面 A_1 和 A_2，A_1 和 A_2 面上的平均流速分别为 v_1 和 v_2，密度分别为 ρ_1 和 ρ_2。对于稳定流动，流过 A_1 和 A_2 面的质量流量应相等，即

$$\rho_1 v_1 A_1=\rho_2 v_2 A_2$$

一般情况

$$\rho v A=c$$

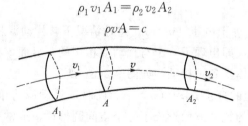

图 9-3　流管

对上式取对数后微分得

$$\frac{\mathrm{d}\rho}{\rho}+\frac{\mathrm{d}v}{v}+\frac{\mathrm{d}A}{A}=0 \tag{9-10}$$

该式即为可压缩气体一元稳定流动连续性方程的微分表达式。

二、能量方程式

忽略质量力和黏性力的稳定气体流动，应用理想流体运动微分方程式(4-3) 可得

$$\left.\begin{array}{l}
v_x\dfrac{\partial v_x}{\partial x}+v_y\dfrac{\partial v_x}{\partial y}+v_z\dfrac{\partial v_x}{\partial z}=-\dfrac{1}{\rho}\dfrac{\partial p}{\partial x}\\[2mm]
v_x\dfrac{\partial v_y}{\partial x}+v_y\dfrac{\partial v_y}{\partial y}+v_z\dfrac{\partial v_y}{\partial z}=-\dfrac{1}{\rho}\dfrac{\partial p}{\partial y}\\[2mm]
v_x\dfrac{\partial v_z}{\partial x}+v_y\dfrac{\partial v_z}{\partial y}+v_z\dfrac{\partial v_z}{\partial z}=-\dfrac{1}{\rho}\dfrac{\partial p}{\partial z}
\end{array}\right\}$$

对于所讨论的一元流动，设流动方向为 $v_x=v$，$v_y=v_z=0$，方程进一步简化为

$$v\frac{\mathrm{d}v}{\mathrm{d}x}+\frac{1}{\rho}\frac{\mathrm{d}p}{\mathrm{d}x}=0 \tag{9-11a}$$

或者

$$v\mathrm{d}v+\frac{1}{\rho}\mathrm{d}p=0 \tag{9-11b}$$

上式积分得

$$\int\frac{\mathrm{d}p}{\rho}+\frac{v^2}{2}=c \tag{9-12}$$

对于完全气体的等熵流动，由 $\frac{p}{\rho^\gamma}=c$，得

$$\int\frac{\mathrm{d}p}{\rho}=\frac{\gamma}{\gamma-1}\times\frac{p}{\rho}+c \tag{9-13}$$

式中 $\gamma=c_p/c_V$，称为比热容比，将式(9-13) 代入式(9-12) 得

$$\frac{\gamma}{\gamma-1}\times\frac{p}{\rho}+\frac{v^2}{2}=c \tag{9-14}$$

因为

$$\frac{\gamma}{\gamma-1}\times\frac{p}{\rho}=\frac{1}{\gamma-1}\times\frac{p}{\rho}+\frac{p}{\rho} \tag{9-15}$$

于是式(9-14) 可以写成

$$\frac{p}{\rho}+\frac{v^2}{2}+\frac{1}{\gamma-1}\times\frac{p}{\rho}=c$$

或

$$\frac{p}{\rho}+\frac{v^2}{2}+\frac{RT}{\gamma-1}=c$$

式中，$\frac{v^2}{2}$ 为单位质量气体的动能，$\frac{p}{\rho}$ 为单位质量气体的压力能。由热力学知：$R=c_p-c_V$ 所以

$$\frac{1}{\gamma-1}\times\frac{p}{\rho}=\frac{RT}{\gamma-1}=\frac{1}{c_p/c_V-1}(c_p-c_V)T=c_vT=e$$

式中，e 为单位质量气体的内能。

单位质量气体的内能和压力能的总和 $\dfrac{1}{\gamma-1}\dfrac{p}{\rho}=c_p T=h$，$h$ 在热力学中称为焓，代入式 (9-13) 得

$$h+\frac{v^2}{2}=c \tag{9-16}$$

式 (9-14)～式 (9-16) 是等熵流动的能量方程，又称为可压缩性流体的伯努利方程。由热力学知：它们既适用于可逆的绝热流动过程（等熵过程），又适用于不可逆的绝热流动过程，表明单位质量气体所具有的机械能和内能的总和为一常数。

第三节　气　流　参　数

一、滞止状态与滞止参数

假定在一元等熵流动中，气体在某一断面处速度等熵地降到零时的状态称为滞止状态。由式 (10-16) 可知，滞止状态时气体的内能和压力能的总和（焓）升到最大值，即总焓

$$h_0=h+\frac{v^2}{2}=c \tag{9-17}$$

又

$$h_0=\frac{\gamma}{\gamma-1}RT_0=c_p T_0 \tag{9-18}$$

从上式可以看出，滞止状态时气体的温度也升到最大值，T_0 称为总温，在滞止状态下气流的动能全部转变为热能。总焓 h_0 就表示单位质量气体具有的总能量。此时对应的温度、压力和密度分别称为滞止温度、滞止压强和滞止密度，分别用 T_0、p_0 和 ρ_0 表示，并称为滞止参数。

气流的滞止温度，可由式 (9-14) 得出

$$\frac{\gamma}{\gamma-1}RT_0=\frac{\gamma}{\gamma-1}RT+\frac{1}{2}v^2 \tag{9-19}$$

由上式可见，气流的滞止温度完全由气流的总能量所确定，不管有无黏性，它与滞止过程的性质没有关系。

但滞止压强和密度与滞止过程的性质（是否可逆）有关，对于等熵过程，由完全气体的状态方程式和等熵条件，得

$$p=\rho RT$$

由于

$$\frac{p}{\rho^\gamma}=\frac{p_0}{\rho_0^\gamma}$$

可得

$$\frac{p}{p_0}=\left(\frac{\rho}{\rho_0}\right)^\gamma=\frac{\left(\dfrac{\rho}{\rho k}\right)^\gamma}{\left(\dfrac{p_0}{RT_0}\right)^\gamma}=\left(\frac{p}{p_0}\right)^\gamma\left(\frac{T_0}{T}\right)^\gamma$$

即

$$\frac{p_0}{p}=\left(\frac{T_0}{T}\right)^{\frac{\gamma}{\gamma-1}} \tag{9-20}$$

因而

$$\frac{\rho_0}{\rho} = \left(\frac{T_0}{T}\right)^{\frac{1}{\gamma-1}}$$ (9-21)

二、最大速度状态

现在假定流动出现另一种极限情况，即气体的能量全部转变为动能，这时压力为零，速度达到最大值，称为最大速度，对应的状态称为最大速度状态。由式(9-14) 得

$$\frac{v_{\max}^2}{2} = \frac{\gamma}{\gamma-1}RT + \frac{v^2}{2} = \frac{\gamma}{\gamma-1}RT_0$$

由此得最大速度

$$v_{\max} = \sqrt{\frac{2\gamma}{\gamma-1}RT_0} = \sqrt{2h_0}$$

或

$$v_{\max} = \sqrt{\frac{2\gamma}{\gamma-1}\times\frac{p_0}{\rho}} = \sqrt{\frac{2\gamma RT_0}{\gamma-1}} = c_0\sqrt{\frac{2}{\gamma-1}}$$ (9-22)

式中，$c_0 = \sqrt{\gamma RT_0}$，滞止状态下的声速，称为滞止声速。

可想而知，气流达到最大速度时，其温度 T 为零，分子的运动全部停止，声速也为零。实际上，这种状态是不可能达到的，它相当于气流流入完全真空（$p=0$，$T=0$）的空间。因此，式(9-22) 所求得的最大速度只在理论上成立，在某些情况下，可以用它间接地表示气流的总能量值。

三、临界状态与临界参数

假设气体从滞止状态 $v_0=0$ 开始，经过一管道逐渐加速流动，最后达到 $v_{\max}$，其当地声速必然从最大值 c_0 连续地变化到 $c=0$ 的状态。可以看出，在两种极限情况的中间必然有一流速恰好等于当地声速的截面，这时的速度称为临界速度，记为 v_{cr}，相应的气流参数称为临界参数，分别记为 p_{cr}，ρ_{cr}，T_{cr}，c_{cr}。

将 $v=c_{cr}$ 代入式(9-19)，并注意到 $c_0 = \sqrt{\gamma RT_0}$，则可得临界速度和滞止声速的关系式

$$c_{cr} = c_0\sqrt{\frac{2}{\gamma-1}} = v_{\max}\sqrt{\frac{\gamma-1}{\gamma+1}}$$ (9-23)

由式(9-23) 式可得临界温度 T_{cr} 与滞止温度 T_0 之比为

$$\frac{T_{cr}}{T_0} = \left(\frac{c_{cr}}{c_0}\right)^2 = \frac{2}{\gamma+1}$$ (9-24)

在等熵流动的情况下，临界压力 p_{cr} 和临界密度 ρ_{cr} 与滞止压力 p_0 和滞止密度 ρ_0 的关系式为

$$\frac{p_{cr}}{p_0} = \left(\frac{T_{cr}}{T_0}\right)^{\frac{\gamma}{\gamma-1}} = \left(\frac{2}{\gamma+1}\right)^{\frac{\gamma}{\gamma-1}}$$ (9-25)

$$\frac{\rho_{cr}}{\rho_0} = \left(\frac{T_{cr}}{T_0}\right)^{\frac{1}{\gamma-1}} = \left(\frac{2}{\gamma+1}\right)^{\frac{1}{\gamma-1}}$$ (9-26)

由导出关系式可以看出，临界状态下参数完全由滞止状态下的参数和气体的物理性质所决定。

例如，对于空气，$\gamma=1.4$，$R=286.9\text{J/(kg·K)}$，$c_{cr}=18.3\sqrt{T_0}\text{m/s}$，各参数的比

值为

$$\frac{p_{cr}}{p_0} = 0.5283$$

$$\frac{\rho_{cr}}{\rho_0} = 0.6339$$

$$\frac{T_{cr}}{T_0} = 0.8333$$

第四节　气体在变截面管中的流动

变截面的短管嘴，通常指喷管，用于加速气流。在汽轮机、喷气式飞机等动力机械装置中广泛应用。工程中使用的喷管一般均较短，因此可以认为其中的流动是无黏性的绝热流动。假设其为一元流动，于是可利用一元稳定等熵流动的结果对喷管进行讨论。

一、气流速度与密度的关系

对式（9-11）微分可求得流速与管道截面的关系为

$$v\mathrm{d}v = -\frac{\mathrm{d}p}{\mathrm{d}\rho}\frac{\mathrm{d}\rho}{\rho} = -c^2\frac{\mathrm{d}\rho}{\rho}$$

或

$$\frac{\mathrm{d}\rho}{\rho} = -\frac{v\mathrm{d}v}{c^2} = -\frac{v^2}{c^2}\frac{\mathrm{d}v}{v} = -Ma^2\frac{\mathrm{d}v}{v}$$

即

$$\frac{\mathrm{d}\rho}{\rho} + Ma^2\frac{\mathrm{d}v}{v} = 0 \tag{9-27}$$

由式（9-27）和能量方程式（9-11），可以得到以下几点。

① 不管 $Ma>1$，或 $Ma<1$，只要 $\mathrm{d}v>0$，则 $\mathrm{d}p<0$，$\mathrm{d}\rho<0$；反之 $\mathrm{d}v<0$，则 $\mathrm{d}p>0$，$\mathrm{d}\rho>0$。这说明加速气流（$\mathrm{d}v>0$），必引起压力降低（$\mathrm{d}p<0$）和气体膨胀（$\mathrm{d}\rho<0$）；而减速气流（$\mathrm{d}v<0$），使压力增加（$\mathrm{d}p>0$）和气体压缩（$\mathrm{d}\rho>0$），即气体流动伴随着密度的变化。亚声速气流和超声速气流都具有上述性质，但当 Ma 不同时，$\dfrac{\mathrm{d}v}{v}$ 与 $\dfrac{\mathrm{d}\rho}{\rho}$ 的变化值不同。

② $Ma<1$ 时密度相对变化量是小于速度的相对变化量，即 $\left|\dfrac{\mathrm{d}\rho}{\rho}\right| < \left|\dfrac{\mathrm{d}v}{v}\right|$。$Ma>1$ 时，密度的相对变化量大于速度的相对变化量，即 $\left|\dfrac{\mathrm{d}\rho}{\rho}\right| > \left|\dfrac{\mathrm{d}v}{v}\right|$。

这种亚声速和超声速在变化数量上的差别，导致了亚声速和超声速在速度与通道截面形状关系上本质的差别。

二、气流速度与管道截面的关系

流速与管道截面的关系可通过对式（9-10）微分求得

$$\frac{\mathrm{d}A}{A} = -\left(\frac{\mathrm{d}\rho}{\rho} + \frac{\mathrm{d}v}{v}\right)$$

将式(9-27)代入上式，得

$$\frac{\mathrm{d}A}{A}=Ma^2\frac{\mathrm{d}v}{v}-\frac{\mathrm{d}v}{v}=(Ma^2-1)\ \frac{\mathrm{d}v}{v}$$

或

$$\frac{\mathrm{d}v}{v}=\frac{1}{Ma^2-1}\frac{\mathrm{d}A}{A} \tag{9-28}$$

由式(9-5)可得

$$\frac{\mathrm{d}p}{p}=\gamma\frac{\mathrm{d}\rho}{\rho} \tag{9-29}$$

将式(9-27)、式(9-28)代入式(9-29)得截面积与压力的关系为

$$\frac{\mathrm{d}p}{p}=\frac{\gamma Ma^2}{1-Ma^2}\frac{\mathrm{d}A}{A} \tag{9-30}$$

分析式(9-28)和式(9-30)可以得到3个重要的结论（表9-2）。

表 9-2　气流参数变化与通道截面变化之间关系

截面变化(dA/dx)	Ma<1 亚声速流动		Ma>1 超声速流动	
	dA/dp	压强和气流速度	dA/dp	压强和气流速度
	大于0	压强增高，$p\uparrow$ 速度降低，$v\downarrow$ 亚声速扩压管	小于0	压强降低，$p\downarrow$ 速度增高，$v\uparrow$ 超声速喷管
	小于0	压强降低，$p\downarrow$ 速度增高，$v\uparrow$ 亚声速喷管	大于0	压强增高，$p\uparrow$ 速度降低，$v\downarrow$ 超声速扩压管

① $Ma<1$，亚声速流动。$\frac{\mathrm{d}p}{p}$与$\frac{\mathrm{d}A}{A}$同号。而$\frac{\mathrm{d}v}{v}$与$\frac{\mathrm{d}A}{A}$异号。当压力降低时，通道截面积随着气流速度的增加而缩小，这就是亚声速喷管；当压力升高时，通道截面积随着气流速度的减小而扩大，这就是亚声速扩压管。这种现象与不可压缩流体的流动规律相类似。

② $Ma>1$，超声速流动。$\frac{\mathrm{d}\rho}{\rho}$与$\frac{\mathrm{d}A}{A}$异号，而$\frac{\mathrm{d}v}{v}$与$\frac{\mathrm{d}A}{A}$同号。当压力降低时，通道截面积随着气流速度的增加而扩大，这就是超声速喷管。这是由于超声速气体在压力下降时，密度剧烈减小、体积迅速增大，这时通道截面积必须扩大，才能使剧烈膨胀的加速气流通过。反之，当压力升高时，通道截面积随着气流速度的减小而缩小，这就是超声速扩压管。

③ $Ma=1$，这时 dA=0。从以上两种情况知道，当降压加速的气流由亚声速连续变为超声速时，通道截面先收缩后扩大，在最小截面（dA=0）处速度达到声速（$v=c$），该最小截面称为临界截面，也称为喉部截面，简称喉部。当升压减速的气流由超声速连续地变为亚声速时，通道截面也是先收缩后扩大，在最小截面处速度达到声速。因此在变截面管道中的声速只能发送在喉部，即最小截面处。在临界截面上的相应参数称为临界参数。

由上面的分析可知，要使气流加速，当流速尚未达到当地声速时，喷管截面应逐渐收缩，直至流速达到当地声速时，截面收缩到最小值，这种喷管称为渐缩喷管。渐缩喷管出口处的流速最大只能达到当地声速。要使气流从亚声速加速到超声速，必须将喷管做成先逐渐收缩而后逐渐扩大形（在最小截面处流速达到当地声速），这种喷管称为缩放喷管。缩放喷管是瑞典工程师拉伐尔（de Laval）在研制汽轮机时发明的，所以又称为拉伐尔喷管。这种利用管道截面的变化来加速气流的几何喷管，在汽轮机、燃气轮机、喷气发动机和流量测量中被广泛地应用。

三、渐缩喷管（管嘴）

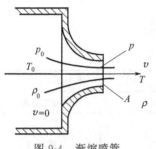

渐缩喷管用来使气体加速，其加速的最大界限是出口达到声速，即 $Ma \leqslant 1$，因此渐缩喷管主要用于亚声速范围。由于渐缩喷管通常较短，流速较高，来不及进行热量交换，因此可以认为是绝热过程，讨论对象是理想气体，所以可以看作为等熵流动。

图 9-4 所示为某种理想气体自大容器从渐缩管嘴出流。由于容器很大，可以将其中气流速度看作为零，即 $v_0 = 0$，容器内各参数为滞止参数，记为 p_0，ρ_0，T_0，喷管出口处流动参数为 p，ρ，T，v。

图 9-4 渐缩喷管

下面来确定管嘴气体的出流速度和流量。为此，列出容器内与管口出口断面之间的能量方程为

$$\frac{\gamma}{\gamma-1} \times \frac{p_0}{\rho_0} = \frac{\gamma}{\gamma-1} \times \frac{p}{\rho} + \frac{1}{2}v^2$$

解得

$$v = \sqrt{\frac{2\gamma}{\gamma-1} \times \frac{p_0}{\rho_0}(1 - \frac{p}{p_0}\frac{\rho_0}{\rho})} \tag{9-31}$$

又由等熵流动时 $\dfrac{p}{\rho^\gamma} = \dfrac{p_0}{\rho_0^\gamma}$，代入上式可求得出流速度

$$v = \sqrt{\frac{2\gamma}{\gamma-1} \times \frac{p_0}{\rho_0}\left[1 - \left(\frac{p}{p_0}\right)^{\frac{\gamma-1}{\gamma}}\right]} \tag{9-32}$$

这就是喷管出流的速度公式，也称为圣·维南（Saint·Venant）定律，此公式无论对亚声速和超声速出流都是成立的。

由上式可见，在渐缩管嘴中，气体可以一直膨胀到零压力极限状态，即 $p=0$，得最多速度

$$v_{\max} = \sqrt{\frac{2\gamma}{\gamma-1} \times \frac{p_0}{\rho_0}} = c_0\sqrt{\frac{2}{\gamma-1}} \tag{9-33}$$

式中，c_0 为滞止声速。

设管嘴出口截面积为 A，则通过喷管的质量流量为

$$Q_m = \rho v A$$

将等熵关系式

$$\rho = \rho_0 \left(\frac{p}{p_0}\right)^{\frac{1}{\gamma}}$$

将 v 的表达式代入可解得经喷管的质量流量为

$$Q_m = \rho v A = \rho_0 A \left(\frac{p}{p_0}\right)^{1/\gamma} \sqrt{\frac{2\gamma}{\gamma-1} \times \frac{p_0}{\rho_0}\left[1-\left(\frac{p}{p_0}\right)^{\frac{\gamma-1}{\gamma}}\right]} = \rho_0 A \sqrt{\frac{2\gamma}{\gamma-1} \times \frac{p_0}{\rho_0}\left[\left(\frac{p}{p_0}\right)^{\frac{2}{\gamma}}-\left(\frac{p}{p_0}\right)^{\frac{\gamma-1}{\gamma}}\right]}$$

$$(9-34)$$

上式表示，当滞止参数 p_0，ρ_0，T_0 给定时，流过管嘴的质量流量仅取决于出口压力的变化，变化规律可按式(9-34)绘出曲线，如图9-5所示。现在来讨论质量流量随压力 p 的变化规律。

① 当出口压力 $p=0$ 时，流量 $Q_m=0$。这时，由式(9-32)可知，出流速度达到最大值，$v=v_{max}$，实际上这是不可能的。

② 当出口压力与滞止压力相等，即 $p=p_0$ 时，质量流量等于零，$Q_m=0$，出流速度也为零，即 $v=0$，这时没有出流。

③ 由①、②知，当 $0<p<p_0$ 时，流量的变化自零增加到一个最大值 $Q_{m_{max}}$，然后再减少到零。最大流量 $Q_{m_{max}}$ 可由 $\dfrac{\mathrm{d}Q_m}{\mathrm{d}p}=0$ 求得，即

$$\frac{\mathrm{d}}{\mathrm{d}p}\left[\left(\frac{p}{p_0}\right)^{\frac{2}{\gamma}}-\left(\frac{p}{p_0}\right)^{\frac{\gamma+1}{\gamma}}\right]=0$$

化简为

$$p = p_0 \left(\frac{2}{\gamma+1}\right)^{\frac{\gamma}{\gamma-1}} = p_{cr} \qquad (9-35)$$

p_{cr} 为临界压力，即当出口压力为临界压力时，通过渐缩管嘴的流量达到最大值，如图9-4所示。这时，出口断面上对应的流速达到临界声速 c_{cr}，实际上它就是当地声速，即

$$v = c_{cr} = \sqrt{\frac{2\gamma}{\gamma+1} \times \frac{p_0}{\rho_0}} \qquad (9-36)$$

将临界压力 p_{cr} 值代入式(9-34)可以得到最大流量为

$$Q_{m_{max}} = A \left(\frac{2}{\gamma+1}\right)^{\frac{1}{\gamma-1}} \left(\frac{2\gamma}{\gamma+1}p_0\rho_0\right)^{\frac{1}{2}}$$

$$(9-37)$$

④ 当出口外压力（又称背压）继续降低时，流量不按图9-5所示的虚线降低，而保持 $Q_{m_{max}}$ 不变，实际流量如图中实线所示，这种现象称为壅塞现象。其原因在于，亚声速气流在收缩管内不可能增速到超声速，在管口的末端最大只能达到声速 c_{cr}，气流在管内的膨胀只能到达 p_{cr}。无论背压再如何减小，出口断面上的压力将保持不变，这时气流只能在流出管外后才能继续膨胀，因而流量将保持不变。

四、拉伐尔 (Laval) 喷管

拉伐尔喷管是通过先收缩后扩散的喷管形式获得超声速气流的装置。用拉伐尔喷管可以使气流在管中充分膨胀，充分加速，拉伐尔喷管如图9-6所示。

根据喷管前后压力比 $\dfrac{p}{p_0}$ 是否小于 $\dfrac{p_{cr}}{p_0}=\left(\dfrac{2}{\gamma-1}\right)^{\frac{\gamma}{\gamma-1}}$ 选用收缩喷管或拉伐尔喷管。如果 $p>p_{cr}$ 只选用收缩喷管就可以了；如果 $p<p_{cr}$，选用拉伐尔喷管可充分发挥作用。

拉伐尔喷管在工程中应用很广，只要设计合理，在最小截面上气流可以达到当地声速。在以后的扩张部分中气体继续膨胀，达到超声速。拉伐尔喷管和收缩喷管相比较，通过临界断面上的气流速度可以按式（9-32）计算，质量流量由最小截面上的参数所决定。最大流量仍由式（9-37）来计算，即

$$Q_\mathrm{m} = A\left(\frac{2}{\gamma-1}\right)^{\frac{\gamma+2}{\gamma-1}}\sqrt{\gamma p_0 \rho_0} \tag{9-38}$$

式中，A 为最小截面（即喉部）的面积为喷管的最窄断画。

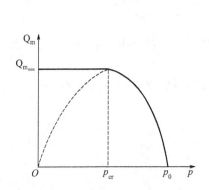

图 9-5　质量流量与出口压力的关系图

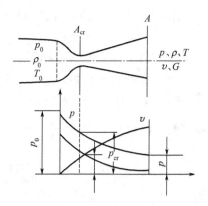

图 9-6　拉伐尔喷管

计算拉伐尔喷管出口速度仍然用圣·维南公式，即式（9-32），由于 $\dfrac{p}{p_0} < \dfrac{p_\mathrm{cr}}{p_0}$，所以由此所得速度 v 一定是大于 c_cr 的。

如果质量流量、储气箱中滞止压力 p_0、滞止密度 ρ_0 和滞止温度 T_0 给定，最窄断面（喉部）A 也可以根据式（9-38）确定。

在临界断面之后，气流在扩散段内的进一步发展，完全由环境压力（背压）所决定，关于背压的影响，可参考有关文献。

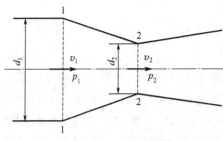

图 9-7　文丘里流量计

【例 9-3】　如图 9-7 所示，用文丘里流量计测空气流量，入口直径 $d_1 = 400\mathrm{mm}$，喉部直径 $d_2 = 125\mathrm{mm}$，入口处绝对压力 $p_1 = 1.38 \times 10^5 \mathrm{Pa}$，温度 $t_1 = 17℃$，喉部绝对压强 $p_2 = 1.17 \times 10^5 \mathrm{Pa}$。试求质量流量 Q_m。设过程为等熵，$\gamma = 1.4$，空气 $R = 287\mathrm{J/(kg \cdot K)}$。

解：不计重力，由等熵流动，对 1—1、2—2 两断面列能量方程，有

$$\frac{\gamma}{\gamma-1} \times \frac{p_1}{\rho_1} + \frac{v_1^2}{2} = \frac{\gamma}{\gamma-1} \times \frac{p_2}{\rho_2} + \frac{v_2^2}{2}$$

化简得

$$\frac{\gamma}{\gamma-1}\left(\frac{p_1}{\rho_1} - \frac{p_2}{\rho_2}\right) = \frac{v_2^2 - v_1^2}{2} \tag{1}$$

对于等熵流动，有

$$\frac{p_1}{\rho_1^\gamma} = \frac{p_2}{\rho_2^\gamma}$$

所以有
$$\frac{\rho_2}{\rho_1} = \left(\frac{p_2}{p_1}\right)^{\frac{1}{\gamma}} \tag{2}$$

可变形为
$$\frac{p_2}{\rho_2} = \frac{p_1}{\rho_1}\left(\frac{p_2}{p_1}\right)^{\frac{\gamma-1}{\gamma}} \tag{3}$$

又由质量流量的连续性方程，有
$$\rho_1 v_1 \frac{\pi}{4} d_1^2 = \rho_2 v_2 \frac{\pi}{4} d_2^2$$

将式（2）代入连续性方程，并化简得
$$v_2 = \left(\frac{d_1}{d_2}\right)^2 \left(\frac{p_1}{p_2}\right)^{1/\gamma} v_1 \tag{4}$$

将式（4）、（3）代入式（1），并化简得
$$v_1 = \sqrt{\frac{2\gamma}{\gamma-1} \times \frac{p_1}{\rho_1}\left[1-\left(\frac{p_2}{p_1}\right)^{\frac{\gamma-1}{\gamma}}\right] \Big/ \left[\left(\frac{d_1}{d_2}\right)^4\left(\frac{p_1}{p_2}\right)^{2/\gamma}-1\right]} \tag{5}$$

由气态方程 $\dfrac{p_1}{\rho_1}=RT_1$，得
$$\rho_1 = \frac{p_1}{RT_1} \tag{6}$$

将式（5）、（6）代入质量流量方程，并化简得
$$Q_m = \rho_1 v_1 \frac{\pi}{4} d_1^2 = \frac{\pi}{4} d_1^2 \sqrt{\frac{\dfrac{2\gamma}{\gamma-1} \times \dfrac{p_1^2}{RT_1}\left[1-\left(\dfrac{p_2}{p_1}\right)^{\frac{\gamma-1}{\gamma}}\right]}{\left[\left(\dfrac{d_1}{d_2}\right)^4\left(\dfrac{p_1}{p_2}\right)^{2/\gamma}-1\right]}}$$

将已知数据代入流量方程得：$Q_m = 2.85\,\mathrm{kg/s}$。

【**例 9-4**】　空气从一大容器中经侧壁上的收缩喷嘴出流于大气。容器中的绝对压力 $p_0 = 2.07\times10^5\,\mathrm{Pa}$，温度 $t_0=15℃$，喷嘴直径 $d=25\,\mathrm{mm}$，容器外压强 $p=1.035\times10^5\,\mathrm{Pa}$。求通过喷嘴的质量流量。

解：因为 $0<p<p_0$，所以按照最大流量公式进行计算，即
$$Q_{m_{\max}} = A\left(\frac{2}{\gamma+1}\right)^{\frac{1}{\gamma-1}}\left(\frac{2\gamma}{\gamma+1}p_0\rho_0\right)^{\frac{1}{2}}$$

化简整理为
$$Q_{m_{\max}} = \frac{\pi}{4}d^2\left(\frac{2}{\gamma+1}\right)^{\frac{\gamma+1}{2(\gamma-1)}}\left(\gamma p_0\rho_0\right)^{\frac{1}{2}}$$

根据气体状态方程得
$$\rho_0 = \frac{p_0}{RT_0}$$

合并得
$$Q_{m_{\max}} = \frac{\pi}{4}d^2\left(\frac{2}{\gamma+1}\right)^{\frac{\gamma+1}{2(\gamma-1)}}\sqrt{\frac{\gamma p_0^2}{RT_0}} = 0.24\ （\mathrm{kg/s}）$$

思考题

9-1 什么是声速？什么是临界声速？它们之间有什么区别？

9-2 试说明扰动气体的质量守恒表达式及其动量变化方程式。

9-3 简述声速的特点及其影响因素。

9-4 试写出可压缩气体一元稳定流动连续性方程的微分表达式。

9-5 试写出等熵流动的能量方程式，并说明其物理意义和适用条件。

9-6 引入滞止参数的意义何在？

9-7 什么是气流最大速度状态？

9-8 气流的 Ma 数与气流的压缩性有何关系？

9-9 马赫锥、马赫角的定义是什么？

9-10 拉伐尔喷管一定能将亚声速气流加速为超声速气流吗？

9-11 试说明收缩喷管气流的基本特点？

习　题

9-1 飞机在标准大气中飞行，它所形成的马赫角为 $30°$，问飞机的飞行速度为多少？

9-2 空气在直径为 100mm 的管道中流动，其质量流量为 1kg/s，滞止温度为 38℃，在管内某一截面处气流压力为 $4.1×10^4$Pa。试求该截面处的马赫数、速度和滞止压力。

9-3 飞机在 2000m 的高度飞行，航速为 2400km/h，空气温度为 216K，求飞机航行的马赫数。

9-4 已知标准大气压沿高度的空气温度递减率为 0.0065℃/m，若地面温度为 293K，求高程为 1000m，2000m，5000m，10000m 处的声速。

9-5 在某人头上 400m 上空有一架飞机，飞机前进了 800m 时，此人才听到飞机的声音。大气的温度为 15℃。试求该飞机的飞行马赫数、速度及听到飞机的声音时飞机已飞过某人头顶的时间为多少？

9-6 空气流动如图 9-8 所示，已知 $p=10^5$Pa，$t=5℃$（$ρ=1000$kg/m³），测压计中水银的读数 h＝200mm。当（1）空气为等熵流动，比定压热容 $c_p=1005$J/(kg·K) 时，或（2）气流可近似认为是不可压缩时，试计算管道轴心上的速度各是多少？

9-7 如图 9-9 所示，压缩空气以超声速从喷管流出，已知喉部直径 d＝25mm，喉部绝对压强为 p＝0.05MPa，喉部温度 t＝-20℃，试求喷管的质量流量。

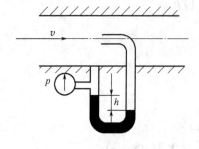

图 9-8　习题 9-6 图

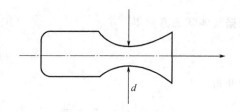

图 9-9　习题 9-7 图

9-8 在绝热气流中，测得流线上 1 点的速度为 $v_1 = 225\text{m/s}$，声速为 $c_1 = 335\text{m/s}$，压力为 $p_1 = 0.103\text{MPa}$，2 点的速度为 $v_2 = 315\text{m/s}$，等熵指数为 1.4，试求 2 点的压力 p_2。

9-9 如图 9-10 所示，压缩空气从气罐进入管道，已知气罐中绝对压力 $p_0 = 0.7\text{MPa}$，$t_0 = 70℃$，气罐出口处 $Ma = 0.6$，试求气罐出口处的速度、温度、压力和密度。

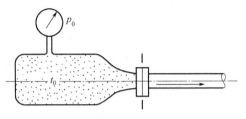

图 9-10 习题 9-9 图

第十章

平面流　绕流　两相流

第一节　旋涡运动

一、旋涡的形成

自然界出现的流体运动，绝大多数有旋涡产生。例如当河水流经桥墩时，很容易发现形成旋涡。用桨击水时，也要形成旋涡，此外在水中或者空气中移动着的物体如船、快艇、飞机等的后面总是留有一旋涡区域；大气中观察到的龙卷风与旋风都是自然界中生产旋涡的例子。

例如在一个水箱底部开个流水口，当水从排水孔下泄时在排水口的边缘就会自然地形成一个旋涡。当由上往下看时，便会发现，这个旋涡的转动方向总是逆时针移动的。这是为什么呢？世界各地的旋涡都是往一个方向旋转吗？对于这个问题的回答是这样的，这个旋涡是地球的自转引起的，而且南半球和北半球的旋涡的旋转方向是不一样的。

由于地转偏向力，物体在地球表面垂直于地球纬线运动时，由于地球自转线速度随纬度变化而变化，由于惯性，物体会相对地面有保持原来速度和运动方向的趋势，这就叫地转偏向力。在北半球，物体从南向北运动，地球自转线速度变小（赤道处线速度最大），物体由于惯性保持线速度不变，于是就向东偏向，相对运动方向来说就是向右。从北向南运动时，地球自转线速度变大，于是就向西偏向，相对运动方向也是向右。所以在北半球物体运动时统一受到向右的地转偏向力。同理，物体在南半球运动时统一受到向左的地转偏向力。

现在再来看这个水流产生的旋涡。假如没有地转偏向力的话，那么水流将会沿着从中心出发的放射状线条流入，流入速度方向指向中心。例如，在赤道线上，用漏斗注水实验时，水流则呈垂直下降而不形成旋涡。在北半球，流入速度方向偏右，所以流入的水流速度方向指向中心偏右位置，这就形成了逆时针的旋涡。同理在南半球形成顺时针旋涡。

旋涡普遍存在，且由于旋涡存在，给流体的运动带来了很大的影响。例如在气象学中，气旋的形成和变化常常决定了气象条件的变化。当飞机和船只航行时，尾部产生旋涡时会消耗动能，形成飞机或船只航行时的阻力；流体流经管径突然变大区域或流经管口时，也会产生旋涡，特别是对某些流量装置，由于旋涡形成会对测量精度产生影响。这些都是不利的一面。但是有时流体旋涡运动也有有利的一面，例如大型水坝建筑物中，为了保护坝基不被急泻而下的水流冲坏，通常采用效能设备，人为地制造旋涡运动以消耗水流的动能。

1. 旋涡产生吸气现象

旋涡的流速分布如图 10-1 所示，旋涡中心部分（有涡流动部分）的半径为 r_0，边上的流速为 u_0，速度环量为 R_0 接近旋涡中心部分，流速按双曲线规律增加而压强降低，如图 10-2 所示。可见旋涡中心部分的压强变化，是按抛物线规律分布的，压强随着向心面下降。说明旋涡吮吸物体的性质，以及水在旋涡处水面呈漏斗状降低的现象。旋涡较大，即 u_0 较大，旋涡中心点的压强 $p_c = p_0 - \rho u_0^2 / 2$ 较小，当小到低于大气压时，旋涡将产生吸气现象。

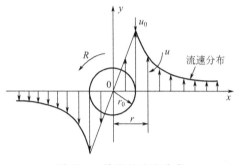

图 10-1 旋涡的流速分布

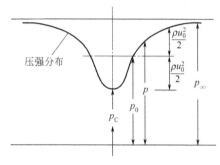

图 10-2 旋涡的压强分布

2. 旋涡的影响因素

进水口的旋涡有两种，即立轴旋涡和横轴旋涡，立轴旋涡更容易造成进气。普遍认为，旋涡运动的影响因素主要有行近水流的速度环量、进水口的淹没水深、进水口的流量（或流速）和边界条件。

在实际运行过程中，进水口处的环流一般是由地形或引渠的几何形状变化引起的，进口结构平面布置和地形不对称，断面上流速分布不均匀，使行近进水口的水流具有一定的初始环量，从而在不同流速水头下产生强度不同的旋涡。要减轻或消除水流的环流强度，往往采取改变边界条件的方式来达到这一目的。

淹没水深 H/d 是主要因素之一，根据试验产生吸气旋涡的 H/d 范围是：对于垂直旋涡 $H/d < 3 \sim 5$，对于水平旋涡 $H/d < 2$。因此在高水位时问题不大，在低水位时就要注意。H、d 的意义如图 10-3 所示。

Gardo 根据 29 个水电站进水口的原型观测分析结果认为，最小的淹没深度 H，与引水道口高度 d、闸门处的流速 v 有关，即 $H = Cvd^{1/2}$，式中，C 为系数，当进流对称时，用 0.55；当进流左右不对称时，更易发生轴旋涡，系数 C 增大为 0.73。

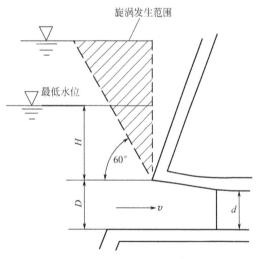

图 10-3 进（出）水口示意图

Pennino 等总结了 13 个侧式、井式进水口的模型试验，认为进水口的弗劳德数应小于 0.23，即

$$Fr = v \sqrt{gH'} < 0.23 \qquad (10-1)$$

式中 g——重力加速度；

H'——进口中心线以上的最小淹没深度。

上述条件，均指行近流速流态较好，即比较均匀对称时，才不出现吸气旋涡。若设计不当，即使满足上述要求的数值，也会发生吸气旋涡；相反，如果采取一定的防涡吸气措施，即使淹没深度小于上述计算值时，也还有可能不进气。

此外，如果进水口流道不够平顺或尺寸不足，也容易发生回流、脱离和吸气。

二、有旋流动

1. 涡场、涡量、涡线、涡面和涡管

（1）涡场

在有旋流动的流场中处处存在旋转角速度 $\boldsymbol{\omega}$，因此，与研究运动流体速度场类似，可以将带旋涡运动角速度 $\boldsymbol{\omega}$ 的流体运动矢量场作为研究对象，简称旋涡场。

（2）涡量

流体旋转角速度 $\boldsymbol{\omega}$ 是速度场旋度的 $1/2$，即

$$\boldsymbol{\omega}=0.5\,\nabla\times\boldsymbol{V}$$

而速度场的旋度 $\nabla\times\boldsymbol{V}$ 又称为涡量，常用 $\boldsymbol{\Omega}$ 表示，即

$$\boldsymbol{\Omega}=\nabla\times\boldsymbol{V}=2\boldsymbol{\omega} \tag{10-2}$$

涡量是一个描写旋涡运动常用的物理量。

（3）涡线

在描写流体速度场时，曾经引入了流线、流面和流管的概念，它清楚地显示出流体运动的速度特征和流量通量特征。与此相似，为了表征流体在旋涡场中的旋涡流动，在旋涡场中也可以找出与速度场中流线、流面、流管对应的涡线、涡面和涡管来。

涡线是流场中某一时刻的一条空间曲线，在该时刻这条曲线上每一点的流动角速度矢量 $\boldsymbol{\omega}$ 都与该点曲线的切线方向一致，如图 10-4 所示。

根据涡线的定义，可以写出与流线方程类似的涡线方程

$$\frac{\mathrm{d}x}{\omega_x}=\frac{\mathrm{d}y}{\omega_y}=\frac{\mathrm{d}z}{\omega_z} \tag{10-3}$$

或写成矢量形式

$$\mathrm{d}\boldsymbol{r}\times\boldsymbol{\omega}=\boldsymbol{0} \tag{10-4}$$

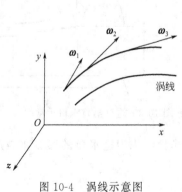

图 10-4　涡线示意图

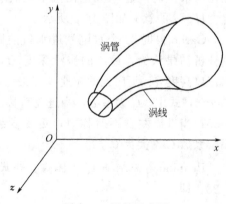

图 10-5　涡管示意图

（4）涡面、涡管

与流面、流管的定义类似，用涡面和涡管来描述旋涡运动。涡面，就是某一时刻通过一条非涡线的空间曲线的所有涡线构成的曲面。而管状涡面的内域就是涡管。也可以说，如果在旋涡场中取一非涡线的封闭曲线，过该曲线每一点的所有涡线组成的管状曲面称为涡管，如图 10-5 所示。

流面对于流量具有不穿透性，流管对于流量具有封闭性；与流面、流管类似，涡面对于涡量具有不穿透性，涡管对于涡量具有封闭性，在涡面上有

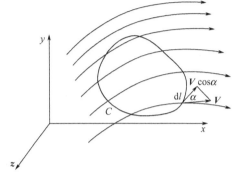

图 10-6　绕任意封闭曲线的速度环量

$$\boldsymbol{\Omega} \cdot \boldsymbol{n} = 0 \qquad (10\text{-}5)$$

涡量在涡面的法向投影等于零。

2. 速度环量

流场中流体运动速度沿某一给定封闭曲线的线积分称为绕该曲线的速度环量，通常用 Γ_c 表示。在流体力学中，速度环量是一个重要的物理量，它的大小实际上代表了旋涡流动的强度，因此，可以用速度环量作为旋涡流动定量分析的特征量。在流场中取一条任意的空间封闭曲线 C，如图 10-6 所示，沿该曲线流体运动速度连续变化，根据环量的定义，速度环量可以写为

$$\Gamma_c = \oint_c \boldsymbol{V} \mathrm{d}l = \oint_c V\cos\alpha \mathrm{d}l \qquad (10\text{-}6)$$

式中 $\mathrm{d}l$ 代表曲线 C 上一个长度为 $\mathrm{d}l$ 的微小弧段，它的方向必然就是曲线 C 在该处的切线方向。由于

$$\boldsymbol{V} = V_x\boldsymbol{i} + V_y\boldsymbol{j} + V_z\boldsymbol{k}, \ \mathrm{d}l = \mathrm{d}x\boldsymbol{i} + \mathrm{d}y\boldsymbol{j} + \mathrm{d}z\boldsymbol{k}$$

因此环量

$$\Gamma_c = \oint_c (V_x\mathrm{d}x + V_y\mathrm{d}y + V_z\mathrm{d}z) \qquad (10\text{-}7)$$

这是速度环量的一般表达式，一般取逆时针方向为速度环量积分的正方向。

3. 速度环量与旋涡强度的关系

流场中速度环量是沿某一给定封闭曲线的线积分，若速度环量不为零，则说明该封闭曲线所在曲面内的流动是有旋的。利用联系线积分与面积分的斯托克斯公式，可以把式(10-7)写成

$$\Gamma_c = \oint_c (V_x\mathrm{d}x + V_y\mathrm{d}y + V_z\mathrm{d}z)$$

$$= \int\left[\left(\frac{\partial V_z}{\partial y} - \frac{\partial V_y}{\partial z}\right)\mathrm{d}x\mathrm{d}y + \left(\frac{\partial V_x}{\partial z} - \frac{\partial V_z}{\partial x}\right)\mathrm{d}z\mathrm{d}x + \left(\frac{\partial V_y}{\partial x} - \frac{\partial V_x}{\partial y}\right)\mathrm{d}x\mathrm{d}y\right]$$

可以看出，式中右边小括号内的三项分别是旋度的三个分量，因此

$$\Gamma_c = \oint_c (V_x\mathrm{d}x + V_y\mathrm{d}y + V_z\mathrm{d}z) = \oint_A (\boldsymbol{\nabla}\times\boldsymbol{V})\mathrm{d}A = \oint_A \boldsymbol{\Omega}\mathrm{d}A \qquad (10\text{-}8)$$

式中，C 是空间曲面 A 的边界。上式右边是面积 A 上的旋涡强度，或称为通过面积 A 的涡通量。该式说明，沿空间任意封闭曲线的速度环量，等于通过以该曲线为边界的任意空间连续曲面的涡通量。上式建立了速度环量与旋涡强度之间的关系。在实际流动中，旋涡强度或涡通量通常不能直接测量，而流动速度的测量相对要容易一些，因此，速度环量可以作

为旋涡运动定量分析的代表量。

三、黏性流体的基本性质

黏性流体运动的基本性质包括：运动的有旋性，旋涡的扩散性，能量的耗散性。

1. 黏性流体运动的涡量输运方程

为了讨论旋涡在黏性流体流动中的性质和规律，推导涡量输运方程是必要的。

推导过程如下

$$\frac{\mathrm{d}\boldsymbol{u}}{\mathrm{d}t}=\boldsymbol{f}+\rho\,\boldsymbol{\nabla}\cdot[\tau] \tag{10-9}$$

其 Lamb 型方程是

$$\frac{\partial\boldsymbol{u}}{\partial t}+\boldsymbol{\nabla}\left(\frac{u^2}{2}\right)+\boldsymbol{\Omega}\times\boldsymbol{u}=\boldsymbol{f}+\frac{1}{\rho}\boldsymbol{\nabla}\cdot[\tau] \tag{10-10}$$

引入广义牛顿内摩擦定理

$$[\tau]=2\mu[\varepsilon]-\left(p+\frac{2}{3}\mu\,\boldsymbol{\nabla}\cdot\boldsymbol{u}\right)(I)$$

Lamb 型方程变为

$$\frac{\partial\boldsymbol{u}}{\partial t}+\boldsymbol{\nabla}\left(\frac{u^2}{2}\right)+\boldsymbol{\Omega}\times\boldsymbol{u}=\boldsymbol{f}-\frac{1}{\rho}\boldsymbol{\nabla}p-\boldsymbol{\nabla}\left(\frac{2}{3}\mu\,\boldsymbol{\nabla}\cdot\boldsymbol{u}\right)+\boldsymbol{\nabla}\cdot(2\mu[\varepsilon]) \tag{10-11}$$

对上式两边取旋度，得到

$$\boldsymbol{\nabla}\times\left\{\frac{\partial\boldsymbol{u}}{\partial t}+\boldsymbol{\nabla}\left(\frac{u^2}{2}\right)+\boldsymbol{\Omega}\times\boldsymbol{u}\right\}=\boldsymbol{\nabla}\times\left\{\boldsymbol{f}-\frac{1}{\rho}\boldsymbol{\nabla}p-\boldsymbol{\nabla}\left(\frac{2}{3}\mu\,\boldsymbol{\nabla}\cdot\boldsymbol{u}\right)+\boldsymbol{\nabla}\cdot(2\mu[\varepsilon])\right\}$$

整理后得到

$$\frac{\partial\boldsymbol{\Omega}}{\partial t}+\boldsymbol{\nabla}\times(\boldsymbol{\Omega}\times\boldsymbol{u})=\boldsymbol{\nabla}\times\boldsymbol{f}-\boldsymbol{\nabla}\times\left(\frac{1}{\rho}\boldsymbol{\nabla}p\right)-\boldsymbol{\nabla}\times\left[\frac{1}{\rho}\boldsymbol{\nabla}\left(\frac{2}{3}\frac{\mu}{\rho}\boldsymbol{\nabla}\cdot\boldsymbol{u}\right)\right]+\boldsymbol{\nabla}\left(\frac{1}{\rho}\boldsymbol{\nabla}\cdot(2\mu[\varepsilon])\right) \tag{10-12}$$

这是最一般的涡量输运方程。该式清楚地表明：流体的黏性、非正压性和质量力无势，是破坏旋涡守恒的根源。在这三者中，最常见的是黏性作用。

由于

$$\frac{\partial\boldsymbol{\Omega}}{\partial t}+\boldsymbol{\nabla}\times(\boldsymbol{\Omega}\times\boldsymbol{u})=\frac{\partial\boldsymbol{\Omega}}{\partial t}+(\boldsymbol{u}\cdot\boldsymbol{\nabla})\boldsymbol{\Omega}-(\boldsymbol{\Omega}\cdot\boldsymbol{\nabla})\boldsymbol{u}+\boldsymbol{\Omega}\,\boldsymbol{\nabla}\cdot\boldsymbol{u}-\boldsymbol{u}\,\boldsymbol{\nabla}\cdot\boldsymbol{\Omega}$$

$$=\frac{\mathrm{d}\boldsymbol{\Omega}}{\mathrm{d}t}-(\boldsymbol{\Omega}\cdot\boldsymbol{\nabla})\boldsymbol{u}+\boldsymbol{\Omega}\boldsymbol{\nabla}\cdot\boldsymbol{u} \tag{10-13}$$

(1) 如果质量力有势、流体正压、且无黏性，则涡量方程简化为

$$\frac{\mathrm{d}\boldsymbol{\Omega}}{\mathrm{d}t}-(\boldsymbol{\Omega}\cdot\boldsymbol{\nabla})\boldsymbol{u}+\boldsymbol{\Omega}\,\boldsymbol{\nabla}\cdot\boldsymbol{u}=0 \tag{10-14}$$

这个方程即为 Helmholtz 涡量守恒方程。

(2) 如果质量力有势，流体为不可压缩黏性流体，则涡量输运方程变为

$$\frac{\mathrm{d}\boldsymbol{\Omega}}{\mathrm{d}t}-(\boldsymbol{\Omega}\cdot\boldsymbol{\nabla})\boldsymbol{u}=\nu\,\boldsymbol{\nabla}\times(\Delta\boldsymbol{u})$$

$$\frac{\mathrm{d}\boldsymbol{\Omega}}{\mathrm{d}t}-(\boldsymbol{\Omega}\cdot\boldsymbol{\nabla})\boldsymbol{u}=\nu\Delta\boldsymbol{\Omega} \tag{10-15}$$

张量形式为

$$\frac{\mathrm{d}\boldsymbol{\Omega}_i}{\mathrm{d}t} - \boldsymbol{\Omega}_j \frac{\partial u_i}{\partial x_j} = \nu \frac{\partial^2 \boldsymbol{\Omega}_i}{\partial x_j \partial x_j} \tag{10-16}$$

（3）对于二维流动，上式简化为

$$\frac{\mathrm{d}\boldsymbol{\Omega}_z}{\mathrm{d}t} = \nu \Delta \boldsymbol{\Omega}_z \left[(\boldsymbol{\Omega} \cdot \boldsymbol{\nabla}) u = 0 \right] \tag{10-17}$$

2. 黏性流体运动的有旋性

理想流体运动可以是无旋的，也可以是有旋的。但黏性流体运动一般总是有旋的。用反证法可说明这一点。对于不可压缩黏性流体，其运动方程组为

$$\boldsymbol{\nabla} \cdot \boldsymbol{u} = 0$$

$$\frac{\mathrm{d}\boldsymbol{u}}{\mathrm{d}t} = f - \frac{1}{\rho}\boldsymbol{\nabla}p + \nu \Delta \boldsymbol{u} \tag{10-18}$$

根据场论知识，有

$$\Delta \boldsymbol{u} = \boldsymbol{\nabla}(\boldsymbol{\nabla} \cdot \boldsymbol{u}) - \boldsymbol{\nabla} \times (\boldsymbol{\nabla} \times \boldsymbol{u}) = -\boldsymbol{\nabla} \times \boldsymbol{\Omega}$$

代入上式，得到

$$\boldsymbol{\nabla} \cdot \boldsymbol{u} = 0$$

$$\frac{\mathrm{d}\boldsymbol{u}}{\mathrm{d}t} = f - \frac{1}{\rho}\boldsymbol{\nabla}p - \nu \boldsymbol{\nabla} \times \boldsymbol{\Omega}$$

如果流动无旋，则

$$\boldsymbol{\nabla} \cdot \boldsymbol{u} = 0$$

$$\frac{\mathrm{d}\boldsymbol{u}}{\mathrm{d}t} = f - \frac{1}{\rho}\boldsymbol{\nabla}p \tag{10-19}$$

这与不可压缩理想流体的方程组完全相同，黏性力的作用消失，说明黏性流体流动与理想流体流动完全相同，且原方程的数学性质也发生了变化，由原来的二阶偏微分方程组变成一阶偏微分方程组。但问题出在固壁边界上。在黏性流体中，固壁面的边界条件是：不穿透条件和不滑移条件，即 $u_n = 0$，$u_x = 0$。

要求降阶后的方程组同时满足这两个边界条件一般是不可能的。这说明黏性流体流动一般总是有旋的。

但也有特例。如果固壁的切向速度正好等于固壁面处理想流体的速度，也就是固壁面与理想流体质点不存在相对滑移，这时不滑移条件自动满足，这样理想流体方程自动满足固壁面边界条件。说明在这种情况下，黏性流体流动可以是无涡的。但一般情况下，固壁面与理想流体质点总是存在相对滑移的，受流体黏性的作用，必然要产生旋涡。由此可得出结论：黏性流体旋涡是由存在相对运动的固壁面与流体的黏性相互作用产生的。

3. 黏性流体旋涡的扩散性

黏性流体中，旋涡的大小不仅可以随时间产生、发展、衰减、消失，而且还会扩散，涡量从强度大的地方向强度小的地方扩散，直至旋涡强度均衡为止，如图10-7所示。

以一空间孤立涡线的扩散规律为例说明之。涡线强度的定解问题为：

$$\frac{\partial \Omega_z}{\partial t} = \frac{\nu}{r}\frac{\partial}{\partial r}\left(r \frac{\partial \Omega_z}{\partial r} \right)$$

$$t = 0, r > 0, \ \Omega_z = 0 \tag{10-20}$$

$$t \geqslant 0, \ r \to \infty, \ \Omega_z = 0 \tag{10-21}$$

这是一个扩散方程的定解问题，其解为

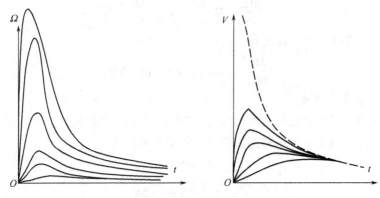

图 10-7　黏性液体旋涡的扩散性

$$\Omega = \frac{\Gamma_0}{4\pi\nu t}\mathrm{e}^{-\frac{r^2}{4\nu t}}$$

$$\Gamma = \int_0^r \Omega 2\pi r \mathrm{d}r = \Gamma_0\left(1 - \mathrm{e}^{\frac{r^2}{4\nu t}}\right)$$

$$V = \frac{\Gamma}{2\pi r} = \frac{\Gamma_0}{2\pi r}\left(1 - \mathrm{e}^{-\frac{r^2}{4\nu t}}\right) \tag{10-22}$$

4. 黏性流体能量的耗散性

在黏性流体中，流体运动必然要克服黏性应力做功而消耗机械能。黏性流体的变形运动与机械能损失是同时存在的，而且机械能的耗散与变形率的平方成正比，因此黏性流体的机械能损失是不可避免的。

四、涡旋及防涡措施

1. 旋涡的危害性

强烈的旋涡将对工程造成相当大的危害，会严重降低进流量，引起机组或结构振动，降低机组效率，卷吸漂浮物并堵塞或损坏拦污栅等，现分述如下。

（1）降低泄流能力

由于气心的存在，过流断面减小，从而过流能力降低。另外，由于存在切向运动水流，从而增加了水头损失，共同作用的结果则导致泄流能力减小。

（2）形成气囊，影响洞内水流稳定

由于气囊的存在，气囊到洞口处破碎，导致有压流与无压流交替出现，因而洞内水流及出流呈现极不稳定的阵发状态。

（3）增大洞身脉动压力

有资料显示，相同流量时的同一测点，在有旋涡时的脉动压力可增大 2 倍以上，有旋涡时水流对洞身衬砌材料的破坏不容忽视。

（4）吸入水面漂浮物

水面漂浮物均可能被吸入洞口，造成洞口堵塞或损坏拦污栅等，也可能对过往船只及人员造成威胁。

2. 防治旋涡的措施

由海姆霍兹（Hel mholts）定理知，涡管或涡丝既不能在流体中间开始亦不能终止，它必须呈闭合环形，或者从流体边界上开始和终止。可见，消涡和防涡要从破坏旋涡赖以存在的边界条件入手。

根据有关学者的研究，在进水口上方 30°角的范围内常有一旋涡发生区。工程实际中，通常在进水口的上方采取相应措施遮断旋涡的流心，阻止其发展，使旋涡失去存在的边界条件，达到防涡和消涡的目的。

由实践和实验得知，防止旋涡的措施可有下列几种：改善进流状态，设置防涡梁，进口上部倾斜以及设置浮排。

（1）改善进流状态

在设计进水口时，应使行近水流流态平稳，尽量减小速度环量，多个进水口在平面布置和运行时应符合对称原则，进水口的边墙形式应圆滑，避免水流间断面的形成，从而防止旋涡的产生。

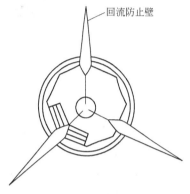

图 10-8 防环流墙

改变进水建筑物的位置、体型，使行近水流流速均匀对称，可以减轻或消除环流。进水前能有几十米至几百米的直线引渠，可使来流较为对称。渠宽不宜比孔口尺寸过大，渠道两侧边坡宜陡些，以减少可能产生环流的空间；沿来流方向的断面不能扩大，最好稍有收缩而使水流加速。在井式进（出）水口，也有设置防环流墙的办法，如图 10-8 所示。

（2）设置防涡梁

目的是遮断旋涡的流心，以阻止其发展，分散流速分布，降低速度梯度，减小产生旋涡的条件。旋涡并不停留在一个地方，而是在一定的范围内缓缓旋转。若在旋涡流心通过的范围内设置适当间隙的格栅，流心自然而然会被格栅所切断，旋涡便不能发展。这种利用涡流性质，在进水口上方设置几根栅梁以防止旋涡的方法，对于水深较大的进水口较为合适。

防涡梁一般设置在最低水位附近或进口顶端。梁间距要适当，若太窄，旋涡会转移至防涡梁的前方，栅梁不能切断流心，起不到防止涡流的作用。若栅梁间距太宽，流心将停留在栅梁中间，也切不断流心，同样起不到防止涡流的作用。

防涡梁按结构特征可分为水平布置防涡梁、阶梯立式防涡梁和 V 形防涡梁。

① 水平布置防涡梁（图 10-9） 水平布置防涡梁按断面形式分为矩形梁和百叶窗式斜梁两种。图 10-9 所示为经过试验得到的适宜结构尺寸。百叶窗式斜梁上下以相对 45°角为宜，且在最低水位时，最小淹没水深 $\Delta D \geqslant 0.5 \text{m}$，进口水头损失 $\Delta h \geqslant v^2/2g$。水平布置防涡梁适合工作水深变幅较大的进水口防涡，布置越靠近水面，防涡和消涡效果越好。通常布置在最低水位之下，所以此种防涡梁结构方案适宜进水口流速小于 1.0m/s。

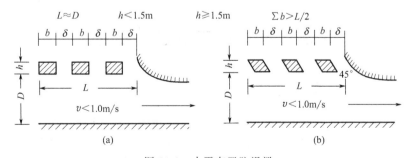

图 10-9 水平布置防涡梁

② 阶梯立式防涡梁 阶梯立式防涡梁是在进水口上方30°角旋涡发生区范围内，竖向顺着旋涡向上延伸线方向呈阶梯型布置几道防涡梁。经试验研究，防涡梁的结构尺寸宜为：高

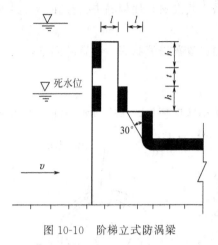

图 10-10 阶梯立式防涡梁

度 $h=3.0$ m 左右，梁宽按结构要求取值。防涡梁的纵向间距为 1.0～2.0m，间距太宽消涡不充分，太窄旋涡将移至梁的前方。防涡梁竖向间距 t 在 2.0m 左右，有利于进流流态平稳。防涡梁宽度与扩散段相同。防涡梁设置高度可视进水口前流速而定。试验得出，当进水口前流速 $v<1.0$ m/s 时，设置一层立式防涡梁即可满足防涡要求；若进水口前流速 1.0m/s$<v<$ 2.0m/s，需设两层立式防涡梁。如图 10-10 所示，第一根防涡梁布置在进水口上方30°线与最低水位的交汇处，防涡梁顶高程需高出最低水位 1.0m，梁底高程低于最低水位 2.0m。此梁的作用能有效地防止进水口边墩产生绕流旋涡。

（3）V 形防涡梁 当进水口前流速超过 2.0m/s 时，采用阶梯立式防涡梁已不能满足要求，原因是进水口前流速过大，所产生的旋涡强度也较大，旋涡遇到防涡梁阻隔而调头反方向延展。此时，旋涡发生区为对称、反方向30°的范围。所以，当进水口前流速 $v>2.0$ m/s 时，需要对称布置阶梯立式防涡梁，称为 V 形防涡梁方案。其设计方法相同，不再赘述。

3. 进口上部倾斜法

根据日本的试验研究指出，在进水口上方常有一旋涡发生区。在此旋涡发生区以外，通常都不会有旋涡发生。进口上部倾斜法就是在旋涡发生区域内做一倒坡斜墙，相当于把可能出现旋涡的水体用建筑物置换或隔离起来。斜墙使进水口向外延伸，相当于扩大了进水入口，减小了进口单宽流量，亦减小了流速分布的不均匀性及进水口前流速，降低了速度梯度，使满足旋涡发生的条件减少。

倒坡斜墙（或板）相对水平面的倾斜角度一般为45°左右，具体可通过实验确定。此外，须注意斜墙（或板）与进口挡墙连接处的间隙不能过大，否则在斜墙（或板）上方会出现小旋涡。

4. 设置浮排

在产生旋涡的水面上，安放漂浮的板、梁、栅格等浮体，防止旋涡的发生。漂浮物可视为刚体，相当于使水流表面张力增加到无穷大，阻碍旋涡的发生；同时当旋涡诱导流速的水流到达刚体时，刚体亦可破坏速度环量。浮体需设专门机构，且洪水时期流速快或有流木的地方以及冬季冰冻较严重时不能使用此方法。

第二节 边界层理论基础

一、边界层问题的提出

在实际工程中，当有黏性流体在管道中流动时，常需要计算固体壁面摩擦应力。当黏性流体绕过物体（如机翼）流动时，也常需要计算表面的摩擦阻力。1904 年，普朗特首先提出了边界层概念，之后，边界层理论又得到了不断发展和完善，为计算表面摩擦阻力问题提

供了有效的计算方法。

二、边界层及流动阻力

当运动的黏性流体以很大的雷诺数流过一物体时，大量实验表明，整个流场可分成速度分布特征明显不同的两个区域，如图 10-11 所

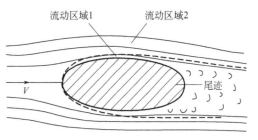

图 10-11　黏性液体绕流

示。在紧靠物体表面附近的流动区域 1（虚线与物体表面之间）和其外面的流动区域 2（虚线以外）。流动区域 1 由前驻点开始向下游逐渐增大其厚度，并一直延伸到被绕流物体后方的尾迹中。在这一区域的流动特征是其速度从物体表面处的零值经过一段很短的法向距离就变成物体外面的势流速度值，即在此区域中速度的法向梯度很大。在流动区域 2 中则是具有较小法向速度梯度的流动。流动区域 1 中的流体在物体的后面部分一般要脱离开物体（即无后驻点），最后在物体后面形成流动尾迹。由于流体有黏性，在流动区域 1 中即显示出很强的黏性作用。而在流动区域 2 中这种黏性作用却很小，因而忽略其作用而将流体当作理想的来处理时所造成的速度分布的误差不会很大。另外，由于流体区域 1 的厚度很小，所以流体区域 2 中的流动即可视为以物体表面为边界的势流。

在被绕流物体表面上的一层厚度很小且其中的流动具有很大法向梯度和旋度的流动区域 1 称为边界层。在边界层中呈现有较强的黏性作用，并形成对流动的阻力。该阻力产生的根源是流体与物体表面的黏性切应力。另外，边界层脱离而在物体后面形成尾迹，结果将导致物体表面上产生沿流动方向的压差。此压差即构成对流动的另一类阻力，即压差阻力或形状阻力。要求得边界层中的黏性阻力与被绕物体的压差阻力，就必须先求出边界层中的速度分布。

三、边界层的厚度

1. 边界层的几何厚度

流体绕过一个固定的物体流动，由于物体必须满足壁面无滑移条件，那么壁面上的流体的切向速度必然为 0，但是随着远离壁面距离的增大，流体的速度必然有所增加，并逐渐达到自由流的速度。其实，很难定义一个精确的概念来说明边界层厚度到底有多少。统一起见，人们定义了 $v_x = 0.99 v_\infty$ 的位置作为边界层的厚度，这个厚度被称为边界层名义厚度 δ，或简称边界层厚度 δ，如图 10-12(a) 所示。

2. 边界层的排挤厚度

引出这个厚度概念的出发点是：边界层中由于黏性使本来势流速度流过物体的流量减小了，即它的存在相当于物体边界向外移动一段距离而将流体向外排挤，这一排挤的距离即称为排挤厚度 δ^*，如图 10-12(b) 所示。

$$v_\infty \delta^* = \int_0^\delta v_\infty \mathrm{d}y - \int_0^\delta v_x \mathrm{d}y = \int_0^\delta (v_\infty - v_x) \mathrm{d}y \tag{10-23}$$

$$\delta^* = \int_0^\delta \left(1 - \frac{v_x}{v_\infty}\right) \mathrm{d}y \tag{10-24}$$

式中　v_∞——物体外面的势流速度；

v_x——物体外面的真实的黏性流体的速度。

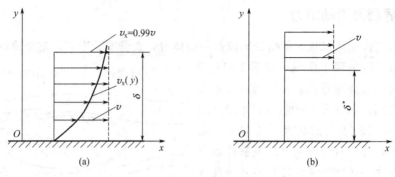

图 10-12　边界层的各种厚度

3. 边界层动量损失厚度

边界层对流动的影响使设想中的无黏流体流过该区域的动量流量亏损了，按平板单位宽度计算动量流量亏损量，并将其折算成厚度为 δ^{**} 无黏性流体的动量流量。称 δ^{**} 为动量亏损厚度，简称边界层动量厚度。

$$\rho v_\infty^2 \delta^{**} = \int_0^\delta \rho v_\infty v_x \,\mathrm{d}y - \int_0^\delta \rho v_x^2 \,\mathrm{d}y = \rho \int_0^\delta v_x (v_\infty - v_x) \,\mathrm{d}y$$

$$\delta^{**} = \int_0^\delta \frac{v_x}{v_\infty} \left(1 - \frac{v_x}{v_\infty}\right) \mathrm{d}y \tag{10-25}$$

工程应用较多的有边界层的排挤厚度和边界层的动量厚度，它们是对边界层从另外两个角度进行描述，主要说明了由于黏性的作用，边界层动量的损失情况和质量的损失情况。

四、边界层种类的划分

边界层分为层流边界层、紊流边界层以及起始部分为层流，然后是紊流的混合边界层。如图 10-13 所示，层流边界层向紊流边界层过渡时，不是突然转变的。层内的扰动随着边界层的增厚在某个部位出现并发展出来，直至充满整个边界层。所以，从层流到紊流之间有一过渡区段。

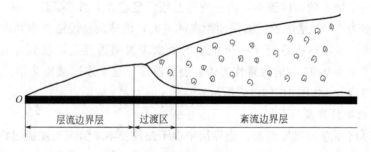

图 10-13　平板上的混合边界层

工程上还常常遇到一种管流边界层，如图 10-14 所示，流体从大容器流入管道，管道入口呈圆角，则在进口断面上流速分布均匀。由于黏性，流体在近壁处形成边界层，且边界层厚度沿流动方向增大。

根据流体流动的连续性，边界层内流速的减小，必将使中心部分流速增大。因此，沿流动方向的各断面上速度分布不断改变。直至在离进口距离为 L 处的 c—c 断面上，边界层基

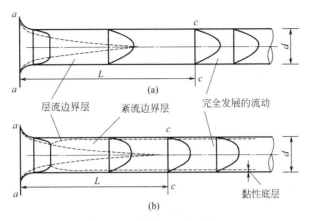

图 10-14　圆管入口段的流动

本上扩展至管轴，此时断面中心最大流速已等于完全扩展段的最大流速的 $0.98\sim0.99$，则认为该断面上流动基本上已完全扩展。从进口 a—a 至 c—c 断面的距离 L 称为管道的起始段长度，c—c 断面以后则为完全发展的管流。

当起始段边界层为层流时，起始段长度 L 较大，约为 $L/d=0.058Re$。起始段除了摩擦损失之外，还有流体动能变化而导致的附加损失（从进口处的 $\rho v_2/2$ 逐渐增大至 ρv_2）。若设附加损失为 $k\rho v_2/2$，则起始段内的总压力损失 Δp_L 为

$$\Delta p_L = p_a - p_c = 32\frac{\mu v L}{d^2} + k\frac{\rho v^2}{2} \qquad (10\text{-}26)$$

理论分析和实验研究的结果表明：$k=1.16\sim1.33$。

若加大管道入口流速，使边界层由层流转变为紊流，由于紊流流体质点的脉动混杂，边界层比层流增长得快，因此起始段比层流要小，约为 $L/d=30$。实际在距进口 $12d$ 处，边界层已扩展至接近管轴，之后边界层的继续扩展就很缓慢，在距进口 $12d$ 以后，沿程阻力系数已与完全扩展时相同，就是说紊流起始段很短，影响很小，一般情况下可以忽略不计。但在工程测量及管道阻力实验时，需避开起始段的影响。

五、边界层分离

当黏性流体流经曲面物体时，边界层外边界上沿曲面方向的流体速度 v 是改变的，即 $\dfrac{\mathrm{d}v}{\mathrm{d}x}\neq0$，$\dfrac{\mathrm{d}p}{\mathrm{d}x}\neq0$，所以，曲面边界层内的压力也将发生变化。

当边界层从某个位置开始脱离物面，此时物面附近出现回流现象，这种现象又称为边界层脱体现象。如图 10-15 所示，流体绕流机翼，无穷远处来流速度为 v_∞，压力为 p_∞。沿上表面流体先加速，即 $\dfrac{\mathrm{d}v}{\mathrm{d}x}>0$，到最小截面 M 处，流速最大为 $v_{\max}$。反之，压力沿 x 下降，即 $\dfrac{\mathrm{d}p}{\mathrm{d}x}<0$，到最小截面处压力最小为 $p_{\min}$。图中实线处表示流线，虚线表示边界层的外边界。过了 M 点以后，由于截面扩大，流体减速，即 $\dfrac{\mathrm{d}v}{\mathrm{d}x}<0$，压力上升，即 $\dfrac{\mathrm{d}p}{\mathrm{d}x}>0$，于是到某一截面 S 点以后，发生边界层分离。

下面进一步分析分离现象的物理过程，由于流体的黏性力对流体的流动起阻碍作用。越

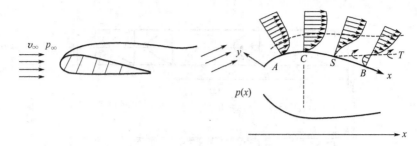

图 10-15　曲面边界层分离形成示意图

靠近物体壁面受黏性力的阻滞作用越大，动能损耗越大，减速越快。而在曲面降压加速段中，由于流体的部分压能转变为流体的动能。虽然黏性力阻碍流体的运动，但由于 $\frac{\mathrm{d}p}{\mathrm{d}x}<0$，仍能推动流体前行，对摩擦力起着抵消作用。但在曲面的减速升压段中，情况恰恰相反，一方面流体的动能部分地转变为压能（由于减速运动），即 $\frac{\mathrm{d}p}{\mathrm{d}x}>0$；另一方面黏性力的阻碍作用又继续损耗能量，即压力的沿流程上升和摩擦阻力一起同时对流动起阻碍作用，从而使流速降低，边界层增厚。当流体流到曲面的某一点 S 时，靠近壁面的流体微团动能已全部损耗。所以这部分流体微团便停滞不前，速度为零，并且阻碍了后面流体微团的前进，后面的流体微团只能绕道前进。与此同时，由于 $\frac{\mathrm{d}p}{\mathrm{d}x}>0$，即压力继续升高，迫使下部分流体微团向反方向逆流，并迅速向外扩张。于是，后面的来流由于受这部分流体的阻碍，被迫离开物体壁面，这样，便形成了边界层分离。S 点为曲面上流体的流动方向发生改变的点，称为分离点。ST 线上一系列流体微团速度均等于零，ST 线以上流体正向流动，ST 线以下流体反向流动（即倒流）。由于间断面（注意数学上意义不一样）的不稳定，所以很小扰动就会引起 ST 线的波动，形成旋涡被主流带走，并在物体的后面形成尾涡区。

　　由边界层分离的数学分析，在边界层外边缘，即 $y=\delta$ 处，切应力很小，而在边界层外的主流区则认为切应力为零，则在边界层外边缘切应力沿 y 方向的变化率为负值，即

$$\left.\frac{\partial \tau}{\partial y}\right|_{y=\delta}<0 \tag{10-27}$$

　　而边界层内（假定为层流），将 $\tau=\mu\dfrac{\partial u}{\partial y}$ 代入上式，则有

$$\left.\frac{\partial}{\partial y}\left(\mu\frac{\partial u}{\partial y}\right)\right|_{y=\delta}=\left.\mu\frac{\partial^2 u}{\partial y^2}\right|_{y=\delta}<0$$

即

$$\left.\frac{\partial^2 u}{\partial y^2}\right|_{y=\delta}<0 \tag{10-28}$$

　　而二阶导数小于零，说明曲线是凸的，说明在边界层外缘速度分布曲线的曲率中心在曲线左侧。

　　而在壁面上，即 $y=0$ 处，由普朗特边界层方程有

$$u\frac{\partial u}{\partial y}+v\frac{\partial u}{\partial y}=-\frac{1}{\rho}\frac{\partial p}{\partial x}+v\frac{\partial^2 u}{\partial y^2} \tag{10-29}$$

由 $u|_{y=0}=0$，$v|_{y=0}=0$，则

$$\left.\frac{\partial^2 u}{\partial y^2}\right|_{y=0}=\frac{1}{\mu}\frac{\partial p}{\partial x} \tag{10-30}$$

下面分三种情况讨论，如图 10-16 所示。

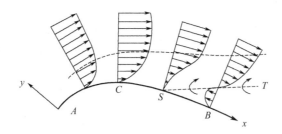

图 10-16 边界层分离示意图

（1）加速段，即 $\dfrac{\partial p}{\partial x}<0$，顺压梯度的情况

由式（10-30）得
$$\left.\frac{\partial^2 u}{\partial y^2}\right|_{y=0}<0$$

由式（10-28）得
$$\left.\frac{\partial^2 u}{\partial y^2}\right|_{y=\delta}<0$$

说明在 $0\leqslant y\leqslant\delta$ 的区域内二阶导数小于零，速度分布曲线是凸的，曲率中心在曲线左侧。

（2）零压梯度，即 $\dfrac{\partial p}{\partial x}=0$，即压力最小处

由 $\left.\dfrac{\partial^2 u}{\partial y^2}\right|_{y=0}=0$，二阶导数为零，说明速度分布曲线在 $y=0$ 处存在拐点，即速度在此点有反方向变化趋势，而边界层外缘，$\left.\dfrac{\partial^2 u}{\partial y^2}\right|_{y=\delta}=0$。

（3）减速段，即 $\dfrac{\partial p}{\partial x}>0$，逆压梯度的情况

由式（10-30）可得 $\left.\dfrac{\partial^2 u}{\partial y^2}\right|_{y=0}>0$，二阶导数大于零，速度曲线为凹的，说明速度反方向变化，而边界层外缘，$\left.\dfrac{\partial^2 u}{\partial y^2}\right|_{y=\delta}>0$。

曲线由凹到凸，说明速度分布曲线在 $0\leqslant y\leqslant\delta$ 的周围内存在拐点。速度面沿流程的变化趋势为越来越小。于是在某一点 $x=x_s$ 处，$\left.\dfrac{\partial u}{\partial y}\right|_{\substack{y=0\\x=x_s}}=0$。在 $x=x_s$ 左侧，$\left.\dfrac{\partial u}{\partial y}\right|_{y=0}>0$，流体沿流动方向流动；在 $x=x_s$ 右侧，$\left.\dfrac{\partial u}{\partial y}\right|_{y=0}<0$，流体反方向流动；$x=x_s$ 处，流体微团停止前进，而是在 $(y=0+\Delta y)$ 流体发生分离。而 $x>x_s$ 处，二阶导数 $\left.\dfrac{\partial^2 u}{\partial y^2}\right|_{y=0}>0$ 为凹，到 $\left.\dfrac{\partial^2 u}{\partial y^2}\right|_{y=s}<0$ 为凸，中间必然存在一个拐点，此点的速度等于 0。由此可见，ST 线上的流体正方向流动，ST 线下的流体反方向流动，形成旋涡，消耗能量。

结论：边界层分离只可能发生在压力沿流程升高的区域，即 $\dfrac{\partial p}{\partial x}>0$，逆压梯度的情况下（但不是充分条件），并且，分离点后的区域不再保持边界层特性。

六、边界层的控制

边界层从物体表面分离会造成很大的压差阻力。从工程观点看这当然不好，它使机翼阻力增大，更使其升力骤减。在叶片式流体机械中它会使机器运行效率下降。因此人们一直在采取各种方法来防止边界层分离，以达到减小阻力的目的。

边界层分离是因其中的流体质点在运动中受黏性与反向压差的共同作用而滞止所造成的，这就指出了防止边界层分的途径。控制边界层的方法很多，下面给出几种实验和工程应用所证实行之有效的方法。

1. 合理的翼型设计

使绕流物体的外形设计成流线型，且让最低压力尽量移向物体的尾缘，可使边界层长久维持，推迟其分离。如航空工业中所采用的层流翼型即属此种。其最大厚度位于靠后的位置，使绕流的降压区加长，而升压区则尽量移到翼型号的尾部。许多叶片式流体机械中的叶轮流道也是遵循这种设计原则。这样不仅使边界层分离推迟，而且可使边界层中层流到紊流的转捩点后移。层流边界层中的黏性摩擦力比紊流的要小的多，因此这种做法使黏性阻力和压差阻力两者皆可大大减小。

2. 边界层加速

有时边界层的升压区因运行工况的改变而不可避免地要向边界层前部移动，如机翼攻角的增大或涡轮机工作于非设计工况时就是这种情况，这时欲防止边界层分离就需另觅他径。一种方法是向边界层注入高速气流或水流，使即将滞止的流体质点得到新的能量以继续向升压区流动，一直不分离地流向下游，如图 10-17 所示。这种方法对大攻角翼型绕流特别有效。图 10-17(a) 是一种在机翼内部设置一喷气气源，将高速射流从边界层将要分离处喷入边界层。图 10-17(b) 为在机翼前缘处加设一缝翼，它与机翼之间形成一喷嘴缝。机翼下表面处的高压空气通过喷入边界层以防止它分离。这样机翼的攻角可达 26° 而不产生边界层分离，使机翼的升力系数增大到 1.8 左右。而一般机翼在攻角为 12° 时在其前缘后面不远处即出现边界层的分离，最大升力系数为 1.2 左右。

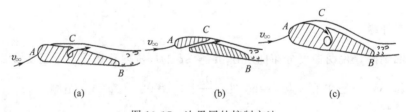

(a)   (b)   (c)

图 10-17 边界层的控制方法

3. 边界层吸收

在边界层易分离处设置一窄缝，在机翼内的抽气装置把欲滞止控气经该缝抽走。这种抽吸作用同样可迫使边界层内的流体质点克服反向压差的作用而继续向下游流动，从而防止了分离，如图 10-17(c) 所示。这种方法还可使边界层内的层流到紊流的转捩点后移，达到减小黏性摩擦力的效果。

这里只讲述了少数几种边界层的控制方法，很多研究工作者还进行过大量研究与实验来控制边界层分离。例如，使被绕流物体表面冷却以使边界层一直很薄与稳定，达到良好的减小阻力的效果，并已得到工程上的应用。

七、卡门涡街

卡门涡街是流体力学中重要的现象，在自然界中常可遇到，在一定条件下的定常来流绕过某些物体时，物体两侧会周期性地脱落出旋转方向相反、排列规则的双列线涡，经过非线性作用后，形成卡门涡街。如水流过桥墩、风吹过高塔、烟囱、电线等都会形成卡门涡街。卡门涡街有一些很重要的应用，因此有必要了解有关的应用情况。

1. 卡门涡街原理（图 10-18）

在流体中垂直于流向插入一根非流线型物体（如圆柱或三角柱），即旋涡发生体，当流速大于一定值时，从旋涡发生体两侧交替地产生旋转方向相反、有规则的旋涡，这种旋涡称为卡门涡街。1911 年，德国科学家卡门从空气动力学的观点找到了这种旋涡稳定性的理论根据。对圆柱绕流，涡街的每个单涡的频率 f 与绕流速度 v 成正比，与圆柱体直径 d 成反比；流体绕过非流线形物体时，物体尾流左右两侧产生成对的、交替排列的、旋转方向相反的反对称旋涡。卡门涡街是黏性不可压缩流体动力学所研究的一种现象。

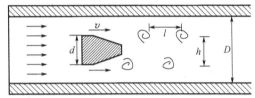

图 10-18　涡街形成原理示意图

实验证明，涡列间隔 h 与旋涡之间的距离 l 满足下列关系

$$h/l = 0.281$$

此时，卡门涡街才是稳定的，所产生的单侧旋涡频率 f 和流体速度之间存在如下关系

$$f = Stv/d \tag{10-31}$$

式中　　v——旋涡发生体两侧的流速，m/s；

d——旋涡发生体的迎流面最大宽度；

St——斯特罗哈常数。

St 是一个无量纲系数，它主要与旋涡发生体的几何形状和雷诺数有关。当旋涡发生体几何形状确定时，在一定的雷诺数范围内（$Re = 2 \times 10^4 \sim 7 \times 10^6$）基本为常数，可以认为频率 f 只受流速 v 和旋涡发生体特征尺寸 d 的支配，而不受流体物性的影响，如图 10-19 所示。超出该范围，St 将随着雷诺数的变化而变化。当雷诺数降至 $Re = 5 \times 10^3$ 时，卡门涡街仍是稳定分离，但非线性比较严重。

出现涡街时，流体对物体会产生一个周期性的交变横向作用力。如果力的频率与物体的固有频率相接近，就会引起共振，甚至使物体损坏。这种涡街曾使潜水艇的潜望镜失去观察能力，海峡大桥受到毁坏，锅炉的空气预热器管箱发生振动和破裂。但是利用卡门涡街的这种周期的、交替变化的性质，可制成卡门涡街流量计，通过测量涡流的脱落频率来确定流体的速度或流量。

2. 卡门涡街流量计

涡街系列仪表主要是利用卡门涡街原理，采用压电晶体传感器研制而成的一种速度式仪表。

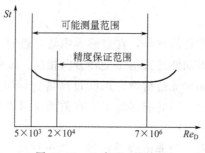

图 10-19　St 与 Re 的关系

在管道中插入圆柱形旋涡发生体时，假设在旋涡发生体处，流通面积为 A，管道内径为 D，旋涡发生体柱宽为 d，当 $d/D < 0.3$ 时，则旋涡发生体处的流通截面积可近似表示为

$$A \approx \frac{\pi D^2}{4}(1 - 1.25 d/D)$$

则

$$Q = Av = \frac{\pi D^2}{4} \frac{d}{St}(1 - 1.25 d/D)f = Kf \tag{10-32}$$

当管道尺寸和旋涡发生体尺寸一定时，$K = (\pi D^2/4)(d/St)(1 - 1.25 d/D)$ 为常数，因此测得旋涡频率即可知管道内流体的体积流量。

涡街流量计组成由旋涡发生体、旋涡感测器、信号处理及流量显示几部分组成。它可直接以数字量输出，也可通过 D/A 转换变为标准统一信号的模拟量输出。

旋涡发生体的形状有圆柱体、三角柱体、矩形柱体、变形柱体、梯形等。

旋涡频率的检测方法很多，可以利用旋涡发生时，发热体散热条件变化引起的热变化检测，也可用旋涡发生时，旋涡发生体两侧的差压来检测。

若采用圆柱检测器，如图 10-20(a) 所示，在圆柱检测器的两侧交替地产生旋涡，在其检测器径向两侧开有并列的若干个导压孔，导压孔与检测器内的空腔相通，空腔由隔墙 3 分成两部分，在隔墙中央分有一小孔，在小孔装有被加热的铂电阻丝 2。当圆柱检测器某一侧形成旋涡时，由于产生旋涡一侧的静压大于不产生旋涡一侧的静压，两者之间形成压力差，通过导压孔引起检测器空腔内流体移动，从而交替地对热电阻丝产生冷却作用，且改变其阻值，由测量电桥给出电信号送至放大器，则检测器除形成旋涡之外，还同时将旋涡产生的频率转变为热电阻丝阻力值的变化，并且电阻值的变化与产生旋涡的频率相对应。

若采用三角柱形检测器，如图 10-20(b) 所示，它可以得到更稳定、更强烈的旋涡。在

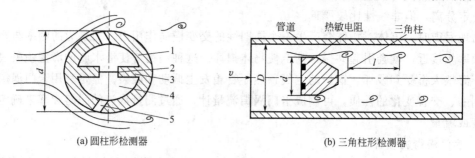

(a) 圆柱形检测器　　　　　　　　　　　　(b) 三角柱形检测器

图 10-20　涡街流量计检测器

1—圆柱棒；2—铂电阻丝；3—隔墙；4—空腔；5—导压孔

三角柱的迎流面中间对称地嵌入两只热敏电阻，组成桥路的两臂，并以恒定电流源提供微弱的电流对其进行加热，使其温度在流体静止的情况下比被测流体高 10℃ 左右。在三角柱两侧未产生旋涡时，两只热敏电阻温度一致，阻值相等。当三角柱两侧交替发生旋涡时，在产生旋涡一侧的热敏电阻处，由于环流的作用而流速减小，致使热敏电阻的温度升高，阻值减小，即电桥失去平衡并有电压输出。三角柱涡街流量计原理方框如图 10-21 所示，以这两只热敏电阻力作为电桥的相邻桥臂，则电桥的对角线上就会输出一系列与旋涡发生频率相对应的脉冲，经放大、整形后得到与流量相应的脉冲数字输出，或用脉冲-电压转换电路转换为模拟量输出，供指示和累计用。

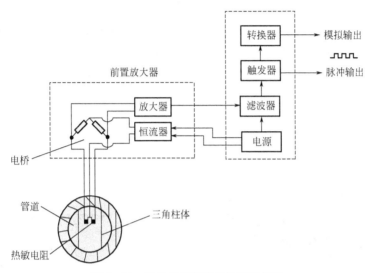

图 10-21 三角柱涡街流量计原理框图

第三节 两相流简介

一、两相流的概念

"相"就是通常所说的物质的态。每种物质在不同的温度下可以有三种不同的物理状态，即固态、气态和液态。这也就是说任何物质都有三相，即固相、液相和气相。两相流就是在流体流动中不是单相物质，而是有两种不相同的物质同时存在的一种运动。因此，两相流动可能是固相和液相的流动，固相和气相的流动或是液相和气相的流动。

在实际的生产活动中两相流动的例子是很多的。例如河水夹带泥沙的运动，蒸汽夹带水滴或啤酒饮料里夹带二氧化碳气体的运动等。这些流动有它的运动规律和特点，不同于单相流动。因此，了解它的运动规律和特点是十分必要的，同时可利用这些规律来解决生产实践中的一些问题。对于两相流动需要了解的主要方面有两个。

① 在两相流动中固体粒子，气泡或液滴在基本流动中的运动规律及其受力情况，由于两相流动中两种介质的物性差别较大，基本流体介质的密度直接影响到颗粒的受力大小。由于介质的物性差别，所受黏性力、重力、浮升力就不同。对气和水的两相流来说还有表面张力的作用。通过受力分析，才能了解其运动规律和特点。

② 要了解两相流动中阻力和能量损失产生原因以及如何计算。

二、固相和液相（或气相）的流动情况

在管路中的两相流动大致可以分为悬移质和推移质两种运动。以固体颗粒存在于流动中的两相流动为例，悬移质运动是指整个运动过程中，固体颗粒悬浮在流体之中，随着流体运动而运动，而推移质运动是指固体颗粒不是悬浮在流体之中，而是靠近管底随流体的流动而运动，在什么情况下是悬移质运动，什么情况下是推移质运动，与固体颗粒大小、密度、流体的速度等有关。在流体中分析一个固体颗粒的受力情况大致可以判断是处在什么情况下的运动。

设一个固体颗粒（圆的）处于上升的流体流动中，颗粒的密度大于流体的密度，$\rho_k > \rho$，ρ_k 是颗粒的密度，ρ 是流体的密度。颗粒在流体中受到以下作用力：一个是方向向上的力，有阻力和浮力；一个是方向向下的力，就是颗粒的重量。

方向向上的力中阻力就是绕流物体阻力，可以用下式表示，即

$$p_D = C_D A \rho \frac{u^2}{2} \tag{10-33}$$

式中　p_D——绕流物体的阻力，N；

A——物体的特征面积，m^2；

ρ——流体的密度，kg/m^3；

u——物体与流体的相对速度，m/s；

C_D——物体的阻力系数，它一般都是由实验求得，对于不同的物体形状和不同的流动阻力系数的值是不同的。

式(10-33)还可改写为

$$p_D = C_D \frac{\pi d^2}{4} \rho \frac{u^2}{2} = \frac{1}{8} C_D \rho \pi d^2 u^2 \tag{10-34}$$

浮力为

$$B = \frac{1}{6} \pi d^3 \rho_k g$$

方向向下的力是固体颗粒的重量为

$$G = \frac{1}{6} \pi d^3 \rho_k g$$

当 $p_D + B > G$ 时，固体颗粒随流体上升；

$p_D + B = G$ 时，固体颗粒处于悬浮状态；

$p_D + B < G$ 时，固体颗粒将沉降。

固体颗粒处于悬浮状态的流体速度 u 称为悬浮速度，则根据 $p_D + B = G$ 得

$$\frac{1}{8} C_D \rho \pi d^2 u^2 + \frac{1}{6} \pi d^3 \rho_k g = \frac{1}{6} \pi d^3 \rho_k g$$

由此得

$$u = \sqrt{\frac{4}{3} d \left(\frac{\rho_k - \rho}{\rho} \right) \frac{1}{C_D} g} \quad (m/s) \tag{10-35}$$

对于气体来说，当 $Re \leqslant 1$ 时，是层流，这时 $C_D = \frac{24}{Re}$，按此条件求得物体阻力为

$$p_D = C_D A \rho \frac{u^2}{2} = \frac{24}{Re} \frac{\pi d^2}{4} \rho \frac{u^2}{2} = 3 \pi d \mu u \tag{10-36}$$

同时按此条件求得的悬浮速度为

$$u = \frac{1}{18} \frac{d^2}{\mu} (\rho_k - \rho) g \tag{10-37}$$

式（10-37）称为斯托克斯方程，从公式可看出，悬浮速度不可能无限增大，当颗粒直径 d、密度 ρ_k 及流体的 ρ 和 μ 一定时，u 也是一定的，显然，流体的 ρ 和 μ 越大，悬浮速度 u 就越小；颗粒直径 d 及密度 ρ_k 越大，悬浮速度也越大，这一规律对于非圆形颗粒也是对的。

当 $Re > 1$ 时，悬浮速度可根据式（10-35）来计算。公式中的 C_D 是按雷诺数而定的。在一般工程计算中，当 $Re = 10 \sim 1000$ 时，物体的阻力系数 $C_D = \dfrac{13}{\sqrt{Re}}$；当 $Re = 10^3 \sim 2 \times 10^5$ 时，几乎与 Re 无关，可以采用 $C_D = 0.48$。

根据以上可知，如流体的速度大于悬浮速度时，则颗粒随流体而运动；如流体的速度小于悬浮速度时，则颗粒沉降下来，所以固液或是固气两相流动是悬移质还是推移质运动，应视上述一些因素和条件而定。

压力损失有以下几种情况。

① 由于两相混合物的密度要比单相流体大得多，以致两相流动压头增加，而使管内的压力损失增大。

② 由于两相流动中固体颗粒之间及颗粒与管壁之间的撞击和摩擦滑动，导致它们的动能损失，克服这些损失就需要消耗流体的能量。

③ 由于颗粒与流体之间的摩擦。

研究证明，压力损失与固体颗粒的浓度、流体的速度、被输物体的悬浮速度、管道的直径及形状等因素有关。这些因素的运动物理本质较复杂，目前研究得还不够。因此计算是以实验的经验公式为基础。这种经验公式有一定的局限性，使用时应据有关资料来选用。

三、气相与液相在垂直管中的流动情况

过去在讨论单相流体时是把流体看成为均质的，但两相流体是不均质的两相混合物，在管子断面上它们的分布往往是不均匀的，因此在两相流体中各处的密度是不均匀的。

在受热蒸发管的断面上，汽和水的分布就是不均匀的。由于受热蒸发管内汽水混合物的含汽量不同，所形成的混合物流动情况也是不同的，所以根据含汽量的不同可以有不同的流动特点和流动结构。

1. 在垂直管中做上升运动时

当汽水混合物中蒸汽含量少时，蒸汽呈细小的蒸汽泡。因蒸汽密度比水小，蒸汽泡向上走得快当水的速度不大时，蒸汽泡比较集中在管子中心部分流动，如图 10-22（a）所示。这种流动状况称为气泡状流动，当含汽量增多时，蒸汽泡开始合并成大蒸汽泡，如炮弹一样，如图 10-22（b）所示，这种流动情况称为弹状流动。当含汽量继续增加，弹状汽泡的长度增加，最后在两大蒸汽泡间的水都消失了，大蒸汽泡合并成蒸汽柱，如图 10-22（c）所示，这种流动情况称为汽柱状流动。在这种流动中汽柱在管中心流动，而水则成环状沿管壁流动，此时蒸汽流速比水快，在汽与水的界面上出现摩擦力。当含汽流量和流速再增大，这时汽、水混合物中主要是蒸汽，少量的水在管壁上形成薄膜，最后被高速汽流撕成小水滴，均匀分布于汽流中被带走，汽水形成乳状混合物，如图 10-22（d）所示，这种流动称为乳状流动。

影响以上几种流动情况的因素很多，其中主要因素是流体的压力、混合物的流速及混合

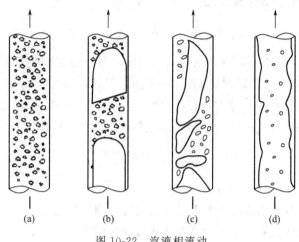

图 10-22 汽液相流动

物中蒸汽的含量。根据实验的结果就可以表明以下三点。

(1) 蒸汽的质量含量

$$x = \frac{蒸汽的质量}{混合物的质量} \tag{10-38}$$

在 30atm 时，$x<0.07$ 是蒸汽泡状流动；$x>0.07$ 时为弹状流动；$x=0.15\sim0.2$ 时是汽柱状或乳状流动。

(2) 弹状流动是不稳定的，随着压力的增高它就会逐渐消失，当压力为 100atm 时，弹状流动已不复存在，此时当 $x<0.6$ 时为蒸汽泡状流动；$x>0.6$ 时由蒸汽泡状态流动直接转化为汽柱或乳状流动。弹状蒸汽泡随压力增高而逐渐消失的原因是压力增高时，汽水分界面上的表面张力减小，因而不能形成尺寸较大的弹状蒸汽泡。

(3) 汽水混合物在垂直管道中做上升运动时，汽水的流速是不同的，汽的平均流速比水快，汽水之间存在有相对速度。但是随着压力的增高，汽水间的相对速度减小，其原因可以用作用在蒸汽泡之上的力的分析来解释。蒸汽泡在汽水混合物中做上升运动时和一个物体在流体中的运动情况类似；在铅直的方向上作用在蒸汽泡上的向上的力有浮力和由于管内流体的摩擦损失而造成的压力差（下部压力比上部压力大），而方向向下的力有蒸汽泡的重量和由于蒸汽泡在流体中前进而需要克服的物体阻力（由于蒸汽泡比水流动快，所以物体阻力是向下的）。蒸汽泡浮力等于该蒸汽泡排开同体积水的重量，由于水比蒸汽重得多，所以浮力比蒸汽泡重量大。当压力增高后，由于饱和水的密度减小，亦即减少了浮力，而蒸汽的密度增加，亦即蒸汽的重量增加，所以相对速度减小。

2. 汽水混合物在管道中垂直下降运动时

运动的结构类似上升运动，但流体的特性则与上升运动不一样。因为在下降流动中作用在蒸汽泡的浮力方向是向上的，对蒸汽泡的下降运动起了阻碍作用，所以蒸汽的平均速度比水的小，这时作用在蒸汽泡上向下的力有蒸汽泡的重量、流体绕过蒸汽泡所产生的物体阻力（由于水比蒸汽泡流得快，所以物体阻力是向下的），以及由管内流体的摩擦损失而产生的压力差，混合物的速度越快，作用在蒸汽泡上的物体阻力也就越大。当方向向下的力的总和等于浮力时，蒸汽泡将发生停滞；当这些力的总和大于浮力时，蒸汽泡将被流体带着往下运动，由于蒸汽的平均速度比水小，所以此时蒸汽泡将分向四周，中间为水。

四、气液相在水平管中的流动情况

1. 气液两相管流的参数和术语

（1）流量

① 质量流量 单位时间内流过管路横截面的流体质量称为质量流量，对于气液两相混输管路有

$$M = M_l + M_g \qquad (10\text{-}39)$$

式中 M——混输管路的质量流量；

M_l——液相质量流量；

M_g——气相质量流量。

② 体积流量 单位时间内流过管道横截面的流体体积称为体积流量。对于气液混输管路有

$$Q = Q_l + Q_g \qquad (10\text{-}40)$$

式中 Q——混输管路的体积流量；

Q_l——液相体积流量；

Q_g——气相体积流量。

（2）流速

① 气液相流速 如图 10-23 所示，若在混输管路内，气液相所占的流通面积分别为 A_g 和 A_l，管路截面积 $A = A_g + A_l$，则气相流速

$$w_g = \frac{Q_g}{A_g} = \frac{M_g v_g}{A_g} \qquad (10\text{-}41)$$

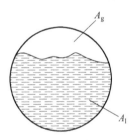

图 10-23 气液两相流

液相流速

$$w_l = \frac{Q_l}{A_l} = \frac{M_l v_l}{A_l} \qquad (10\text{-}42)$$

式中 v_g，v_l——气液相比体积；

w_g，w_l——气液相真实流速。

② 气液相表观流速 表观速度是指：两相混合物中任一相单独流过管道全部截面 A 时的流速，即气相表观速度为

$$w_{sl} = \frac{Q_l}{A} = \frac{M_l v_l}{A} \qquad (10\text{-}43)$$

液相表观速度

$$w_{sg} = \frac{Q_g}{A} = \frac{M_g v_g}{A} \qquad (10\text{-}44)$$

显然，气相和液相的表观速度必小于气液相的真实速度，即有

$$w_g > w_{sg}, \ w_l > w_{sl}$$

③ 气液相混合物流速 气液混合物流速表示两相混合物总体积流量与流通截面积之比，即

$$w = \frac{Q_l + Q_g}{A} = w_{sl} + w_{sg} \tag{10-45}$$

当气液相流速相同，即：$w_g = w_l$ 时，气液相混合物的流速称为均质流速。

均质流速为 $w_h = w_l = w_g$

④ 气液相质量流速 气液相质量流速与管路流通截面积之比。

气相质量流速

$$G_g = \frac{M_g}{A} = \frac{Q_g \rho_g}{A} = w_{sg} \rho_g \tag{10-46}$$

液相质量流速

$$G_l = \frac{M_l}{A} = \frac{Q_l \rho_l}{A} = w_{sl} \rho_l \tag{10-47}$$

混合物质量流速

$$G = \frac{M}{A} = \frac{M_g + M_l}{A} = G_g + G_l = w_{sg} \rho_g + w_{sl} \rho_l \tag{10-48}$$

（3）气液相对流参数

滑移速度：气相速度与液相速度之差，即

$$w_s = w_g - w_l \tag{10-49}$$

滑动比：气相速度与液相速度之比

$$s = \frac{w_g}{w_l} \tag{10-50}$$

漂移速度：气相速度与均质流速之差

$$w_d = w_g - w_h \tag{10-51}$$

（4）两相混合物密度

两相混合物的密度有以下几种表示方法。

① 流动密度 单位时间内流过管截面的两相混合物的质量与体积之比，即

$$\rho_f = \frac{M}{Q} = \frac{Q_g \rho_g + Q_l \rho_l}{Q} = \beta \rho_g + (1 - \beta) \rho_l \tag{10-52}$$

流体密度常用来计算气液混合物管路流动时的摩阻损失。$\beta = Q_g / Q$。

② 真实密度 在长度管段内气体混合物质量与其体积之比，即

$$\rho = \varphi \rho_g + (1 - \varphi) \rho_l \tag{10-53}$$

当气液相间相对速度为零时，即 $w_l = w_g$，则 $\varphi = \beta$。这时，流动等于真实密度。

2. 流型

根据对透明管段内气液两相的直接观察、高速摄影、射线测量、压力波动测量等，各学者对两相流的流型进行划分。Alves 是最早提出流型划分的学者之一，根据管内气液比由大到小，将两相流的流型划分为气泡流、气团流、分层流、波浪流、段塞流和环状流、弥散流等数种。

1976 年，Taitel 和 Dukler 根据气液界面的结构特征和管壁压力波动的功率频谱度记录

图的特征，将气液两相流动分成三种基本流型，如图 10-24 所示。

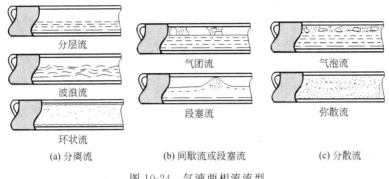

图 10-24　气液两相流流型

3. 气液相混输管路的特点

（1）流型变化多

气液两相流流型的划分不能通过简单的雷诺数的大小来划分，通常通过观察气液两相在管内的流动情况并根据压力波动特征来确定流型。Alves 流型划分法较好地说明了气液两相流动的流型变化特点。

（2）存在相间能量交换和能量损失

在气液两相流动中，由于两相的速度常常不同，使气液相间产生能量交换和能量损失。

例如，在两相管路内液体的剧烈起伏造成相间界面粗糙，增加了相间滑脱损失；液面的起伏使气体的流通面积忽大忽小，气体忽而膨胀忽而压缩，气体流动方向亦随着液面起伏而变化，这些都使两相流动时的相间能量损失增加。流速较高的气体，常常把一部分液体拖带到气体中去，脱离液流主体时要消耗能量；被气流吹成液滴或颗粒更小的雾滴要消耗能量；由流速较慢的液流主体进入流速较快的气流中的液滴或雾滴获得加速度要消耗能量，这些都存在能量交换。

（3）存在传质现象

① 油气混输管路中，随着管线的延长，压力越来越低，有气体析出，此时气体的质量流量增加，密度增加；而液体的质量流量减少，密度增加。

② 蒸汽管路中，起点压力为 150～170atm，温度为 300℃，含气率（质量）约 70%，随着压力的降低，散热量增加，含气率下降。

（4）流动不稳定

管路稳定工作时，各种流动参数，如压力、输量等，不随时间变化。在气液两相管路中，气液两相各占一部分管路体积，当气液输量发生变化时，各相所占管路体积的比例也将发生变化，这就会引起管路的不稳定工作，并且需要较长的时间才能重新达到稳定状态。Baker 研究表明，从一种稳定状态到另一种稳定状态大约需要三天的时间。另外在某些流型下，如冲击流，即使管路起点气液输量保持不变，管路截面上的压力和气液输量也常有激烈的波动。因此，实测两相管路的各项参数比较困难。这时一般采用引入载荷波动系数的方法来处理。

思考题

1. 什么是平面无旋运动和有旋运动？

2. 试述涡线、涡管与流线、流管的相同点及它们的区别。

3. 涡强的概念是什么？如何计算？

4. 什么是边界层？边界层的厚度有哪几种？

5. 边界层的类型如何划分？

6. 什么是边界层分离？如何控制边界层分离？

7. 涡街流量计的工作原理是什么？采用什么方法检测旋涡的分离频率？

8. 固液和固气两相在管道内运动时压力损失为什么大于单相流体的压力损失？

9. 气液两相流有哪几种类型？

10. 气液两相流有什么特点？

习　题

1. 温度为 25℃ 的空气，以 30m/s 的速度纵向绕流一块极薄的平板，压力为大气压力，试计算平板前缘 200m 处边界层的厚度是多少？

2. 流体以速度 $v_\infty = 0.6$m/s 绕一块长 $l = 2$m 的平板流动，如果流体分别是水（$\nu = 10^{-6}$ m²/s）和油（$\nu = 8 \times 10^{-5}$ m²/s），试求平板末端的边界层厚度。

3. 求直径为 1cm 的电缆在风速为 15m/s 的气流作用下所产生的卡门涡街脱体频率。若空气的运动黏度为 $\nu = 14 \times 10^{-6}$ m²/s。

4. 某型号锅炉的管式空气预热器发生振动。管子的外径为 40mm，管间的空气流速为 7.92m/s，空气预热器的出口空气温度为 210℃，管箱的宽度为 6.72m，试求需要安装多少隔板，才能消除振动？已知隔板数目 i 与管子上卡门涡街的脱落频率有如下关系式

$$i = \frac{2Lf}{a}$$

式中　L——箱宽；

　　　　f——脱落频率；

　　　　a——声速，$a = 20.1\sqrt{T}$；

　　　　T——气体热力学温度。

模拟试题

第1套

一、单项选择题（每小题1分，共15分）

1. 在工程流体力学，单位质量力是指作用在单位（　　）流体上的质量力。
   A. 面积　　　　　　B. 体积　　　　　　C. 重量　　　　　　D. 质量

2. 理想流体是指忽略（　　）的流体。
   A. 黏度　　　　　　B. 黏度变化　　　　C. 密度　　　　　　D. 密度变化

3. 流体处于平衡时，其所受质量力必与等压面（　　）。
   A. 斜交　　　　　　B. 垂直　　　　　　C. 平行　　　　　　D. 重合

4. 绝对压强 p_{abs} 与相对压强 p、当地大气压 p_a 或真空压强 p_v，之间的关系为（　　）。
   A. $p_{abs}=p_a+p$　　B. $p_{abs}=p_a-p$　　C. $p_{abs}=p-p_a$　　D. $p_{abs}=p_a+p_v$

5. 若突然扩大前后管段的管径之比 $\dfrac{d_1}{d_2}=0.5$，则突然扩大前后管段断面平均流速之比 $\dfrac{v_1}{v_2}=$（　　）
   A. 8　　　　　　　　B. 4　　　　　　　　C. 2　　　　　　　　D. 1

6. 下列各组物理量中，属于同一量纲的为（　　）。
   A. 密度、动力黏度、运动黏度　　　　　B. 流速、剪切速度、渗流系数
   C. 压力、黏滞力、表面张力　　　　　　D. 压强、切应力、单位质量力

7. 充满流体的环形截面管道（内、外环管径分别为 D 和 d）的水力半径 $R=$（　　）。
   A. $D-d$　　　B. $\dfrac{1}{2}(D-d)$　　　C. $\dfrac{1}{3}(D-d)$　　　D. $\dfrac{1}{4}(D-d)$

8. 当流动处于紊流光滑区时，直径 $d=$（　　）mm 的镀锌钢管（$\Delta_1=0.25mm$）的沿程阻力系数与直径为 300mm 的铸铁管（$\Delta_2=0.30mm$）的相同？
   A. 150　　　　　　B. 200　　　　　　C. 250　　　　　　D. 300

9. 流体的密度 ρ 一般与（　　）有关。
   A. 流体种类、温度、体积等　　　　　B. 流体种类、温度、压力等
   C. 流体种类、压力、体积等　　　　　D. 温度、压力、体积等

10. 流体动力黏度 μ 一般与（　　）有关。
    A. 流体种类、温度、体积等　　　　　B. 流体种类、压力、体积等

C. 流体种类、温度、压力等　　　　D. 温度、压力、体积等

11. 已知有压管路中突然扩大前后管段的管径之比 $\dfrac{d_1}{d_2}=0.5$，则相应的雷诺数之比 $\dfrac{Re_1}{Re_2}=$（ ）。

　　A. 2　　　　　　B. 1　　　　　　C. $\dfrac{1}{2}$　　　　　　D. $\dfrac{1}{4}$

12. 当孔口、管嘴出流的作用水头 H 和管（孔）径 d 分别相等时，则必有（ ）。

　　A. $Q_{孔口}>Q_{管嘴}$，$v_{孔口}>v_{管嘴}$　　　　B. $Q_{孔口}<Q_{管嘴}$，$v_{孔口}>v_{管嘴}$

　　C. $Q_{孔口}>Q_{管嘴}$，$v_{孔口}<v_{管嘴}$　　　　D. $Q_{孔口}<Q_{管嘴}$，$v_{孔口}<v_{管嘴}$

13. 下列各组合式中，为无量纲量的有（ ）。

　　A. $\dfrac{\rho v d}{\mu}$　　　　B. $\dfrac{\sqrt{gh}}{v^2}$　　　　C. $\dfrac{\rho g d}{v}$　　　　D. $\dfrac{\rho g}{p}$

14. 相对压强的起量点为（ ）。

　　A. 绝对真空　　B. 液面压力　　C. 标准大气压　　D. 当地大气压

15. 据尼古拉兹试验成果知，不正确的是（ ）。

　　A. 层流区，$\lambda=f(Re)$，$h_f\propto v$

　　B. 紊流光滑区，$\lambda=f(Re)$，$h_f\propto v^{1.75}$

　　C. 紊流过渡区，$\lambda=f(Re)$，$h_f\propto v^{1.85}$

　　D. 紊流粗糙区，$\lambda=f(Re)$，$h_f\propto v^{2.0}$

二、多项选择题（每小题 2 分，共 20 分）

16. 下列关于流体切应力的说法中，正确的有（ ）。

　　A. 静止流体，$\tau=0$　　　　　　B. 相对平衡流体，$\tau=0$

　　C. 理想流体，$\tau=0$　　　　　　D. 层流运动流体，$\tau=\mu\dfrac{\mathrm{d}u}{\mathrm{d}y}$

17. 下列关于水流流向的说法中，不正确的有（ ）。

　　A. 水一定是从高处向低处流

　　B. 水一定是从流速大处向流速小处流

　　C. 水一定是从压强大处向压强小处流

　　D. 水一定是从测压管水头高处向测压管水头低处流

18. 若同一流体流经两根长度相同但管材不同的等径长直管道，当雷诺数相等时，它们的水头损失在（ ）是相同的。

　　A. 层流区　　B. 层、紊过渡区　　C. 紊流光滑区　　D. 紊流过渡区

19. 在下列关于流体压强的说法中，正确的有（ ）。

　　A. 绝对压强不能为负　　　　　　B. 相对压强可正可负

　　C. 相对压强只能为正　　　　　　D. 真空压强可正可负

20. 下列关于长管水力计算的结论中，正确的有（ ）。

　　A. 并联管路的总水头损失等于各支路的水头损失

　　B. 并联管路各支路的水头损失相等

　　C. 并联管路的总流量等于各支路的流量之和

　　D. 串联管路的总水头损失等于各支路的水头损失之和

21. 1 个工程大气压为（ ）。

A. 98kPa   B. 10mH$_2$O   C. 1.0kgf/cm^2 D. 101.3kPa

22. 潜体稳定平衡的条件为（　　　）。

    A. 浮心位于重心之上   B. 浮心位于重心之上

    C. 浮心与重心重合   D. 重力大于浮力

23. 下列关于流体黏性的说法中，正确的有（　　　）。

    A. 黏性是流体的固有属性

    B. 黏性是运动流体抵抗剪切变形的能力

    C. 流体黏性具有传递运动和阻碍运动的双重性

    D. 液体的黏性随着温度的升高而减小

    E. 气体的黏性随着温度的升高而增大

24. 下列流体中，属于牛顿流体的有（　　　）。

    A. 水   B. 汽油   C. 新拌混凝土   D. 泥浆   E. 空气

25. 下列各力中，属于质量力的有（　　　）。

    A. 重力   B. 摩擦力   C. 压力   D. 表面张力   E. 惯性力

三、简答题（每题 5 分，共 10 分）

26. 如何利用雷诺实验装置测定液体的运动黏度 v？

27. 什么是流体的黏性？黏性对流体的运动有何影响？

四、判断改正题（每小题 2 分，共 20 分）

28. 流体的黏度随着温度的增加而增大。（　　）

29. 液体和气体区别主要在于液体不能压缩，而气体易于压缩。（　　）

30. 理想流体是指忽略密度变化的流体，对于液体以及低温、低速、低压条件下的运动气体，一般可视为理想流体。（　　）

31. 串联管路的总水头损失等于各支路的水头损失，且各支路的水头损失相等。（　　）

32. 紊流的沿程水头损失与流速的 2 次方成正比。（　　）

33. 在工程流体力学或水力学中，测压管水头和测压管高度是同一概念，两者数值相等。（　　）

34. 相对压强恒为正值，而绝对压强和真空压强则可正可负。（　　）

35. 相对压强是指相对于绝对真空的压强，而绝对压强则为相对于当地大气压的压强。（　　）

36. 只有作用在规则平面上的静水总压力才等于受压面形心处的压强与受压面面积的乘积。（　　）

37. 当压力体与液体在曲面的同侧时，为实压力体，否则为虚压力体。实压力体受力方向向上，虚压力体受力方向向下。（　　）

五、计算分析综合题（共 35 分）

38. 如图所示直径为 D 的球处于平衡状态，若球重可忽略不计，试导出 D 与 ρ_1、ρ_2、h_1、h_2 的关系式。（10 分）

39. 如图所示，流量为 Q_V、断面平均流速为 v 的射流，水平射向直立光滑的平板后分为两股。一股沿平板直泻而下，流量为 Q_{V1}，另一股从平板顶部以倾角 α 射出，流量为 Q_{V2}。若不计重力和水头损失，试证明作用在平板上的射流冲击力为

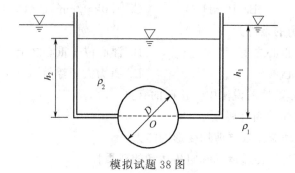

模拟试题 38 图

$$F=\rho Q_{\mathrm{V}}v\left[\frac{\sqrt{1-\left(\dfrac{Q_{\mathrm{V1}}}{Q_{\mathrm{V2}}}\right)^{2}}}{1+\dfrac{Q_{\mathrm{V1}}}{Q_{\mathrm{V2}}}}\right]$$

式中，ρ 为水的密度。（12 分）

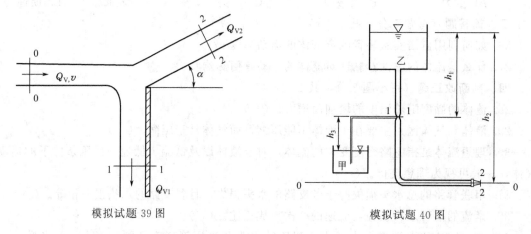

模拟试题 39 图   模拟试题 40 图

40. 如图所示一吸水装置，已知 h_1、h_2、h_3 若甲、乙两水箱的水位均保持不变，且不计流动的水头损失，试问喉道断面面积 A，与喷嘴出口断面面积 A：之间应满足什么条件才能开始将水从水箱甲中吸入喉道？（13 分）

第 2 套

一、单项选择题（每小题 1 分，共 20 分）

1. 严格地讲，紊流总是（   ）。

    A. 恒定流   B. 非恒定流   C. 均匀流   D. 非均匀流

2. 离心式水泵的吸水管内的（   ）小于零。

    A. 绝对压强   B. 相对压强   C. 真空压强   D. 流速

3. 在工程流体力学，描述流体运动的方法一般采用（   ）。

    A. 欧拉法   B. 拉格朗日法   C. 瑞利法   D. 雷诺法

4. 某模型实验按重力相似准则设计，模型几何比尺 $\lambda_l = 100$，若测得模型中某点的流速 $v_m = 0.5\mathrm{m/s}$，则原型中对应点的流速 $v_p =$（   ）m/s。

    A. 15   B. 10   C. 5   D. 0.5

5. 土建工程施工中的新拌砼、新拌水泥砂浆属于（　　）。

　　A. 静止流体　　　　　B. 理想流体　　　　　C. 牛顿流体　　　　　D. 非牛顿流体

6. 层流沿程能量损失与断面平均速度的（　　）次方成正比。

　　A. 2　　　　　　　　B. 1.5　　　　　　　　C. 1.75　　　　　　　D. 1

7. 并联长管各支路的（　　）相等。

　　A. 流速　　　　　　　B. 流量　　　　　　　C. 水头损失　　　　　D. 压强

8. 密度 ρ、动力黏度 μ、管径 d 和断面平均流速 v 的无量纲组合为（　　）

　　A. $\dfrac{\rho v d}{\mu}$　　　　　　B. $\dfrac{\rho d}{\mu v}$　　　　　　C. $\dfrac{v d}{\rho \mu}$　　　　　　D. $\dfrac{\rho \mu d}{v}$

9. 相对压强的起量点为（　　）。

　　A. 绝对真空　　　　　B. 当地大气压　　　　C. 标准大气压　　　　D. 液面压强

10. 在恒定总流的动量方程 $\sum F = \rho Q_{\mathrm{V}} (\beta_2 v_2 - \beta_1 v_1)$ 中，$\sum F$ 不应包括（　　）。

　　A. 惯性力　　　　　　B. 重力　　　　　　　C. 压力　　　　　　　D. 黏滞力

11. 流体流动性是指流体（　　）。

　　A. 在较大剪切力作用下会发生变形

　　B. 在微小剪切力作用下会发生连续变形

　　C. 在静压力作用下会发生连续变形　　　　D. 在受力情况下

12. 理想流体是指（　　）的流体。

　　A. 忽略密度　　　　　B. 忽略密度变化　　　C. 忽略粘度变化　　　D. 忽略黏度

13. 液体的黏性主要是由（　　）引起的。

　　A. 流体的密度　　　　B. 分子的动量交换

　　C. 温度　　　　　　　D. 液体分子之间的引力

14. 平衡流体中法向力的作用方向为（　　）。

　　A. 平行作用面　　　　B. 垂直作用面　　　　C. 垂直指向作用面　　D. 指向作用面

15. 已知某突然扩大前后管段的管径之比，则突然扩大前后管段的（　　）。

　　A. 流速之比 $\dfrac{v_1}{v_2} = 1$，流量之比 $\dfrac{Q_{\mathrm{V}1}}{Q_{\mathrm{V}2}} = 2$，雷诺数之比 $\dfrac{Re_1}{Re_2} = 4$

　　B. 流速之比 $\dfrac{v_1}{v_2} = 2$，流量之比 $\dfrac{Q_{\mathrm{V}1}}{Q_{\mathrm{V}2}} = 1$，雷诺数之 $\dfrac{Re_1}{Re_2} = 4$

　　C. 流速之比 $\dfrac{v_1}{v_2} = 4$，流量之比 $\dfrac{Q_{\mathrm{V}1}}{Q_{\mathrm{V}2}} = 1$，雷诺数之比 $\dfrac{Re_1}{Re_2} = 2$

　　D. 流速之比 $\dfrac{v_1}{v_2} = 4$，流量之比 $\dfrac{Q_{\mathrm{V}1}}{Q_{\mathrm{V}2}} = 2$，雷诺数之比 $\dfrac{Re_1}{Re_2} = 1$

16. 流线与有效截面的关系是（　　）。

　　A. 有效截面始终与流线平行　　　　　　　B. 有效截面始终与流线垂直

　　C. 有效截面始终与流线呈任意夹角　　　　D. 有效截面的切线就是流线

17. 在伯努利方程中速度 v 是指（　　）速度。

　　A. 某点　　　　　　　B. 截面形心　　　　　C. 平均流速　　　　　D. 截面上最大

18. 连续介质假设意味着（　　）。

　　A. 流体分子相互紧连　　　　　　　　　　B. 流体的物理量是连续的

　　C. 流体分子间有间距　　　　　　　　　　D. 流体不可压缩

19. 欧拉法研究（　　）的变化情况。

    A. 每个流体质点的速度   B. 每个流体质点的轨迹

    C. 流体流经每个空间固定点的流速   D. 每个空间点的质点轨迹

20. 绝对压力的起量点为（　　）。

    A. 液面压力   B. 标准大气压   C. 当地大气压   D. 绝对真空

二、多项选择题（每小题 2 分，共 20 分）

21. 下列命题中，正确的有（　　）。

    A. 平衡流体中，质量力与等压面正交   B. 均匀流中，流线为相互平行的直线

    C. 渐变流过流断面上 $z+\dfrac{p}{\rho g}\approx C$ D. 静止流体中，等压面是平面

22. 下列各组合式中，为无量纲量的有（　　）。

    A. $\dfrac{vd}{v}$ B. $\dfrac{v}{\sqrt{gh}}$ C. $\dfrac{F}{ma}$ D. $\dfrac{F}{mv^2}$

    E. $\dfrac{\tau}{\rho v^2}$

23. 压力体一般由（　　）组成。

    A. 研究的曲面   B. 液面或其延长面   C. 自由液面或其延长面

    D. 由研究的曲面向液面或其延长面所作的铅垂柱面

    E. 由研究的曲面向自由液面或其延长面所作的铅垂柱面

24. 下列关于流体的说法中，正确的有（　　）。

    A. 液体和气体统称为流体

    B. 静止流体和固体一样可承受拉、压、弯、剪、扭

    C. 流体与固体的主要区别是在外力作用下，流体易于流动变形，而固体不变形

    D. 液体与气体的主要区别是气体易于压缩，而液体难于压缩

25. 据尼古拉兹试验成果知，（　　）。

    A. 层流区，$\lambda=f(Re)$，$h_f\propto v$ B. 层紊过渡区，$\lambda=f(Re)$

    C. 紊流光滑区，$\lambda=f(Re)$，$h_f\propto v^{1.75}$ D. 紊流过渡区，$\lambda=f(Re,\Delta/d)$

    E. 紊流粗糙区，$\lambda=f(\Delta/d)$，$h_f\propto v^2$

26. 若同一流体流经两根长度相同但粗糙度不同的等径长直管道，当两者的雷诺数相同时，它们的沿程水头损失在（　　）是相同的。

    A. 层流区   B. 层、紊过渡区   C. 紊流光滑区   D. 紊流过渡区

    E. 阻力平方区

27. 若同一长直管道流过两种黏度不同的流体，当两者的断面平均流速相同时，它们的沿程水头损失在（　　）是不相同的。

    A. 层流区   B. 层、紊过渡区   C. 紊流光滑区   D. 紊流过渡区

    E. 阻力平方区

28. 根据尼古拉兹实验成果知，当水流处于（　　）时，其沿程阻力系数 λ 与雷诺数 Re 有关。

    A. 层流区   B. 层、紊过渡区   C. 紊流光滑区   D. 紊流过渡区

    E. 紊流粗糙区

29. 下列命题中，正确的有（　　　）。

    A. 单位表征物理量的大小   B. 量纲表征物理量的类别

    C. 基本物理量的选取具有惟一性   D. 量纲的选取具有惟一性

    E. 表面张力系数是无量纲的量

30. 水力相似一般应包括（　　　）。

    A. 几何相似   B. 运动相似   C. 动力相似   D. 边界条件相似

    E. 初始条件相似

三、简答题（每题 5 分，共 15 分）

31. 什么是连续介质假设？连续介质假设的条件是什么？意义是什么？

32. 简述流体静压力的计量标准及其表示方法，各种压力的关系如何，画图表示？

33. 什么是压力体？确定压力体的方法和步骤如何？

四、判断改正题（每小题 2 分，共 20 分）

34. 量纲表征各物理量的大小，而单位则表征各物理量大小的类别。（　　）

35. 流线一般不能相交，且只能是一条光滑曲线。（　　）

36. 绝对压强可正可负，而相对压强和真空压强恒为正值。（　　）

37. 水泵是将机械能转化为流体能量的一种机械，水泵的扬程是指管路系统供给泵单位重量流体的能量。

38. 基本物理量必须相互独立，且选取不能因人而异，必须是惟一的。（　　）

39. 在不考虑温度变化的情况下，流速 v、加速度 a 和管径 d 可选为基本物理量。（　　）

40. 相似准则数均为有量纲数。（　　）

41. 几何相似是保证流动相似的必要条件，运动相似、动力相似才是保证流动相似的充分条件。（　　）

42. 雷诺数的物理意义在于它反映了惯性力与重力的比值。（　　）

43. 弗劳德数的物理意义在于它反映了惯性力与黏性力的比值。（　　）

五、计算分析综合题（共 25 分）

44. 已知运动黏度 $v=0.2\ \mathrm{cm^2/s}$ 的液体在圆管中流动的平均流速 $v=1.5\ \mathrm{m/s}$，流动 $l=100\mathrm{m}$ 管长的水头损失 $h_\mathrm{f}=40\mathrm{cm}$，试求管流沿程阻力系数 λ 与雷诺数 Re 的关系。（5 分）

45. 如图所示为绕铰链 O 转动的自动开启式矩形平板闸门。已知闸门倾角为 α，宽度为 b，闸门两侧水深分别为 H 和 h，设转轴 O 至闸门下端的距离为 y，试证明，为避免闸门自动开启，应使

$$y > \frac{H^3-h^3}{3(H^2-h^2)\sin\alpha}$$

（10 分）

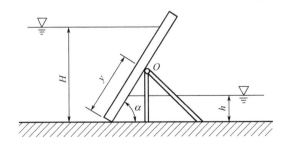

模拟试题 45 图

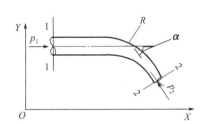

模拟试题 46 图

46. 如图，有一水平放置的变直径弯曲管道，$d_1=500$mm，$d_2=400$mm，转角 $\alpha=45°$，断面 1—1 处流速 $v_1=1.2$m/s，压强 $p_1=245$kPa，求水流对弯管的作用力（不计弯管能量损失）。（10 分）

第 3 套

一、单项选择题（每小题 1 分，共 15 分）

1. 若盛满液体的圆柱形容器的顶部及底部用铁环箍紧，则顶箍与底箍所受径向张力之比为（　　）。

    A. $\dfrac{1}{4}$ B. $\dfrac{1}{2}$ C. 1   D. 2

2. 下列各组力中，属于质量力的是（　　）。

    A. 重力、惯性力   B. 压力、黏滞力

    C. 压力、表面张力   D. 重力、压力

3. 下列各组流体中，属于牛顿流体的为（　　）。

    A. 水、汽油、泥浆   B. 水、汽油、酒精

    C. 水、血浆、泥浆   D. 新拌建筑砂浆、纸浆、牙膏

4. 已知流速场 $u_x=x$，$u_y=-y$（$y\geqslant0$），则该流动的流线方程、迹线方程分别为（　　）。

    A. $xy=C$ 和 $x^2+y^2=C$ B. $xy=C$ 和 $x^2-y^2=C$

    C. $xy=C$ 和 $xy=C$ D. $xy=C$ 和 $\dfrac{x}{y}=C$

5. 已知某变径管道直径由 $d_1=200$mm 变到 $d_2=100$mm，若流速 $v_1=1.5$m/s，则 $v_2=$（　　）m/s。

    A. 3   B. 6   C. 9   D. 12

6. 流速 v、水深 h 和重力加速度 g 组成的无量纲量为（　　）。

    A. $\dfrac{gv}{h}$ B. $\dfrac{vh}{g}$ C. $\dfrac{v}{gh}$ D. $\dfrac{v}{\sqrt{gh}}$

7. 在进行市政给水管道模型实验时，若长度比尺 $\lambda_l=8$，则模型水管的流量应为原型水管流量的（　　）。

    A. $\dfrac{1}{2}$ B. $\dfrac{1}{4}$ C. $\dfrac{1}{8}$ D. $\dfrac{1}{16}$

8. 圆管层流运动的断面流速呈（　　）分布。

    A. 线性   B. 抛物面   C. 双曲面   D. 对教曲面

9. 半径 $r=2$m 的半圆形明渠满流时的水力半径 $R=$（　　）m。

    A. 1   B. 2   C. 4   D. 8

10. 理想流体的切应力 $\tau=$（　　）。

    A. 0   B. $\mu\dfrac{\mathrm{d}u}{\mathrm{d}y}$ C. $\rho l^2\left(\dfrac{\mathrm{d}u}{\mathrm{d}y}\right)^2$ D. $\mu\dfrac{\mathrm{d}u}{\mathrm{d}y}+\rho l^2\left(\dfrac{\mathrm{d}u}{\mathrm{d}y}\right)^2$

11. 有压圆管层流运动的断面最大流速 $u_{\max}$ 与平均流速 v 之比等于（　　）。

    A. 1   B. 2   C. 3   D. 4

12. 已知突然扩大管道突扩前后管段的直径之比 $d_1/d_2=0.5$，则相应的断面平均流速之比为（　　）。

A. 8　　　　　　　　B. 4　　　　　　　　C. 2　　　　　　　　D. 1

13. 平衡流体的切应力 $\tau=$（　　）。

A. 0　　　　B. $\mu\dfrac{\mathrm{d}u}{\mathrm{d}y}$　　　　C. $\rho l^2\left(\dfrac{\mathrm{d}u}{\mathrm{d}y}\right)^2$　　　　D. $\mu\dfrac{\mathrm{d}u}{\mathrm{d}y}+\rho l^2\left(\dfrac{\mathrm{d}u}{\mathrm{d}y}\right)^2$

14. 圆柱形外管嘴正常工作的条件是（　　）。
    A. 管嘴长度 $l=(3\sim4)d$，作用水头 $H_0>9\mathrm{m}$
    B. 管嘴长度 $l=(3\sim4)d$，作用水头 $H_0<9\mathrm{m}$
    C. 管嘴长度 $l<(3\sim4)d$，作用水头 $H_0>9\mathrm{m}$
    D. 管嘴长度 $l>(3\sim4)d$，作用水头 $H_0<9\mathrm{m}$

15. 下列各组物理量中，属于同一量纲的为（　　）。
    A. 密度、重度、黏度　　　　　　　　B. 流量系数、流速系数
    C. 压强、切应力、质量力　　　　　　D. 水深、管径、测压管水头

二、多项选择题（每小题 2 分，共 10 分）

16. 下列关于水流流向的说法中，不正确的有（　　）。
    A. 水一定是从高处向低处流
    B. 水一定是从流速大处向流速小处流
    C. 水一定是从压强大处向压强小处流
    D. 水一定是从测压管高处向测压管低处流
    E. 水一定是从总水头高处向总水头低处流

17. 已知不可压缩流动的流速分布为 $u_x=f(y,z)$，$u_y=0$，$u_z=0$，则该流动属于（　　）。
    A. 恒定流、均匀流　　　　　　　　　B. 一元流、非均匀流
    C. 二元流、无旋流　　　　　　　　　D. 非恒定流、非均匀流
    E. 二元流、有旋流

18. 已知突然扩大管段前后管径之比 $\dfrac{d_1}{d_2}=0.5$，则其局部水头损失 $h_\mathrm{j}=$（　　）。

A. $\dfrac{(1.5v_1)^2}{2g}$　　B. $\dfrac{(0.75v_1)^2}{2g}$　　C. $\dfrac{(0.75v_2)^2}{2g}$　　D. $\dfrac{(1.5v_2)^2}{2g}$　　E. $\dfrac{(3v_2)^2}{2g}$

19. 下列关于压力体的说法中，正确的有（　　）。
    A. 当压力体和液体在曲面的同侧时，为实压力体，$P_z\downarrow$
    B. 当压力体和液体在曲面的同侧时，为虚压力体，$P_z\uparrow$
    C. 当压力体和液体在曲面的异侧时，为实压力体，$P_z\downarrow$
    D. 当压力体和液体在曲面的异侧时，为虚压力体，$P_z\uparrow$
    E. 当压力体和液体在曲面的异侧时，为虚压力体，$P_z\rightarrow$

20. 下列说法中，正确的有（　　）。
    A. 流体的黏性具有传递运动和阻碍运动的双重性
    B. 稳定流是指运动要素不随时间变化的流动
    C. 流线一般不能相交，且只能是一条光滑曲线
    D. 渗流是指流体在多孔介质中的流动
    E. 平衡流体的质量力恒与等压面正交

三、判断改正题（每小题 2 分，共 10 分）

21. 已知突扩管道的管径之比 $d_1/d_2=0.5$，则相应的雷诺数之比 $Re_1/Re_2=0.5$。（　　）

22. 流线一般不能相交，且只能是一条直线或折线，流线越密，流速越小。（　）

23. 已知某圆管流动的雷诺数 $Re=\dfrac{\rho v R}{\mu}=500$，则其沿程阻力系数 $\lambda=\dfrac{64}{Re}=0.128$。（　）

24. 急变流是指流线近似为平行直线的流动。（　）

25. 有压管流必为稳定流动。（　）

四、填空题（每空 1 分，共 40 分）

26. 流体流动有两种流态，分别为（　）和（　）。直径为 $d=200$ 的圆管通过流体的体积流量为 $Q_V=0.025\text{m}^3/\text{s}$，如果管内流体为石油，其运动黏度系数 $\nu=10^{-4}\,\text{m}^2/\text{s}$，则其流态为（　）。

27. 圆管层流流动时，其沿程阻力系数 $\lambda=$（　）。

28. 圆管紊流流动时，对于管道如果 $\delta>\Delta$ 时，称为（　）；如果 $\delta<\Delta$ 时，称为（　）。

29. 液体黏度表示方法有（　）、（　）、（　），其中工程上常用的表示方法是（　）。

30. 由层流转变到紊流时的流速称为（　）；由紊流转变到层流时的流速称为（　）；（　）流速大于（　）流速。

31. 压力体一般是由（　）、（　）、（　）三种面所围成的体积，一般可分为（　）压力体和（　）压力体。

32. 作用在流体上的力按照作用方式可分为（　）和（　）。

33. 若孔口的收缩系数为 ε，流速系数为 φ，则孔口的流量系数为（　）。

34. 若管嘴的流速系数为 φ_n，流量系数为 μ_n，则 $\varphi_n/\mu_n=$（　）。

35. 影响孔口流量系数的主要因素为（　）、（　）、（　）。

36. 圆柱形管嘴的正常工作条件为（　）、（　）。

37. 水泵的安装高度主要受水泵进口的（　）的限制。

38. 水泵扬程是指（　）。

39. 水泵工作点是（　）。

40. 引起有压管路中流速突然变化（如阀门突然关闭）是产生水击现象的外因，而（　）则是产生水击现象的内因。

41. 水击压强逐渐衰减的原因是（　）。

42. 当流动处于紊流光滑区时，其沿程水头损失 h_f 与流速 v 的（　）次方成正比。

43. 工业管道的沿程阻力系数 λ 在紊流过渡区随着雷诺数 Re 的增加而（　）。

44. 产生水头损失的内因是（　），外因是（　）。

45. 已知某有压管流的雷诺数 $Re=2005$，则其沿程阻力系数 $\lambda=$（　）。

46. 局部水头损失产生的根本原因是（　）。

47. 工业上常用的节流式流量计主要有三种类型，即（　）。

五、计算分析综合题（共 25 分）

48. 如图所示管路系统，各支路的管径 d、管长 l 和沿程阻力系数 λ 列于下表。

支路	d/mm	l/m	λ
1	250	1000	0.025
2	200	660	0.025
3	250	1000	0.025

已知管路输入流量 $Q_V = 500\text{L/s}$，试求：

（1）各支路流量 Q_{V1}、Q_{V2}、Q_{V3}；

（2）节点 A、B 间的总水头损失 h_{fAB}。（10 分）

49. 某喷泉设计的铅直喷头为长度 $l = 0.5\text{m}$、直径 $d_1 = 40\text{mm}$、$d_2 = 20\text{mm}$ 的截头圆锥体，如图所示。若喷嘴能量损失 $h_w = 1.6\text{m}$，喷嘴及液体重量、空气阻力等可忽略不计，设计喷出高度 $H = 8\text{m}$，试求：

（1）喷嘴的喷出流量 Q_V；

（2）固定喷嘴的螺钉拉力 F。（8 分）

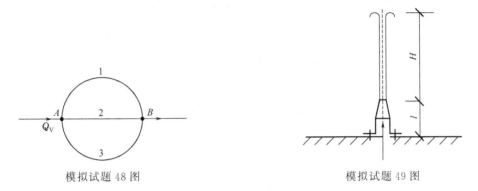

模拟试题 48 图 模拟试题 49 图

50. 如图所示，一储水器壁面上有三个半球形的盖，其直径相同，直径 $d = 0.5\text{m}$，储水器上下壁面的垂直距离 $h = 1.5\text{m}$，水深 $H = 2.5\text{m}$，试求作用在每个半球形盖子上的总压力（7 分）。

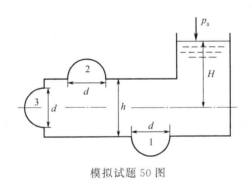

模拟试题 50 图

模拟试题答案

第1套

一、单项选择题

1. A 2. D 3. B 4. A 5. B 6. B 7. D 8. C 9. B 10. C
11. A 12. B 13. A 14. D 15. C

二、多项选择题

16. A、B、C、D 17. A、B、C、D 18. A、B、C 19. A、B
20. A、B、C、D 21. A、B、C 22. A
23. A、B、C、D、E 24. A、B、E 25. A、E

三、简答题

26. 先将流态调至管内流动呈层流现象（出现有色直线）时，测沿程水头损失 h_f 和流量 q_V，然后由层流时 $h_f = \lambda \dfrac{l}{d} \times \dfrac{v^2}{2g} = \dfrac{64}{Re} \times \dfrac{l}{d} \times \dfrac{v^2}{2g}$ 以及 $Re = \dfrac{vd}{v}$ 和 $v = \dfrac{4Q_V}{\pi d^2}$ 可得液体的运动黏度为

$$v = \frac{\pi g d^4 h_f}{128 l Q_V}$$

27. 流体所具有的阻碍流体运动，也就是说阻碍流体质点间相对运动的性质称为黏滞性，简称黏性，对液体来讲，黏性主要是由液体分子之间的引力引起的；对气体来讲，黏性是由气体分子的热运动引起的。黏性力没有必要区分正负，流体在流动过程中克服黏性力做功而消耗掉自身的能量。

四、判断改正题

28. （×）液体的黏度随着温度的增加而减小，气体的黏度随着温度的增加而增大。

29. （×）液体和气体区别主要在于液体难于压缩，而气体易于压缩。

30. （×）理想流体是指忽略粘性的流体，对于液体以及低温、低速、低压条件下的运动气体，一般可视为理想流体。

31. （×）串联管路的总水头损失等于各支路的水头损失之和。或并联管路的总水头损失
等于各支路的水头损失，且各支路的水头损失相等。

32. （×）紊流粗糙区的沿程水头损失 h_f 与流速 v 的 2 次方成正比。或紊流光滑区的沿程水头损失 h_f 与流速 v 的 1.75 次方成正比。或层流区的沿程水头损失 h_f 与流速 v 的 1 次方

成正比。

33. （×）在工程流体力学，测压管水头和测压管高度不是同一概念，前者为$z+\dfrac{p}{\rho g}$，后者为$\dfrac{p}{\rho g}$，两者的数值一般不相等。

34. （×）绝对压强和真空压强恒为正值，而相对压强则可正可负。

35. （×）绝对压强是指相对于绝对真空的压强，而相对压强则是相对于当地大气压的压强。

36. （×）静止液体作用在任意平面上的总压力大小等于其受压面形心处的压强与受压面面积的乘积。

37. （×）当压力体与液体在曲面的同侧时，为实压力体，否则为虚压力体。实压力体受力方向向下，虚压力体受力方向向上。

五、计算分析综合题

38. 解：如图所示，在忽略球重情况下，球体处于平衡状态，上、下半球面的压力体曲面所受的合力为

$$\rho_2 g\left(\frac{\pi}{4}D^2 h_2 - \frac{1}{12}\pi D^3\right) = \rho_1 g\left(\frac{\pi}{4}D^2 h_1 + \frac{1}{12}\pi D^3\right)$$

化简上式得

$$D = \frac{3(\rho_2 h_2 - \rho_1 h_1)}{\rho_2 + \rho_1}$$

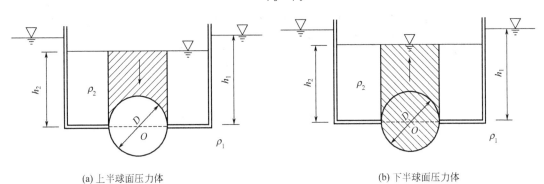

(a) 上半球面压力体　　　　　　　　　　(b) 下半球面压力体

模拟试题 38 图

39. 解：如图所示，设射流对平板的冲击力为F，平板对水股的作用力为F'（F'与射流对平板的冲击力F大小相等，方向相反），取x、y方向如图所示。

在x方向建立动量方程

$$\sum F_x = \rho Q_V(v_{2x} - v_{1x}) \quad 即 -F' = \rho(Q_{V2}v_2\cos\alpha - Q_{V1}v) \tag{1}$$

在y方向建立动量方程

$$\sum F_y = \rho Q_V(v_{2y} - v_{1y}) \quad 即 0 = \rho(Q_{V2}v_2\sin\alpha - Q_{V1}v_1) \tag{2}$$

在不计水头损失的情况下，有稳定总流的伯努利方程式可得

$$v = v_1 = v_2$$

由式（2）可得

$$\sin\alpha = \frac{Q_{V1}}{Q_{V2}} \tag{3}$$

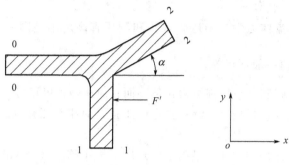

模拟试题 39 图

根据稳定总流的连续性方程

$$Q_V = Q_{V1} + Q_{V2} = Q_{V2}(1 + \sin\alpha),得$$

$$Q_{V2} = \frac{Q_V}{1 + \sin\alpha} \tag{4}$$

将（3）、（4）代入式（1），可得

$$F' = \rho Q_V v(1 - \frac{\cos\alpha}{1+\sin\alpha}) = \rho Q_V v\left(1 - \frac{\sqrt{1-\sin^2\alpha}}{1+\sin\alpha}\right) = \rho Q_V v\left[1 - \frac{\sqrt{1-\left(\frac{Q_{V1}}{Q_{V2}}\right)^2}}{1+\frac{Q_{V1}}{Q_{V2}}}\right]$$

即射流对平板的作用力 $\quad F = -F'$

40. 解：取过喷嘴轴线的水平面为 0—0 基准面，对喉道断面 1—1 及喷嘴出口断面 2—2 列稳定总流的伯努利方程，忽略能量损失，有

$$(h_2 - h_1) + \frac{p_1}{\rho g} + \frac{\alpha_1 v_1^2}{2g} = 0 + \frac{p_a}{\rho g} + \frac{\alpha_2 v_2^2}{2g} + 0 \tag{1}$$

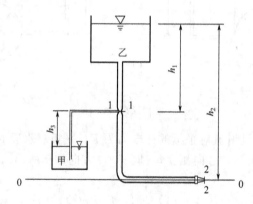

模拟试题 40 图

对水箱乙水面及喷嘴出口断面 2—2 列稳定总流的伯努利方程，忽略能量损失，有

$$h_2 + \frac{p_a}{\rho g} + 0 = 0 + \frac{p_a}{\rho g} + \frac{\alpha_2 v_2^2}{2g} + 0 \tag{2}$$

取 $\alpha_1 = \alpha_2 = 1.0$，联立式（1）和（2）得

$$\frac{p_1}{\rho g} = \frac{p_a}{\rho g} - (h_2 - h_1) + h_2 + \frac{v_1^2}{2g} + 0 \tag{3}$$

又根据连续性方程 $\quad\quad\quad\quad\quad\quad\quad v_1 A_1 = v_2 A_2$ 得

$$v_1^2 = \left(\frac{A_2}{A_1}\right)^2 v_2^2 = 2g\left(\frac{A_2}{A_1}\right)^2 h_2$$

将上式代入式(3)，得

$$\frac{p_1}{\rho g} = \frac{p_a}{\rho g} - (h_2 - h_1) + h_2 - h_2\left(\frac{A_2}{A_1}\right)^2 = \frac{p_a}{\rho g} + h_2\left[1 - \left(\frac{A_2}{A_1}\right)^2\right] - (h_2 - h_1)$$

欲将水从水箱甲吸入喉道，必有

$$\frac{p_1}{\rho g} = \frac{p_a}{\rho g} + h_2\left[1 - \left(\frac{A_2}{A_1}\right)^2\right] - (h_2 - h_1) \leqslant \frac{p_a}{\rho g} - h_3$$

解得

$$\frac{A_2}{A_1} \geqslant \sqrt{\frac{h_1 + h_3}{h_2}}$$

第 2 套

一、单项选择题

1. B　　2. B　　3. A　　4. C　　5. D　　6. D　　7. C　　8. A　　9. B

10. A　　11. B　　12. D　　13. D　　14. C　　15. C　　16. B　　17. C　　18. B

19. C　　20. D

二、多项选择题

21. A、B、C、D　　22. A、B、C、D　　23. A、B、C　　　　24. A、B

25. A、B、C、D　　26. A、B、C　　　　27. A、B、C、D　　28. A、B、C、D

29. A、B、D　　　　30. A、B、C、D、E

三、简答题

31. 定义：不考虑流体分子间的间隙，把流体视为由无数连续分布的流体微团组成的连续介质。

流体微团必须具备的两个条件：必须包含足够多的分子；体积必须很小。在连续介质中，可以把这些物理量看成是空间坐标和时间的连续函数，从而可以利用数学分析中连续函数的理论分析流体的流动。

32. 流体力学中，静压力的计量有两个标准，一个是以物理真空为零点的标准，称为绝对标准，按照绝对标准计量的压力称为绝对压力；另一个是以当地大气压力为零点的标准，称为相对标准，按照相对标准计量的压力称为相对压力。

绝对压力：以绝对真空状态的压力为零点计量的压力值。

相对压力：以当地大气压作为零点计量的压力值。

真空值：以当地大气压作为零点计量的小于大气压的数值。

从上面定义可知：绝对压力的数值只可能为正，而相对压力的数值则可正可负。如下图，三者的关系可表达为

$$\begin{cases} p_{abs} = p_a + p_{re} \\ p_{re} = p_{abs} - p_a \\ p_v = p_a - p_{abs} = -p_{re} \end{cases}$$

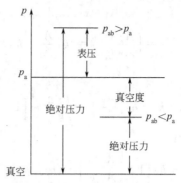

33. 压力体是由受力曲面、液体的自由表面（或其延长面）以及两者间的铅垂面所围成的封闭体积。压力体是一个纯数学的概念，与这一体积内是否充满液体无关。压力体分为实压力体和虚压力体。压力体的画法可以归纳为以下几步：(1) 将受力曲面根据具体情况分成若干段；(2) 找出各段的等效自由液面；(3) 画出每一段的压力体并确定虚实；(4) 根据虚实相抵的原则将各段的压力体合成，得到最终的压力体。

四、判断改正题

34. （×）单位表征各物理量的大小，而量纲则表征各物理量大小的类别。

35. （√）液体和气体区别主要在于液体难于压缩，而气体易于压缩。

36. （×）相对压强可正可负，而绝对压强和真空压强恒为正值。

37. （×）水泵是将机械能转化为流体能量的一种机械，水泵的扬程是指泵供给管路系统单位重量流体的能量。

38. （×）基本物理量必须相互独立，且选取可以因人而异，不一定是惟一的。

39. （×）在不考虑温度变化的情况下，流速 v、密度 ρ 和管径 d 可选为基本物理量。

40. （×）相似准则数均为无量纲数。

41. （×）几何、运动、动力相似是保证流动相似的必要条件，三者同时相似才是保证流动相似的充分条件。

42. （×）雷诺数的物理意义在于它反映了惯性力与黏性力的比值。

43. （×）弗劳德数的物理意义在于它反映了惯性力与重力的比值。

五、计算分析综合题

44. 解：由 $Re=\dfrac{vd}{v}$ 得 $d=\dfrac{Rev}{v}$，将其代入达西公式 $h_{\mathrm{f}}=\lambda\,\dfrac{l}{d}\times\dfrac{v^2}{2g}$，得

$$\frac{\lambda}{Re}=\frac{2gv}{v^3}\times\frac{h_{\mathrm{f}}}{l}=\frac{2\times9.8\times0.2\times10^{-4}}{1.5^3}\times\frac{4\times10^{-1}}{100}=4.64\times10^{-7}$$

45. 解：闸门左侧：
$$F_{\mathrm{p1}}=\left(\rho g\,\frac{H}{2}\right)\left(b\,\frac{H}{\sin\alpha}\right)=\frac{1}{2}\rho gb\,\frac{H^2}{\sin\alpha}$$

$$y_{\mathrm{D1}}=\frac{H}{3\sin\alpha}$$

闸门右侧：
$$F_{\mathrm{p2}}=\left(\rho g\,\frac{h}{2}\right)\left(b\,\frac{h}{\sin\alpha}\right)=\frac{1}{2}\rho gb\,\frac{h^2}{\sin\alpha}$$

$$y_{\mathrm{D2}}=\frac{h}{3\sin\alpha}$$

为避免闸门自动打开，则必有
$$F_{\mathrm{p1}}(y-y_{\mathrm{D1}})>F_{\mathrm{p2}}(y-y_{\mathrm{D2}})$$

$$\frac{1}{2}\rho g b\frac{H^2}{\sin\alpha}\left(y-\frac{H}{3\sin\alpha}\right)>\frac{1}{2}\rho g b\frac{h^2}{\sin\alpha}\left(y-\frac{h}{3\sin\alpha}\right)$$

化简上式得

$$y>\frac{H^3-h^3}{3(H^2-h^2)\sin\alpha}$$

46. 解：因弯管水平放置，故此弯管液体所受重力在平面内投影分量等于零，沿管轴线取基准面，则

$$v_2=v_1\left(\frac{d_1}{d_2}\right)^2=1.2\times\left(\frac{0.5}{0.4}\right)^2=1.875\ (\mathrm{m/s})$$
$$Q_V=A_1v_1=0.236\mathrm{m^2/s}$$

列1—1、2—2断面能量方程，得

$$0+\frac{p_1}{\rho g}+\frac{v_1{}^2}{2g}=0+\frac{p_2}{\rho g}+\frac{v_2{}^2}{2g}+0$$
$$p_2=243.96\mathrm{kPa}$$

任设弯管对水流作用力 R 的方向，它在 x、y 轴上的投影分量为 R_x、R_y。分别列两坐标轴方向的动量方程，则

$$p_1A_1-R_x-p_2A_2\cos\alpha=\rho Q_V(v_2\cos\alpha-v_1)$$
$$R_x=26.40\mathrm{kN}$$
$$p_2A_2\sin\alpha-R_y=\rho Q_V(-v_2\sin\alpha-0)$$
$$R_y=21.99\mathrm{kN}$$
$$R=\sqrt{R_x{}^2+R_y{}^2}=34.4\ (\mathrm{kN})$$
$$\theta=\arctan\frac{R_y}{R_x}=40°$$

水对弯管的作用力

$$F=-R=-34.4\mathrm{kN}$$

第3套

一、单项选择题

1. C 2. A 3. B 4. C 5. B 6. D 7. C 8. B 9. A
10. A 11. B 12. B 13. A 14. B 15. D

二、多项选择题

16. A、B、C、D 17. A、B、C、D 18. A、B、C
19. A、D 20. A、B、C、D、E

三、判断改正题

21.（×）已知突扩管道的管径之比 $d_1/d_2=0.5$，则相应的雷诺数之比 $Re_1/Re_2=2$。

22.（×）流线一般不能相交，且只能是一条光滑的曲线，流线越密，流速越大。

23.（×）$\lambda=0.032$。

24.（×）急变流是指流线远离平行直线的流动。

25.（×）流量保持不变的有压管流为稳定流动。

四、填空题

26. 层流；紊流；层流

27. $64/Re$

28. 水力粗糙管；水力光滑管

29. 动力黏度；运动黏度；恩氏黏度；运动黏度

30. 上临界流速；下临界流速；上临界流速；下临界流速

31. 自由液面或自由液面的延长面；受力曲面；铅垂面；实压力体和虚压力体

32. 表面力；质量力

33. $\varepsilon\varphi$

34. 1

35. 孔口形状；孔口边缘情况；孔口位置

36. 管嘴长度与管径之比$\dfrac{l}{d}=3\sim4$；作用水头 $H_0<9\text{mH}_2\text{O}$

37. 允许真空高度

38. 水泵供给单位重量液体的能量

39. 水泵特性曲线与管路特性曲线的交点

40. 水流本身具有惯性和压缩性

41. 水在运动过程中因水的黏性摩擦及水和管壁的形变作用，导致能量不断损失

42. 1.75

43. 减小

44. 运动具有的黏性；外界干扰

45. 0.032

46. 边界层的分离及漩涡区的存在

47. 孔板、喷嘴和文丘里管

五、计算分析综合题

48. 解：（1）根据达西公式有

$$h_{\mathrm{f}}=\lambda\,\frac{l}{d}\times\frac{v^2}{2g}=\lambda\,\frac{l}{d}\times\frac{Q_{\mathrm{V}}}{2g\left(\dfrac{\pi}{4}d_2^2\right)^2}$$

由并联管路水力计算特点，有

$$h_{\mathrm{f}_{AB}}=\lambda_1\frac{l_1}{d_1}\times\frac{Q_{\mathrm{V}1}^2}{2g\left(\dfrac{\pi}{4}d_1^2\right)^2}=\lambda_2\frac{l_2}{d_2}\times\frac{Q_{\mathrm{V}2}^2}{2g\left(\dfrac{\pi}{4}d_2^2\right)^2}=\lambda_3\frac{l_3}{d_3}\times\frac{Q_{\mathrm{V}3}^2}{2g\left(\dfrac{\pi}{4}d_3^2\right)^2}$$

化简得

$$\frac{l_1}{d_1^5}Q_{\mathrm{V}1}^2=\frac{l_1}{d_2^5}Q_{\mathrm{V}2}^2=\frac{l_1}{d_3^5}Q_{\mathrm{V}3}^2$$

根据总流连续性方程

$$Q_{\mathrm{V}}=Q_{\mathrm{V}1}+Q_{\mathrm{V}2}+Q_{\mathrm{V}3}$$

联立上两式解得

$$Q_{\mathrm{V}1}=\frac{Q_{\mathrm{V}}}{1+\sqrt{\dfrac{l_1}{l_2}\left(\dfrac{d_2}{d_1}\right)^5}+\sqrt{\dfrac{l_1}{l_3}\left(\dfrac{d_3}{d_1}\right)^5}}=\frac{500}{1+\sqrt{\dfrac{1000}{660}\times\left(\dfrac{200}{250}\right)^5}+\sqrt{\dfrac{1000}{1000}\times\left(\dfrac{250}{250}\right)^5}}=184.9\ (\mathrm{L/s})$$

$$Q_{\mathrm{V}2}=\sqrt{\frac{l_1}{l_2}\left(\frac{d_2}{d_1}\right)^5}\ Q_{\mathrm{V}1}=\sqrt{\frac{1000}{660}\times\left(\frac{200}{250}\right)^5}\ Q_{\mathrm{V}1}=0.7046\times184.9=130.28\ (\mathrm{L/s})$$

$$Q_{V3}=\sqrt{\frac{l_1}{l_3}\left(\frac{d_3}{d_1}\right)^5}\,Q_{V1}=\sqrt{\frac{1000}{1000}\times\left(\frac{250}{250}\right)^5}\,Q_{V1}=Q_{V1}=184.9\ (\text{L/s})$$

（2）
$$h_{f_{AB}}=\lambda_1\frac{l_1}{d_1}\times\frac{v_1^2}{2g}=\lambda_1\frac{l_1}{d_1}\times\frac{Q_{V1}^2}{2g\left(\frac{\pi}{4}d_1^2\right)^2}=72.4\ (\text{m})$$

49. 解：（1）由
$$H=\frac{v_2^2}{2g}\ 得$$
$$v_2=\sqrt{2gH}=\sqrt{2\times9.8\times8}=12.52\ (\text{m/s})$$
$$Q_V=vA=\frac{\pi}{4}d_2^2 v_2=\frac{\pi}{4}\times0.02^2\times12.52=3.9\ (\text{L/s})$$

（2）对断面1—1和2—2列恒定总流的伯努利方程
$$0+\frac{p_1}{\rho g}+\frac{\alpha_1 v_1^2}{2g}=l+0+\frac{\alpha_2 v_2^2}{2g}+h_w$$
取
$$\alpha_1=\alpha_2=1$$
取
$$v_1=\left(\frac{d_2}{d_1}\right)^2 \qquad 解得$$
$$v_2=\left(\frac{20}{40}\right)^2\times12.52=3.13\ (\text{m/s})$$

所以断面1—1的相对压力为
$$p_1=\rho g(l+h_w)+\frac{\rho}{2}(v_2^2-v_1^2)=94.06\ (\text{kN})$$

在 z 方向列动量方程得
$$F_{p1}-F'=\rho Q_V(\beta_2 v_2-\beta_1 v_1)$$
取
$$\beta_2=\beta_1=1$$
则
$$F_{p1}=\frac{\pi}{4}d_1^2 p_1$$

$$F'=\frac{\pi}{4}d_1^2 p_1-\rho Q_V(v_2-v_1)=\frac{\pi}{4}\times0.04^2\times94060-1000\times0.00393\times(12.52-3.13)=81.3\ (\text{N})$$

固定喷嘴螺钉的拉力 $F=-F'$。

50. 解：对于底盖，由于在水平方向上压强分布对称，所以流体静压强作用在底盖上的总压力的水平分力为零。底盖上总压力的垂直分力顶盖上的总压力的水平分力也为零，垂直分力为
$$F_{pz1}=\rho g V_{p1}=\rho g\left[\frac{\pi d^2}{4}\left(H+\frac{h}{2}\right)+\frac{\pi d^3}{12}\right]$$
$$=9806\times\left[\frac{\pi\times0.5^2}{4}\times(2.5+0.75)+\frac{\pi\times0.5^3}{12}\right]=6579\ (\text{N})$$

侧盖上总压力的水平分力
$$F_{px3}=\rho g h_{cx}A_x=\rho g H\frac{\pi d^2}{4}=9806\times2.5\times\frac{\pi\times0.5^2}{4}=4814\ (\text{N})$$

侧盖上的压力体，应为半球的上半部分和下半部分的压力体的合成，合成后的压力体即为侧盖包容的半球体，所以侧盖上总压力的垂直分力
$$F_{pz3}=\rho g\frac{\pi d^3}{12}=9806\times\frac{\pi\times0.5^3}{12}=321\ (\text{N})$$

根据上述水平分力和垂直分力可求得总压力的大小和作用线的方向角

$$F_{p3} = \sqrt{F_{px3}^2 + F_{pz3}^2} = \sqrt{4814^2 + 321^2} = 4825 \text{ (N)}$$

$$\theta = \arctan\frac{F_{px3}}{F_{pz3}} = \arctan\frac{4814}{321} = 86.2°$$

附　　录

附录一　不同温度下水和空气的密度、重度和黏度

温度 /℃	水				空气(标准大气压下)			
	密度 ρ /kg·m⁻³	重度 γ /N·m⁻³	动力黏度 μ /cP	运动黏度 υ /cSt	密度 ρ /kg·m⁻³	重度 γ /N·m⁻³	动力黏度 μ /cP	运动黏度 υ /cSt

<table>
<thead>
<tr><th rowspan="2">温度
/℃</th><th colspan="4">水</th><th colspan="4">空气(标准大气压下)</th></tr>
<tr><th>密度 ρ
/kg·m⁻³</th><th>重度 γ
/N·m⁻³</th><th>动力黏度 μ
/cP</th><th>运动黏度 υ
/cSt</th><th>密度 ρ
/kg·m⁻³</th><th>重度 γ
/N·m⁻³</th><th>动力黏度 μ
/cP</th><th>运动黏度 υ
/cSt</th></tr>
</thead>
<tbody>
<tr><td>0</td><td>999.8</td><td>9805</td><td>1.792</td><td>1.792</td><td>1.293</td><td>12.70</td><td>0.0172</td><td>13.7</td></tr>
<tr><td>5</td><td>1000.0</td><td>9807</td><td>1.519</td><td>1.519</td><td>1.270</td><td>12.47</td><td>—</td><td>—</td></tr>
<tr><td>10</td><td>999.7</td><td>9804</td><td>1.308</td><td>1.308</td><td>1.248</td><td>12.24</td><td>0.0178</td><td>14.7</td></tr>
<tr><td>15</td><td>999.1</td><td>9798</td><td>1.140</td><td>1.141</td><td>1.226</td><td>12.02</td><td>—</td><td>—</td></tr>
<tr><td>20</td><td>998.2</td><td>9789</td><td>1.005</td><td>1.007</td><td>1.205</td><td>11.82</td><td>0.0183</td><td>15.7</td></tr>
<tr><td>25</td><td>997.0</td><td>9777</td><td>0.894</td><td>0.897</td><td>1.185</td><td>11.62</td><td>—</td><td>—</td></tr>
<tr><td>30</td><td>995.7</td><td>9764</td><td>0.801</td><td>0.804</td><td>1.165</td><td>11.43</td><td>0.0187</td><td>16.6</td></tr>
<tr><td>40</td><td>992.2</td><td>9730</td><td>0.656</td><td>0.661</td><td>1.128</td><td>11.05</td><td>0.0192</td><td>17.6</td></tr>
<tr><td>50</td><td>988.0</td><td>9689</td><td>0.549</td><td>0.556</td><td>1.093</td><td>10.72</td><td>0.0196</td><td>18.6</td></tr>
<tr><td>60</td><td>983.2</td><td>9642</td><td>0.469</td><td>0.477</td><td>1.060</td><td>10.40</td><td>0.0201</td><td>19.6</td></tr>
<tr><td>70</td><td>977.8</td><td>9589</td><td>0.406</td><td>0.415</td><td>1.029</td><td>10.10</td><td>0.0204</td><td>20.6</td></tr>
<tr><td>80</td><td>971.8</td><td>9530</td><td>0.357</td><td>0.367</td><td>1.000</td><td>9.81</td><td>0.0210</td><td>21.7</td></tr>
<tr><td>90</td><td>965.3</td><td>9466</td><td>0.317</td><td>0.328</td><td>0.973</td><td>9.55</td><td>0.0216</td><td>22.9</td></tr>
<tr><td>100</td><td>958.4</td><td>9399</td><td>0.284</td><td>0.296</td><td>0.947</td><td>9.30</td><td>0.0218</td><td>23.6</td></tr>
</tbody>
</table>

附录二　输水管局部阻力计算表

附表 1　突然扩大的局部阻力系数 ζ

$$h_\zeta = \zeta \frac{v^2}{2g}$$

<table>
<thead>
<tr><th rowspan="2">流速 v(小
直径为准)
/m·s⁻¹</th><th colspan="11">直径比 D/d(D——大直径,d——小直径)</th></tr>
<tr><th>1.2</th><th>1.4</th><th>16</th><th>1.8</th><th>2.0</th><th>2.5</th><th>3.0</th><th>4.0</th><th>5.0</th><th>10.0</th><th>∞</th></tr>
</thead>
<tbody>
<tr><td>0.6</td><td>0.11</td><td>0.26</td><td>0.40</td><td>0.51</td><td>0.60</td><td>0.74</td><td>0.83</td><td>0.92</td><td>0.96</td><td>1.00</td><td>1.00</td></tr>
<tr><td>0.9</td><td>0.10</td><td>0.26</td><td>0.39</td><td>0.49</td><td>0.58</td><td>0.72</td><td>0.80</td><td>0.89</td><td>0.93</td><td>0.99</td><td>1.00</td></tr>
<tr><td>1.2</td><td>0.10</td><td>0.25</td><td>0.38</td><td>0.48</td><td>0.56</td><td>0.70</td><td>0.78</td><td>0.87</td><td>0.91</td><td>0.96</td><td>0.98</td></tr>
<tr><td>1.5</td><td>0.10</td><td>0.24</td><td>0.37</td><td>0.47</td><td>0.55</td><td>0.69</td><td>0.77</td><td>0.85</td><td>0.89</td><td>0.95</td><td>0.96</td></tr>
<tr><td>1.8</td><td>0.10</td><td>0.24</td><td>0.37</td><td>0.47</td><td>0.55</td><td>0.68</td><td>0.76</td><td>0.84</td><td>0.88</td><td>0.93</td><td>0.95</td></tr>
<tr><td>2.1</td><td>0.10</td><td>0.24</td><td>0.36</td><td>0.46</td><td>0.54</td><td>0.67</td><td>0.75</td><td>0.83</td><td>0.87</td><td>0.92</td><td>0.93</td></tr>
<tr><td>2.4</td><td>0.10</td><td>0.21</td><td>0.36</td><td>0.46</td><td>0.53</td><td>0.66</td><td>0.74</td><td>0.82</td><td>0.86</td><td>0.91</td><td>0.93</td></tr>
<tr><td>3.0</td><td>0.09</td><td>0.23</td><td>0.35</td><td>0.45</td><td>0.52</td><td>0.65</td><td>0.73</td><td>0.80</td><td>0.84</td><td>0.89</td><td>0.91</td></tr>
<tr><td>3.6</td><td>0.09</td><td>0.23</td><td>0.35</td><td>0.44</td><td>0.52</td><td>0.64</td><td>0.72</td><td>0.79</td><td>0.83</td><td>0.88</td><td>0.90</td></tr>
<tr><td>4.5</td><td>0.09</td><td>0.22</td><td>0.34</td><td>0.43</td><td>0.51</td><td>0.63</td><td>0.70</td><td>0.78</td><td>0.82</td><td>0.86</td><td>0.88</td></tr>
<tr><td>6.0</td><td>0.09</td><td>0.22</td><td>0.33</td><td>0.42</td><td>0.50</td><td>0.62</td><td>0.69</td><td>0.76</td><td>0.80</td><td>0.84</td><td>0.86</td></tr>
<tr><td>9.0</td><td>0.09</td><td>0.21</td><td>0.32</td><td>0.41</td><td>0.48</td><td>0.60</td><td>0.67</td><td>0.74</td><td>0.77</td><td>0.82</td><td>0.83</td></tr>
<tr><td>12.0</td><td>0.08</td><td>0.20</td><td>0.32</td><td>0.40</td><td>0.47</td><td>0.58</td><td>0.65</td><td>0.72</td><td>0.75</td><td>0.80</td><td>0.81</td></tr>
</tbody>
</table>

附表 2 突然缩小的局部阻力系数

$$h_\zeta = \zeta \frac{v^2}{2g}$$

流速(小直径为准)v /m·s^{-1}	直径比 D/d（D——大直径，d——小直径）												
	1.1	1.2	1.4	1.6	1.8	2.0	2.2	2.5	3.0	4.0	5.0	10.0	
0.6	0.03	0.07	0.17	0.26	0.34	0.38	0.40	0.42	0.44	0.47	0.48	0.49	0.49
0.9	0.04	0.07	0.17	0.26	0.34	0.38	0.40	0.42	0.44	0.46	0.48	0.48	0.49
1.2	0.04	0.07	0.17	0.26	0.34	0.37	0.40	0.42	0.44	0.46	0.47	0.48	0.48
1.5	0.04	0.07	0.17	0.26	0.34	0.37	0.39	0.41	0.43	0.46	0.47	0.48	0.48
1.8	0.04	0.07	0.17	0.26	0.34	0.37	0.39	0.41	0.43	0.45	0.47	0.48	0.48
2.1	0.04	0.07	0.17	0.26	0.34	0.37	0.39	0.41	0.43	0.45	0.46	0.47	0.47
2.4	0.04	0.07	0.17	0.26	0.33	0.36	0.39	0.40	0.42	0.45	0.46	0.47	0.47
3.0	0.04	0.08	0.18	0.26	0.33	0.36	0.38	0.40	0.42	0.44	0.45	0.46	0.47
3.6	0.04	0.08	0.18	0.26	0.32	0.35	0.37	0.39	0.41	0.43	0.45	0.46	0.46
4.5	0.04	0.08	0.18	0.25	0.32	0.34	0.37	0.38	0.40	0.42	0.44	0.45	0.45
6.0	0.05	0.09	0.18	0.25	0.31	0.33	0.35	0.37	0.39	0.41	0.42	0.43	0.44
9.0	0.05	0.10	0.19	0.25	0.29	0.31	0.33	0.34	0.36	0.37	0.38	0.40	0.41
12.0	0.06	0.11	0.20	0.24	0.27	0.29	0.30	0.31	0.33	0.34	0.35	0.36	0.38

附表 3 管路进口和出口的局部阻力系数 ζ

$$h_j = \zeta \frac{v^2}{2g}$$

具有交角 φ 的进口（$\varphi \leqslant 90°$）											
$\varphi/(°)$	5	10	15	20	30	40	50	60	70	80	90
ζ	1.00	0.99	0.98	0.96	0.91	0.85	0.78	0.70	0.63	0.56	0.50

垂直进口的 ζ			垂直出口 ζ 注入水池
未修圆	稍修圆	完全修圆	
0.50	0.20~0.25	0.05~0.10	1.00

附表 4 等径三通的局部阻力系数 ζ

简 图	局部阻力系数 ζ	公 式
分支	$Q_支 = Q_总$ 时，$\zeta_1 = 1.5$ $Q_支 = 0$ 时，$\zeta_2 = 0.1$	$h_{\zeta 1} = \zeta_1 \dfrac{v_总^2}{2g}$
汇合	$Q_总 = Q_支$ 时，$\zeta_1 = 1.5$ $Q_支 = 0$ 时，$\zeta_2 = 0.1$	$h_{\zeta 2} = \zeta_2 \dfrac{v_总^2}{2g}$
汇合	3.0	$h_\zeta = \zeta_1 \dfrac{v^2}{2g}$

续表

简　图	局部阻力系数 ζ	公　式
分支	1.5	$h_{\zeta 1}=\zeta_1 \dfrac{v_{总}^2}{2g}$
转弯	1.5	$h_{\zeta 2}=\zeta_2 \dfrac{v_{总}^2}{2g}$
直流	0.1	$h_{\zeta}=\zeta_1 \dfrac{v^2}{2g}$

附表 5　弯管局部阻力系数 ζ

弯　管

简图	局部阻力系数 C								公式
90°弯管	$\dfrac{R}{d}$	0.5	1.0	1.5	2.0	3.0	4.0	5.0	$h_{\zeta}=\xi_{90}\dfrac{v^2}{2g}$
	ξ_{90}	1.20	0.80	0.60	0.48	0.36	0.30	0.29	
任意角度弯管	φ	20	30	40	50	60	70	80	$\xi_{\varphi}=\alpha\xi_{90}$
	α	0.40	0.55	0.65	0.75	0.83	0.88	0.95	$h_{\zeta}=\xi_{\varphi}\dfrac{v^2}{2g}$
	φ	90	100	120	140	160	180		
	α	1.00	1.05	1.13	1.20	1.27	1.33		

附表 6　铸铁弯头局部阻力系数 ζ

$$h_{\zeta}=\xi\dfrac{v^2}{2g}$$

标准铸铁 90°弯头	d	75	100	125	150	200	250	300	350	400	450	500	600	700	800	900
	ξ	0.34	0.42	0.43	0.48	0.48	0.50	0.52	0.59	0.60	0.62	0.64	0.67	0.68	0.70	0.71
标准铸铁 45°弯头	d	75	100	125	150	200	250	300	350	400	450	500	600	700	800	900
	ξ	0.17	0.21	0.22	0.24	0.24	0.26	0.26	0.30	0.30	0.32	0.32	0.34	0.34	0.35	0.36
标准可锻 铸铁 90°弯头	d	15	20	25	32	40	50	70	80	100	125	150				
	ξ	0.95	1.00	1.03	1.04	1.10	1.10	1.12	1.13	1.14	1.16	1.18				

附表 7　阀件、节流及滤水装置的局部阻力系数 ξ

$$h_\zeta = \xi \frac{v^2}{2g}$$

类　别	局部阻力系数 r									
升降式止回阀	7.5									
旋启式止回阀	$\frac{d}{D}$	150	200	250	300	350	400	500		$\geqslant 600$ 1.7
	ξ	6.5	5.5	4.5	3.5	3.0	2.5	18		
闸阀	开启度	$\frac{1}{8}$	$\frac{2}{8}$	$\frac{3}{8}$	$\frac{4}{8}$	$\frac{5}{8}$	$\frac{6}{8}$	$\frac{7}{8}$	全开	
	ξ	97.8	17.0	5.52	2.06	0.81	0.26	0.15	0.05	
孔板	$\frac{d}{D}$	0.30	0.40	0.45	0.50	0.55	0.60	0.65	0.70	0.75	0.80
	ξ	309	87	50.4	29.8	18.4	11.3	7.35	4.37	2.66	1.55
标准喷嘴	$\frac{d}{D}$	0.30	0.40	0.45	0.50	0.55	0.60	0.65	0.70	0.75	0.80
	ξ	108.8	29.8	16.9	9.9	5.9	3.5	2.1	1.2	0.76	
文丘利管	$\frac{d}{D}$	0.30	0.40	0.45	0.50	0.55	0.60	0.65	0.70	0.75	0.80
	ξ	19	5.3	3.06	1.9	1.15	0.69	0.42	0.26		
无底阀滤水网	$2\sim3$									
有底阀滤水网	$\frac{d}{D}$	40	50	75	100	150	200	250	300	350~450	500~600
	ξ	12	10	8.5	7.0	6.0	5.2	4.4	3.7	3.6	3.5

附录三　输油管水力计算用表

附表 1　管路计算表 A（无缝钢管）

公称直径		外径/mm	壁厚/mm	内径 d/m	d^2	$\frac{\pi}{4}d^2$	$d^4 \times 10^4$	$d^{4.75} \times 10^4$	$d^5 \times 10^5$
mm	in								
50	2	50	3.5	0.043	0.00185	0.00155	0.0342	0.00323	0.0147
70	3	76	3.5	0.069	0.00476	0.00374	0.2267	0.0305	0.1564
			1.5	0.073	0.00533	0.00418	0.2846	0.0399	0.2078
100	4	108	4	0.100	0.0100	0.00785	1.0000	0.1778	1.0000
		114	6	0.102	0.0104	0.00817	1.0824	0.1954	1.1041
			5	0.104	0.0108	0.00848	1.1698	0.2144	1.2166
125	5	140	5	0.130	0.0169	0.01325	2.8561	0.6181	3.7129
		146	5	0.130	0.0169	0.01325	2.8561	0.6181	3.7129
			7	0.132	0.0174	0.01362	3.0359	0.6651	4.0074
			6	0.134	0.0179	0.01402	3.2242	0.7140	4.3204
150	6	159	5	0.149	0.0222	0.01740	4.9288	1.181	7.344
		168	8	0.152	0.0231	0.1811	5.3379	1.297	8.114
			7	0.154	0.0237	0.1861	5.6245	1.382	8.662
			6	0.156	0.0243	0.1911	5.9224	1.470	9.329

续表

公称直径		外径/mm	壁厚/mm	内径 d/m	d^2	$\frac{\pi}{4}d^2$	$d^4\times10^4$	$d^{4.75}\times10^4$	$d^5\times10^5$
mm	in								
200	8	219	9	0.201	0.0404	0.03170	16.321	4.900	32.81
			8	0.203	0.0412	0.03233	16.982	5.136	34.47
			7	0.205	0.0420	0.03295	17.850	5.386	36.59
			6	0.207	0.0428	0.03360	18.360	5.635	38.00
250	10	273	10	0.253	0.0640	0.5022	40.960	14.62	103.63
			9	0.255	0.0650	0.5100	42.280	15.17	107.82
			8	0.257	0.0661	0.5190	43.625	15.75	114.81
			7	0.259	0.0671	0.5260	44.997	16.34	116.54
300	12	325	12	0.301	0.0906	0.07115	82.084	33.38	247.07
			10	0.305	0.0930	0.07300	86.536	35.52	263.94
			9	0.307	0.0942	0.07390	88.829	36.62	212.70
			8	0.309	0.0955	0.07490	91.166	37.80	281.70
350	14	377	12	0.353	0.1246	0.0978	155.25	71.12	548.0
			11	0.355	0.1260	0.0990	158.76	73.03	563.6
			10	0.357	0.1274	0.1000	162.43	75.02	579.9
			9	0.359	0.1293	0.1016	167.39	77.03	600.9
400	16	426	14	0.398	0.1584	0.1242	250.90	125.8	998.6
			13	0.400	0.1600	0.1254	256.00	128.8	1024.0
			12	0.402	0.1616	0.1265	261.14	131.8	1049.8
			11	0.404	0.1632	0.1280	266.39	135.1	1076.2
450	18	480	14	0.452	0.2043	0.1603	417.38	230.0	1886.6
			12	0.456	0.2079	0.1630	432.36	240.0	1971.6
			11	0.458	0.2098	0.1648	440.00	245.0	2015.2
			10	0.460	0.2116	0.1658	447.75	250.2	2059.6
500	20	530	14	0.502	0.2520	0.1977	635.04	378.7	3187.9
			12	0.506	0.2560	0.2008	655.54	393.5	3317.1
			11	0.508	0.2580	0.2028	665.97	401.0	3883.1
			10	0.510	0.2601	0.2040	676.52	408.4	3450.2
600	24	630	14	0.602	0.3624	0.2842	1313.3	897.5	7906.3
			12	0.6060	0.3672	0.2880	1348.6	926.6	8172.6
			11	608	0.3697	0.2900	1366.5	940.8	8308.3
			10	0.610	0.3721	0.2920	1384.6	955.3	8445.9
700	28	720	9	0.702	0.4928	0.3870	2428.5	1849	17048
			8	0.704	0.4956	0.3895	2456.3	1889	17293

附表 2　管路计算表 B（流量）

Q_V/m³·s⁻¹	$Q_V^{1.75}\times10^4$	$Q_V^2\times10^4$	Q_V/m³·s⁻¹	$Q_V^{1.75}\times10^4$	$Q_V^2\times10^4$
0.001	0.05624	0.010	0.012	4.351	1.44
0.002	0.1892	0.040	0.013	5.003	1.69
0.003	0.3846	0.090	0.014	5.698	1.96
0.004	0.6362	0.160	0.015	6.431	2.25
0.005	0.9404	0.250	0.016	7.199	2.56
0.006	1.294	0.360	0.017	8.001	2.89
0.007	1.694	0.490	0.018	8.846	3.24
0.008	2.190	0.640	0.019	9.724	3.61
0.009	2.630	0.810	0.020	10.64	4.00
0.010	3.612	1.000	0.025	15.71	6.25
0.011	3.737	1.21	0.030	21.62	9.00

续表

$Q_V/m^3 \cdot s^{-1}$	$Q_V^{1.75} \times 10^4$	$Q_V^2 \times 10^4$	$Q_V/m^3 \cdot s^{-1}$	$Q_V^{1.75} \times 10^4$	$Q_V^2 \times 10^4$
0.035	28.32	12.25	0.300	1216	900
0.040	35.78	16.00	0.310	1288	961
0.045	43.96	20.25	0.320	1361	1024
0.050	52.88	25.00	0.330	1437	1089
0.055	61.05	30.25	0.340	1514	1156
0.060	72.76	36.00	0.350	1593	1225
0.065	83.67	42.25	0.360	1673	1296
0.070	95.29	49.00	0.370	1755	1369
0.075	107.25	56.25	0.380	1839	1444
0.080	120.34	64.00	0.390	1925	1521
0.085	133.8	72.25	0.400	2012	1600
0.090	147.9	81.00	0.410	2101	1681
0.095	162.6	90.25	0.420	2191	1764
0.100	177.8	100.00	0.430	2284	1849
0.110	210.5	121.0	0.440	2377	1936
0.120	244.5	144.0	0.450	2472	2025
0.130	281.4	169.0	0.460	2570	2116
0.140	320.4	196.0	0.470	2668	2209
0.150	361.6	225.0	0.480	2767	2304
0.160	404.7	256.0	0.490	2870	2401
0.170	450.6	289.0	0.500	2973	2500
0.180	497.5	324.0	0.550	3513	3025
0.190	546.9	361	0.600	4091	3600
0.200	598.0	400	0.650	4705	4225
0.210	6515	441	0.700	5357	4900
0.220	706.8	484	0.750	6045	5625
0.230	763.7	529	0.800	6726	6400
0.240	823.0	576	0.850	7525	7225
0.250	883.5	625	0.900	8315	8100
0.260	947.0	676	0.950	9141	9025
0.270	1011	729	1.000	10000	10000
0.280	1078	784	1.050	10900	11020
0.290	1146	841	1.100	11815	12100

附录四 常用物理单位、工程单位、国际单位对照换算表

量	符号	物理单位		工程单位		国际单位		换算关系
		名称	代号	名称	代号	名称	代号	
质量	M	克	g	公斤力·秒^2/米	$\dfrac{kgf \cdot s^2}{m}$	千克	kg	$1kg = 10^3 g$
时间	t	秒	s	秒	s	秒	s	
长度	L	厘米	cm	米	m	米	m	$1m = 100cm$
力	F	克·厘米/秒^2=达因	$\dfrac{g \cdot cm}{s^2} = dyn$	公斤力	kgf	牛顿 = 千克·米/秒^2	$N = \dfrac{kg \cdot m}{s^2}$	$1kgf = 9.8N$ $= 9.8 \times 10^5 dyn$
平面角	θ	弧度	rad	弧度	rad	弧度	rad	

续表

量	符号	物理单位		工程单位		国际单位		换算关系
		名称	代号	名称	代号	名称	代号	
温度	T	摄氏度	℃	摄氏度	℃	开尔文	K	$1K=t℃+273.15$
应力	p	$\dfrac{达因}{厘米^3}$	$\dfrac{dyn}{cm^3}$	$\dfrac{公斤力}{米^2}$	$\dfrac{kgf}{m^2}$	$\dfrac{牛顿}{米^2}=帕$	$\dfrac{N}{m^2}=Pa$	$1\dfrac{kgf}{m^2}=9.8Pa$
密度	ρ	$\dfrac{克}{厘米^3}$	$\dfrac{g}{cm^3}$	$\dfrac{公斤力·秒^2}{米^4}$	$\dfrac{kgf·s^2}{m^4}$	$\dfrac{千克}{米^3}$	$\dfrac{kg}{m^3}$	$1\dfrac{kgf·s^2}{m^4}=9.8\dfrac{kg}{m^3}$
重度	γ	$\dfrac{达因}{厘米^3}$	$\dfrac{dyn}{cm^3}$	$\dfrac{公斤力}{米^3}$	$\dfrac{kgf}{m^3}$	$\dfrac{牛顿}{米^3}$	$\dfrac{N}{m^3}$	
动力黏度	μ	$\dfrac{达因·秒}{厘米^2}=泊$	$\dfrac{dyn·s}{m^3}=P$ $=\dfrac{g}{cm·s}$	$\dfrac{公斤·秒}{米^2}$	$\dfrac{kgf·s}{m^2}$	$\dfrac{千克}{米·秒}$ $=帕·秒$	$\dfrac{kg}{m·s}=Pa·s$ $=\dfrac{N·s}{m^2}$	$1\dfrac{kgf·s}{m^2}$ $=9.8Pa·s$ $1P=10^{-1}Pa·s$
运动黏度	υ	$\dfrac{厘米^2}{秒}=斯$	$\dfrac{cm^2}{s}=St$	$\dfrac{米^2}{秒}$	$\dfrac{m^2}{s}$	$\dfrac{米^2}{秒}$	$\dfrac{m^2}{s}$	$1\dfrac{m^2}{s}=10^4St$

参 考 文 献

[1] 袁恩熙. 工程流体力学. 北京：石油工业出版社，1986.

[2] 吴望一. 流体力学. 北京：北京大学出版社，1983.

[3] 崔海清. 工程流体力学. 北京：石油工业出版社，1995.

[4] 杨树人. 工程流体力学. 北京：石油工业出版社，2006.

[5] 陈卓如. 工程流体力学. 北京：高等教育出版社，2006,

[6] 盛敬超. 工程流体力学. 北京：机械工业出版社，1988.

[7] 孔珑. 工程流体力学. 北京：水利电力出版社，1992.

[8] 陈家琅. 水力学. 北京：石油工业出版社，1980.

[9] 潘炳玉. 流体力学、泵与风机. 北京：化学工业出版社，2010.

[10] 禹华谦. 工程流体力学新型习题集. 天津：天津大学出版社. 2008.

[11] 张也影. 流体力学. 北京：高等教育出版社，1986.

[12] 王致清. 流体力学基础. 北京：高等教育出版社，1987.

[13] 李诗久. 工程流体力学. 北京：机械工业出版社，1990.

[14] 金朝铭. 液压流体力学. 北京. 国防工业出版社，1994.

[15] 苏尔皇. 液压流体力学. 北京. 国防工业出版社，1982.

[16] 汪华兴. 工程流体力学习题集. 北京：机械工业出版社，1983.

[17] 潘文全. 工程流体力学基础. 北京：机械工业出版社，1980.

[18] 高殿荣. 工程流体力学. 北京：机械工业出版社，1980.